小浪底和西霞院工程流道混凝土维修养护实践与抗磨蚀规律研究

主　编　赵东晓
副主编　王振凡

黄河水利出版社
·郑州·

内 容 提 要

《小浪底和西霞院工程流道混凝土维修养护实践与抗磨蚀规律研究》立足于小浪底和西霞院工程泄洪流道混凝土维修养护实际，对两个工程流道运用情况及面临的主要问题进行了全面分析，对工程历年维修养护情况特别是2012年以来的维修养护工艺、维修养护材料、维修养护试验等进行了全面总结，对两个工程代表性流道混凝土磨蚀破坏机制进行了深入研究，系统梳理了国内水利工程维修养护实践和混凝土修补新材料、新技术。书中的一些修补材料和工艺在小浪底和西霞院工程泄洪流道混凝土磨蚀破坏修补中发挥了关键作用，修补效果也经受住了高流速、高含沙、长历时运行的考验，具有较高的推广价值和较好的应用前景。

全书共8章，分别为工程概况、泄洪流道运用情况、泄洪流道运行面临的主要问题、历年维修养护情况、磨蚀破坏机制研究、国内工程维修养护情况、国内混凝土修补新材料及新技术情况和主要结论与建议。

本书可为从事混凝土维修养护管理与施工人员提供重要借鉴，也可为从事水利工程运用管理人员、科研院所有关人员和高等学校师生等提供参考。

图书在版编目(CIP)数据

小浪底和西霞院工程流道混凝土维修养护实践与抗磨蚀规律研究/赵东晓主编. --郑州：黄河水利出版社，2024. 8. --ISBN 978-7-5509-3916-5

Ⅰ. TV651. 3

中国国家版本馆 CIP 数据核字第 2024AC5064 号

组稿编辑：张倩　电话：13837183135　QQ：995858488

责任编辑	张　倩	责任校对	王单飞
封面设计	黄瑞宁	责任监制	常红昕

出版发行　黄河水利出版社

地址：河南省郑州市顺河路49号　邮政编码：450003

网址：www. yrcp. com　E-mail：hhslcbs@ 126. com

发行部电话：0371-66020550

承印单位　河南新华印刷集团有限公司

开　　本　787 mm×1 092 mm　1/16

印　　张　12. 5

字　　数　300 千字

版次印次　2024 年 8 月第 1 版　　2024 年 8 月第 1 次印刷

定　　价　78. 00 元

本书编委会

主　　编　赵东晓

副 主 编　王振凡

编写人员　赵东晓　王振凡　李　珍　张东升　谢宝丰
苏　畅　杨伟才　章　煊　贾万波　梁国涛
李冠州　张万年　陈　萌　黄　卓　秦婷婷

前 言

小浪底水利枢纽主体工程于2001年12月完工,已投运近23年;西霞院反调节水库于2008年2月主体工程完工,已投运16年。两个工程的泄洪流道每年承担着调水调沙和泄洪排沙的重要责任,随着运用方式的改变和使用年限的增加,泄洪流道出现了不同程度的磨蚀破坏,且破坏程度有加重趋势,尤其是2018年以来,随着小浪底水库超低水位运用,泄洪排沙设施设备的磨蚀情况进一步加剧,维修维护量逐年增加。为保障枢纽建筑物运用安全,针对小浪底和西霞院工程近年来泄洪流道磨蚀情况及特点,通过全面系统收集泄洪流道近年来的运用情况、破坏情况和维修情况,结合运行方式、运用时间、含沙量等数据,分类进行了相关性分析,开展了小浪底和西霞院工程泄洪流道运行抗磨蚀规律研究,基本摸清了流道混凝土磨蚀破坏机制,并以此为依据,同时借助国内类似工程混凝土维修养护一些好的做法和成功经验,提出了优化泄洪流道调度运用方式和维修养护材料及工艺等。实践表明,这些有益的尝试大大减少了流道混凝土磨蚀破坏,延长了流道混凝土维修养护周期。

本书总结了近年来小浪底水利枢纽和西霞院反调节水库泄洪流道混凝土运用和维修养护情况,通过建立数字模型分析了导致流道破坏的主要因素及影响程度,找到了较为合理的修补材料和工艺,提出了优化枢纽调度运用的建议,可为小浪底水利枢纽和西霞院反调节水库泄洪流道科学维修养护提供有力的技术支撑。在本书酝酿、谋划和成稿过程中,黄河水利水电开发集团有限公司和中国水利水电科学研究院有关领导和同志也付出了大量心血,在小浪底和西霞院工程泄洪流道运行抗磨蚀规律研究技术路线设置、现场调研等工作中发挥了重要作用;各兄弟单位如三门峡黄河明珠集团有限公司、新安江水电厂等为混凝土维修养护现场调研提供了大量帮助,本书编委会在此一并表示衷心的感谢。同时,鉴于小浪底水利枢纽和西霞院反调节水库泄洪流道运行方式的不确定性、磨蚀破坏规律的复杂性,以及影响磨蚀破坏各因素的相互缠绕性等,书中不当之处在所难免,敬请读者批评指正。

本书编委会

2024年3月

目 录

第 1 章　工程概况

黄河作为中华民族的母亲河,在保障我国经济社会发展和生态文明建设方面具有十分重要的战略地位,保护黄河是事关中华民族伟大复兴的千秋大计。在近代,黄河中下游多次发生断流、洪水等灾害,更是在开封等地形成了"地上悬河",时刻威胁着下游人民的生命财产安全。1952 年,毛泽东主席考察黄河时,向时任水利部部长的王化云提出"黄河涨上天怎么办"的千古一问,于是,小浪底水利枢纽应运而生。

小浪底水利枢纽全貌见图 1-1。

图 1-1　小浪底水利枢纽全貌

1.1　小浪底水利枢纽

小浪底水利枢纽位于黄河中游最后一个峡谷的出口处,上距三门峡水利枢纽 130 km,下距郑州花园口 128 km。坝址以上控制黄河流域面积 69.4 万 km^2,占黄河流域总面积的 92.3%,控制黄河天然年径流量的 87%及近 100%的黄河泥沙,是黄河干流三门峡水库以下唯一能够取得较大库容的控制性工程,在黄河治理开发中具有十分重要的战略地位。

小浪底水利枢纽前期工程于 1991 年 9 月开工,主体工程于 1994 年 9 月开工,1997 年 10 月大河截流,2001 年 12 月主体工程完工,2009 年 4 月通过竣工验收。

小浪底水利枢纽建成后,可保持长期防洪库容 40.5 亿 m^3,与三门峡水库、陆浑水库、故县水库联合运用,遇百年一遇洪水,花园口站洪峰流量为 15 700 m^3/s;遇千年一遇洪水,花园口站洪峰流量为 22 600 m^3/s;与三门峡水库联合运用,可基本解除下游凌汛威胁;利用水库 75.5 亿 m^3 的淤沙库容和 10.5 亿 m^3 的调水调沙库容,采用蓄清排浑和调水调沙运用方式,使下游河床 20~25 年基本不淤积抬高,下游主河槽过流能力不断得到提升;多年平均增加调节水量 20 亿 m^3,可提高 4 000 万亩[1]灌区的灌溉保证率,改善下游灌溉、供水条件;安装 6 台 300 MW 水轮发电机组,总装机容量 1 800 MW,设计多年平均年发电量前 10 年为 45.99 亿 kW·h,10 年后为 58.51 亿 kW·h。

小浪底水利枢纽规模宏大,地质条件复杂,水沙条件特殊,运用要求严格,在施工过程中,采用了世界上许多先进的施工技术和施工方法,形成了极具特色的工程布置形式,具有多项技术创新。

1.1.1 工程概况及作用

小浪底水利枢纽按千年一遇洪水设计、万年一遇洪水校核。枢纽主要由大坝、泄洪排沙系统和引水发电系统等建筑物组成。枢纽主要功能为防洪、防凌、减淤、供水、灌溉和发电。

1.1.1.1 工程概况

小浪底水利枢纽的整体布置经过了设计单位的长期研究,综合挡水、泄洪排沙、引水发电及灌溉供水等建筑物形式的选择和设计条件,并根据地形地质条件和水库运用要求,将大坝设置在原河道上,连接工程右岸至左岸山体,所有泄洪排沙、引水发电和左岸灌溉建筑物集中布置在相对单薄的左岸山体内。采用以具有深式进水口的隧洞群泄洪为主的方案,9 条泄洪洞总泄流能力 13 563 m^3/s,占总泄流能力的 78%,配合发电和正常溢洪道,确保了小浪底水利枢纽最大下泄流量满足要求。

小浪底水利枢纽鸟瞰图如图 1-2 所示。

图 1-2 小浪底水利枢纽鸟瞰图

[1] 1 亩=666.67 m^2,下同。

1. 挡水建筑物

小浪底水利枢纽挡水建筑物主要由主坝和副坝组成。主坝坝型为壤土斜心墙堆石坝,坝顶设计高程281 m,填筑高程283 m,最大坝高160 m,采用了以垂直防渗为主、水平防渗为辅的防渗体系。基础覆盖层采用混凝土防渗墙防渗,墙厚1.2 m。两岸山体采用帷幕灌浆防渗。上游围堰基础防渗分为两部分,右岸河床采用塑性混凝土防渗墙,左岸河床采用高压旋喷灌浆防渗墙。主坝上游坝坡坡比为1:2.6,下游坝坡坡比为1:1.75。采用分区填筑,共分为17种料,从上游到下游依次为护坡料、堆石料、反滤料、防渗土料、反滤料、过渡料、堆石料、护坡料、压戗料等。上游围堰作为坝体的一部分,起到永久防渗作用,其填筑高程为185 m。副坝在主坝北侧,坝型为土质心墙堆石坝,坝顶长191.2 m,坝顶宽15 m,最大高度47 m,总填筑方量约48万m^3。

2. 泄洪排沙系统

小浪底水利枢纽泄洪排沙系统包括进水塔群、由导流洞改建的3条直径为14.5 m的孔板消能泄洪洞、3条断面尺寸为(10.0~10.5)m×(11.5~13.0)m的明流泄洪洞、3条直径为6.5 m的排沙洞、1条正常溢洪道、1座两级消能的消力塘。9条泄洪洞、6条引水发电洞、1条灌溉洞共16条孔洞以“一”字形集中排列布置在10座进水塔进口处,形成了小浪底水利枢纽进水塔群。16条孔洞的进口高低错落,间隔排列,形成了上层泄洪排污、中层引水发电、下层泄洪排沙的有机整体。

3条孔板消能泄洪洞由导流洞改建而成,在每条孔板消能泄洪洞中按3倍洞径设3级孔径比为0.689、0.724、0.724的孔板环,孔板环利用高铬铸铁对尖端进行保护,利用水流在孔板环部位的收缩和扩张造成紊流来消耗大量能量。3条孔板消能泄洪洞由进水塔、压力隧洞连接段(龙抬头)、3级孔板消能段、中闸室、明流洞段组成,进口高程为175 m,洞径14.5 m,分别长1 134 m、1 121 m、1 121 m,最大下泄能力分别为1 727 m^3/s、1 549 m^3/s、1 549 m^3/s。

3条排沙洞是泄水建筑物中运用机会最多的水工建筑物,起到排出高含沙量水流、减少过机含沙量和调节径流、保持进口泥沙淤积漏斗的作用。排沙洞由进口塔架、压力洞、出口工作闸室、明渠或明流洞和挑流鼻坎组成,进口高程为175 m,每条洞长1 105 m,洞径6.5 m。为防止高含沙水流产生磨蚀,严格控制洞内流速不超过15 m/s,最大流量不超过500 m^3/s,要求工作弧门具备局部开启功能。

3条明流泄洪洞位于上层,主要担任泄洪和排漂任务,由进口段、隧洞段、穿大坝压戗埋管段、明渠泄槽段及出口挑流鼻坎段组成,进口高程分别为195 m、209 m、225 m,分别长1 093 m、1 079 m、1 077 m,最大下泄能力分别为2 608 m^3/s、1 973 m^3/s和1 796 m^3/s。

正常溢洪道由引渠、控制闸、泄槽和挑流鼻坎组成,布置在泄水洞群的北侧,全长990 m,等宽泄槽宽度28 m,进口高程258 m,在库水位275.0 m时,泄量为3 700 m^3/s。

消力塘为便于检修,也为适应单条或几条泄洪洞运用时塘内产生不对称流态,抑制回流和导流洞改建需要,在塘内布置2条纵隔墙,将消力塘、二级消力池分为1号、2号、3号3个可以单独运用的消力塘,消力塘底上游端高程为113.0 m,下游端高程为110.0 m,1号和2号塘底长140.0 m,3号塘底长160.0 m,二级消力池底长35.0 m,二级消力池下游接护坦,长70~98 m,护坦后设块石防冲槽,水流经护坦调整后流入泄水渠与黄河衔接。

3. 引水发电系统

引水发电系统包括6条引水发电洞、1座地下厂房、1座主变室、1座尾闸室和3条尾水洞。

6条引水发电洞采用一机一洞单元引水布置方案，以解决单机流量较大(296 m^3/s)和泥沙问题，引水洞在进水塔后即向北偏转43°，沿东北向与厂房纵轴线呈78.5°交角进入主厂房。引水隧洞6条，开挖直径9.4 m，成洞直径7.8 m，管线轴线间距26.5 m，总长2 047 m。在灌浆帷幕前引水隧洞采用钢筋混凝土衬砌，帷幕后设压力钢管，以防止压力水渗出，避免影响左岸山体和建筑物稳定。进口高程分别为1~4号机195 m，5、6号机190 m。

地下厂房布置在泄洪排沙建筑物北端，机组安装高程为129.0 m，机组间距26.5 m。内设6台水轮发电机，单机容量300 MW。地下厂房跨度26.2 m，长251 m，最大开挖深度61.4 m。厂房顶拱共安装325根1 500 kN双层保护无黏结预应力锚索，每根长25 m。

主变室选择地下式，位于主厂房下游，且平行于主厂房布置，满足运用和围岩稳定要求，布置有6台220 kV三相变压器和4台厂用变压器。主变室由6条母线洞与主厂房相连，由2条高压电缆斜井与地面开关站相连，跨度14.4 m，长174.7 m，高17.85 m。

尾闸室上游与6条尾水管洞相连，下游与6条尾水洞相连。闸门中心线与机组中心线距离为92.25 m，与主变室净距24.3 m，尾闸室顶拱高程162.65 m，长175.8 m，跨度10.6 m，高18.4 m。尾闸室布置一台2×2 500 kN台车式启闭机。

3条尾水洞是指机组尾水通过尾闸室后，经过叉管段合并成3条尾水洞，洞室断面为城门洞型，成洞尺寸12 m×19 m，进口底板高程126 m，出口底板高程125 m，洞顶高程144 m，长度804.65 m。按发电系统总布置，尾水为两机一洞(尾水洞)、一渠(尾水明渠)和2孔防淤闸，共3条明渠、6孔防淤闸，3条明渠由顶高程为137.0 m的岩石混凝土墩隔开，互不干扰，渠首紧接尾水洞，每条尾水明渠末端设2孔防淤闸，当同一单元内两台机组停机时，关闭相应的尾水防淤闸门，可防止尾水洞被泥沙淤塞。

1.1.1.2　工程作用

小浪底工程投入运行后，利用其较大的有效库容，在有效保障黄河下游防洪、防凌、减淤、供水、灌溉、发电和调水调沙等方面发挥了重要作用。在水库调度运行中，始终坚持公益性效益优先，坚持黄河水资源统一调度，按照“以水定电”“电调服从水调”原则，不断优化水库运行方式，将工程安全稳定运行放到首位，在黄河治理和流域高质量发展中发挥了极其重要的作用。

1. 防洪

小浪底水利枢纽防洪任务是与三门峡水库、陆浑水库、故县水库联合运用，并利用东平湖分洪，使黄河下游防洪标准提高到千年一遇，千年一遇以下的洪水不再使用北金堤滞洪区。同时根据下游河道行洪能力，对中常洪水进行适当控制。小浪底水利枢纽建成至今，充分发挥运用初期水库防洪库容较大的优势，实施拦洪错峰或蓄洪，有效削减下游洪峰流量，减少下游防洪压力，充分发挥了枢纽防洪减灾效益。

2. 防凌

小浪底水利枢纽与三门峡水库联合运用，共同调蓄凌汛期水量，可基本解除黄河下游凌汛威胁。小浪底水库通过调控水流下泄的流量、流速,减轻凌情。在防凌期优先承担防凌蓄水任务,合理控制出库流量,避免下游凌汛灾害。在下游封河前,可适当加大流量,避免小流量封河;在开河期,可减小流量,使水流平缓,避免开河过急。另外,经过小浪底水库储蓄后下泄的水温较高,一般在 8~9 ℃,也可减轻凌情。自 2001 年小浪底水库投入运用以来,黄河山东段凌汛期没有发生过大的险情。

3. 减淤

小浪底水利枢纽在设计之初,就考虑到黄河高泥沙河流的特点,设计了 75.5 亿 m^3 的淤沙库容,以减缓下游河道泥沙淤积,使下游河道 20 年不抬高。在 2022 年汛后,根据小浪底水库库区实测断面成果计算,水库水位 275 m 高程对应的库容为 92.87 亿 m^3,汛限水位 235 m 高程下的库容为 13.54 亿 m^3,235~275 m 的库容为 79.34 亿 m^3,库区累计淤积泥沙 34.67 m^3,水库减淤效果明显。

4. 供水、灌溉

黄河下游是河南省、山东省最重要的水源,随着国民经济的发展和城市及工业用水量的急剧增加,黄河还担负着引黄济青、引黄入淀等供水任务。

小浪底水利枢纽持续向下游供水,平均每年增加 20 亿 m^3 调节水量,保证了黄河下游的生活、生产和生态环境用水。在黄河水量统一调度前提下,按"以供定需"的要求,尽量满足下游供水和灌溉配额,提高供水保证率。过去缺乏足够的调节能力,使有限的水资源得不到充分利用,汛期大量的水东流入海,枯水期(每年 5—6 月)频频发生断流,下游供水短缺。据统计,1980—1990 年累计断流 191 d。进入 20 世纪 90 年代以来,由于黄河连续干枯,断流现象愈演愈烈。1992 年黄河利津站断流 83 d,1997 年黄河下游断流 26 次,累计 226 d,断流河段长达 702 km。小浪底水库投入运用以后,黄河下游从未发生断流情况,生态环境明显得到好转。

5. 发电

小浪底水利枢纽在满足下泄流量指标的前提下,充分利用蓄水,按"以水定电"原则进行发电,尽量增加发电量,减少弃水,提高小浪底水利枢纽的发电效益。另外,小浪底水库与下游西霞院反调节水库联合调度,在起到增强电力系统中调峰作用的同时,还可减少小浪底水库不均匀下泄水流对下游河道的影响。截至 2023 年 9 月底,小浪底水利枢纽已累计发电 1 763.22 亿 kW · h,为河南电网提供了大量清洁能源。

6. 调水调沙

小浪底水利枢纽调水调沙是为了减少库区及下游河道泥沙淤积,有效提高下游河道行洪能力,延缓水库泥沙淤积速度,保障黄河长久安澜。其主要原理是通过人为集中加大下泄流量产生人造洪峰,挟沙并通过挟沙水流冲击将水库底部淤积的泥沙扰动起来,在水库底部形成泥沙悬浊液,最终将泥沙排入大海。由于泥沙悬浊液的密度大于水的密度,因此在靠近库底区域形成浑水、在水库上层形成清水,即在水库顶层形成低流速清水和底层形成高流速浑水的特殊流态,即异重流,提高了输沙效率。

小浪底水利枢纽自 2002 年首次开始调水调沙至今,除 2016 年外,每年均开展调水调沙工作。每年汛前根据天气预测和黄河水量制定调水调沙方案,在汛后进行总结,为下一年度优化调水调沙方案提供经验。目前,调水调沙工作已经做到安全可控、统筹兼顾,在确保防洪安全的前提下,实现了枢纽排沙减淤、维持下游河道主河槽过流能力等目标,较好地发挥了水资源的综合效益。

1.1.2 泄洪流道布置

小浪底水利枢纽因其拦沙减淤、调水调沙等运用要求,设计单位经过长期研究比选,综合小浪底水利枢纽挡水、泄洪排沙、引水发电及灌溉供水等建筑物形式的选择和设计条件,并根据地形地质条件和水库运用要求,将所有泄洪排沙、引水发电和左岸灌溉建筑物集中布置在相对单薄的左岸山体内。采用以具有深式进水口的隧洞群泄洪为主的方案,9条泄洪洞总泄流能力 13 563 m^3/s,占总泄流能力的78%。16条泄洪排沙、发电及引水建筑物的进水口错落有致地集中布置在“一”字形排列的10座进水塔内进口处,形成上层泄洪排沙、中层引水发电、下层泄洪排沙的有机整体。

为了保持进水口冲刷漏斗、减少过机沙量和调节径流,泄洪设施中有3条低位排沙洞,这3条排沙洞设计水头122 m,单洞设计最大泄流能力675 m^3/s。在一般运用情况下,泄量不超过500 m^3/s,控制洞内最大流速15 m/s,以减少高速含沙水流对流道的磨蚀。排沙洞纵剖面见图1-3。

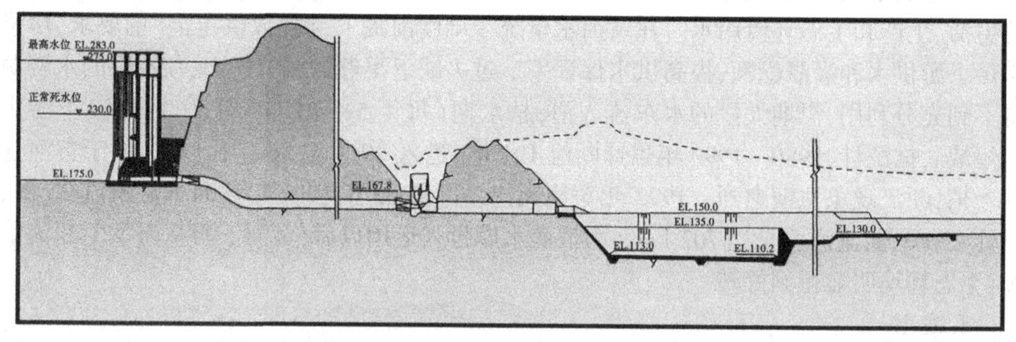

图1-3 排沙洞纵剖面 (单位:m)

这种高水头压力隧洞布置在左岸单薄山体内,如有高压水外渗必将影响左岸山体的稳定。为此,设计单位对这3条压力隧洞的衬砌方式进行了认真的研究和论证。在防渗帷幕之前的压力洞段,由于内外水平压采用了普通C40钢筋混凝土衬砌,对帷幕后洞段曾研究过钢板衬砌、高压灌浆预应力衬砌、复合衬砌、有黏结后预应力混凝土衬砌结构等形式,最后选择了无黏结预应力混凝土衬砌方案,1号、2号、3号排沙洞内分别设置了1 464个、1 440个、1 464个锚具槽。

小浪底水利枢纽防洪标准按照千年一遇设计、万年一遇校核,但施工期的导流洞是按照百年一遇洪水导流标准的,设计围堰高程185 m,采用3条直径14.5 m的隧洞导流。因此,3条导流洞不能满足永久工程设计标准,但在左岸单薄山体中占据了很大空间,如完成导流任务后废弃不用,则给以隧洞群泄洪为主要特点的枢纽建筑物总体布置带来了巨大的难度。经过大量的科学试验论证,开创性地将3条导流洞分两期改建为永久的多级孔板消能泄洪洞。导流洞进口封堵后,在175 m高程平台建进水塔,通过龙抬头弧段将进水口和原导流洞连接起来,在龙抬头后加设直径分别为10 m、10.5 m和10.5 m的三级孔板环,如图1-4所示。孔板环的间距为3倍洞径,在左岸山体排水幕线附近建中闸室。

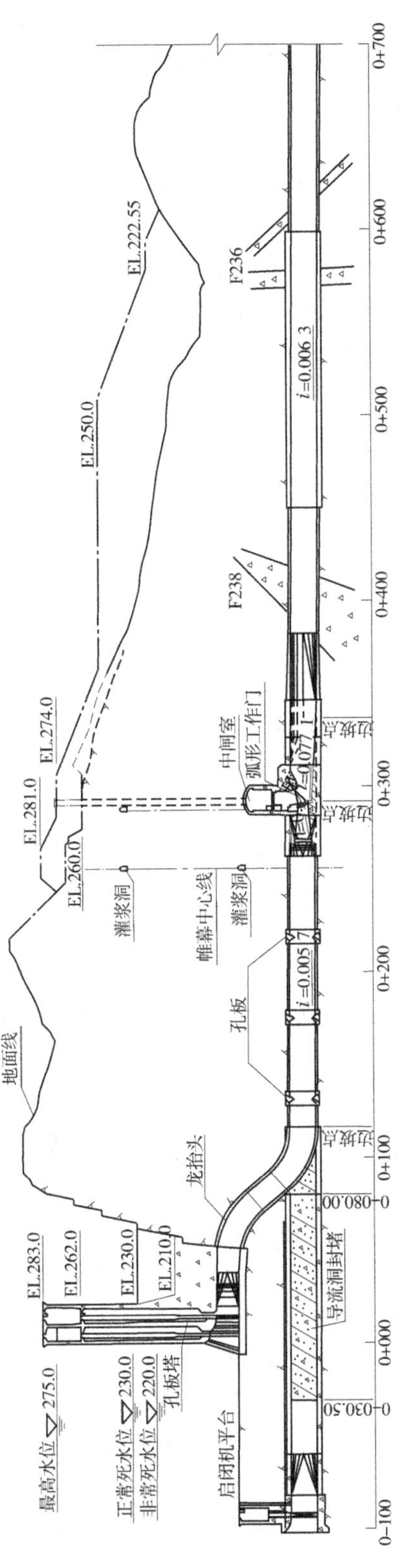

图 1-4　孔板洞纵剖面　（高程:m）

通过孔板环对水流的突然收缩和突然放大,在孔板后形成环状剪切涡流在洞内进行消能。三级孔板共可消减 50 多 m 水头,消能后的水流通过闸孔射流形成甕水明流流态进入下游消力塘。3 条导流洞改建后的孔板泄洪洞总泄流能力为 4 825 m^3/s,控制洞内最大流速(闸室出口)不超过 35 m/s。

为保证小浪底水利枢纽泄洪能力,同时兼顾排漂功能,设有 3 条进口底坎高程分别为 195 m、209 m 和 225 m,断面分别为 10.5 m×13 m、10 m×12 m 和 10 m×11.5 m 的城门洞形明流泄洪洞,出口挑射泄入消力塘。1 号明流泄洪洞设计水头 80 m,最大流速达 35 m/s,在泄水流道上设有四级掺气坎用以掺气减蚀。在 3 条隧洞的高流速段采用 C70 高强混凝土以抵抗磨蚀破坏。3 条明流洞泄流能力分别为 2 680 m^3/s、1 973 m^3/s 和 1 796 m^3/s。

1.1.3 泄洪流道抗磨蚀设计

小浪底水利枢纽泄洪流道因其设计工况、工作水头、泄流能力不同,所采取的抗磨蚀措施也不同,下面对排沙洞、孔板洞、明流洞分别进行简述。

1.1.3.1 排沙洞

排沙洞虽然运用频率较明流洞、孔板洞要高很多,但因其在设计时已考虑通过工作门局部开启、控制洞内流速不超过 15 m/s,因此其设计中采取的抗磨蚀措施较为简单,具体为:①流道内迎水面混凝土保护层厚度为 15 cm;②在帷幕后压力段采用 R400 混凝土,换算成现有规范为 C38 混凝土浇筑,在出口闸室及明流段过水部分采用 R700 硅粉混凝土,换算成现有规范为 C70 硅粉混凝土浇筑;③严格控制过水面平整度,减少气蚀发生。

1.1.3.2 孔板洞

孔板洞运用期间,中闸室后洞身段为甕水明流状态,下泄水流存在高含沙、高流速等特点,因此针对孔板洞的磨蚀问题,提出了以下措施:

一是严格控制混凝土衬砌面的平整度。迎水面混凝土保护层厚度加大至 0.15 m,为防止出现空化,严格控制混凝土表面平整度。

二是采用高标号硅粉混凝土衬砌。洞身混凝土衬砌抗磨蚀保护范围主要依据流态及流速分布特点确定。孔板段流态紊乱,流速较高,受力条件比较复杂,中闸室及其后明流段流速也比较高。因此,对孔板段、中闸室及闸后明流段三段混凝土衬砌选用 28 d 抗压强度可达 70 MPa 的硅粉混凝土进行抗磨蚀保护。孔板洞里水流流速高,且挟带大量泥沙,根据三门峡、刘家峡等水利工程的运行经验,泄洪排沙建筑物迎水面混凝土,如果采用普通混凝土会产生严重的磨蚀破坏,在小浪底水利枢纽设计之初,硅粉混凝土因其优良的抗磨蚀性能,正逐步取代普通混凝土在大型水利工程中得到广泛应用。因此,设计单位委托当时的南京水利科学研究院(简称南科院)材料结构研究所进行了小浪底水利枢纽抗磨蚀硅粉混凝土试验研究,为工程设计提供了技术支持。

南科院在对硅粉混凝土配合比、物理力学性能、抗冲磨、抗空蚀性能及补偿收缩措施等方面进行综合试验研究后,提出如下建议:①小浪底水利枢纽抗磨蚀硅粉混凝土宜选用 C3S 含量较高的优质 525 硅酸盐或普通硅酸盐水泥,不宜选用洛阳 425R 普通硅酸盐水泥和郑州 525R 硅酸盐水泥。②解决硅粉混凝土的早期收缩偏大问题,必须综合考虑尽量降低水灰比、早期潮湿养护、将硅粉配制成浆剂和选用补缩剂四种措施。宜根据不同的水泥品种采取相应的措施或综合预防措施。③小浪底水利枢纽抗磨蚀混凝土用料级配须进一步经过试验优化,以求尽量降低混凝土的水泥用量及进一步提高混凝土的性能。

在设计中,为了提高洞身的抗磨蚀能力,孔板泄洪洞在孔板段、中闸室段及中闸室以后的洞身衬砌混凝土中全断面采用 28 d 抗压强度达 70 MPa 的硅粉混凝土,衬砌厚度分别为:孔板段 2.0 m、中闸室段边墙厚度 2.5 m(渐变段)和 4.2 m(中闸室)、闸后洞身 0.8 m(一般洞段)和 1.2 m(断层带及其影响带)。

三是孔板洞孔板环边缘保护。由于孔板环是保证高速水流产生射流收缩断面形状和空化、消能特性的主要设施,保证其孔缘的外形轮廓不被冲蚀破坏就显得尤为重要,因此孔板环是整条孔板洞对冲蚀最为敏感的部位,选择对其保护的抗冲耐磨材料极为重要。抗磨蚀保护材料的选择主要考虑下列因素:①具有较好的耐磨性能;②具有抵抗高速水流中杂物冲击的能力,即材料应具有一定的韧性;③在水与潮湿空气交替环境中具有一定的抗锈蚀能力;④具有抗空蚀能力。

在孔板洞建造前,对高铝陶瓷、聚合物砂浆材料、金属热喷涂、表面硬化技术、堆焊 Stellite(CoCrw)合金、铬系白口铸铁等材料工艺进行了比选,对比如下:

小浪底水利枢纽初设阶段,在碧口电站进行的孔板中间试验,曾将高铝陶瓷作为孔缘衬套防护体材料。现场试验后,经专家讨论,认为高铝陶瓷尽管具有优越的抗磨蚀性能及化学稳定性,但因其脆性较大,在小浪底水利枢纽泄洪洞运行过程中,受水流挟带杂物的撞击,可能造成陶瓷体的脆性断裂或破碎而未采纳。

聚合物砂浆材料如环氧树脂-碳化硅砂浆,具有较好的耐磨性,其最大的优点在于磨损或损伤后检修工艺方便,但也因其不耐撞击而予否定。

金属热喷涂、表面硬化技术及堆焊 Stellite(CoCrw)合金等,其耐磨材料在孔板环表面仅形成一张薄层,存在加工及维修复杂、热变形等问题,因而也未推荐使用。

不采用非金属材料及金属表面硬化技术方案后,整体铸造的金属合金材料便成为唯一可供选择的方案。大型孔板衬套环的基本零件,其机械加工方面的精度要求不高,工艺要求简便,选用抗磨铸铁浇铸成型,除在机械性能方面满足选材要求外,还具有经济性。耐磨铸铁系列中的铬系白口铸铁 KmTBCr26(GB 8263—87),其成分中铬含量高,抗磨蚀性能和韧性均较好,且具备一定的抗空蚀能力,最终选定了该材料。

1.1.3.3　明流洞

借鉴国内外工程经验,根据黄河水利科学研究院(简称黄科院)及南科院所做的硅粉混凝土试验并考虑黄河高含沙量等因素,明流洞洞身及泄槽过流面均采用高强度硅粉混凝土。针对黄河多泥沙的特点,参照三门峡水利枢纽的运行经验即钢板抗磨流速 10.00 m/s 左右、普通混凝土抗磨流速 15.00 m/s 左右。在 250.00 m 左右常遇库水位,设计限制明流洞进口前缘检修门孔口最大流速在 12.00 m/s 以下,并且在进口段流道表面涂 1 cm 厚环氧砂浆保护层,以防止泥沙对进口流道的磨蚀和冲蚀。此外,为了抵抗泥沙的磨蚀,便于维护,还从结构上采取措施,将小浪底水利枢纽泄水建筑物过流面的钢筋混凝土保护层加厚为 15 cm。

同时,通过以下工程技术措施减少磨蚀、空蚀:①选择合理的体型,以减小初始空穴数,改善水流流态,避免过流边界上出现负压或较小的负压;②严格控制过水面平整度,减少气蚀发生;③由于1号明流洞运用水头较高,增设掺气设施,减少气蚀发生。

1.2 西霞院反调节水库

西霞院反调节水库属于小浪底水利枢纽的配套工程,位于小浪底水利枢纽下游16 km处的黄河干流上,坝址左岸、右岸分别为洛阳市的吉利区和孟津县,是一座以反调节为主,结合发电,兼顾供水、灌溉等综合利用的大(2)型水库。

根据黄河多泥沙的特点和枢纽运行要求,采取泄洪、排沙和发电混凝土坝段集中布置在右岸滩地,拦河土石坝布置在混凝土坝段左、右两侧的布置方案。枢纽由左岸土石坝、河床式电站、排沙洞、泄洪闸、王庄引水闸和右岸土石坝及大坝下游地下水位抬升影响处理附属工程等组成。

拦河大坝、泄水建筑物、发电建筑物按百年一遇洪水设计,相应设计洪水位($P=1\%$)132.56 m;按五千年一遇洪水校核,相应校核洪水位($P=0.02\%$)134.75 m。水库校核洪水位134.75 m以下的总库容1.62亿m^3,正常蓄水位134.00 m以下的有效库容为0.452亿m^3,汛期限制水位131.00 m至正常蓄水位134.00 m之间的反调节库容为0.332亿m^3,具有日调节性能。通过水库反调节,可保证下游河道流量在200 m^3/s以上,消除了小浪底水利枢纽下泄不稳定流对下游河道产生的不利影响。水电站装机容量140 MW,多年平均发电量5.83亿kW·h。

西霞院反调节水库建设总工期5.5年,其中前期工程1年,主体工程4.5年。前期工程于2003年1月开工,主体工程于2004年1月10日开工,2007年5月30日下闸蓄水,2007年6月18日首台机组投产发电,2008年2月主体工程全部完工,进入尾工建设阶段。2011年3月2日通过水利部主持的竣工验收。

1.2.1 工程概况及作用

西霞院反调节水库作为小浪底水利枢纽的配套工程,按百年一遇洪水设计,五千年一遇洪水校核,工程主要建筑物左右岸土石坝、泄洪闸、河床式电站、排沙洞、排沙底孔、灌溉引水闸及王庄引水闸等建筑等级为二级。工程主要功能以反调节为主,结合发电,兼顾供水、灌溉等综合利用。

1.2.1.1 工程概况

根据水利部黄河水利委员会原黄河勘测规划设计研究院(简称黄委设计院)编制的《黄河小浪底水利枢纽配套工程——西霞院反调节水库初步设计报告》意见,西霞院反调节水库最终布置形式确定从左至右依次为左岸土石坝段、1~3号排沙洞、发电机组(穿插布置3条排沙底孔)、4~6号排沙洞、1~7号胸墙式泄洪闸、8~21号开敞式泄洪闸、右岸土石坝段,如图1-5所示。

西霞院反调节水库泄洪建筑物包括21孔泄洪闸(其中,7孔胸墙式泄洪闸、14孔开敞式泄洪闸)、6条排沙洞与3条排沙底孔,承担整个枢纽的泄洪任务,最大泄洪能力为12 400 m^3/s,6条排沙洞与3条排沙底孔同时承担枢纽排沙任务。排沙底孔在主机段布置3孔,均在机组右侧并列设置,进口高程为106 m,低于机组进水口8 m,出口高程为99.48

图 1-5　西霞院反调节水库鸟瞰图

m,与机组尾水管出口高程同高。排沙洞在主机段两侧各布置 3 孔,进出水口高程均为 106.00 m。

1. *左右岸土石坝*

左右岸土石坝布置于混凝土坝段两侧,为复合土工膜斜墙砂砾石坝,坝顶设计高程 137.80 m(不包括 0.4 m 预留沉降),防浪墙顶设计高程 139.00 m,最大坝高 20.2 m,坝顶宽 8.0 m,总长 2 609.0 m,其中左侧土石坝长 1 725.5 m,右侧土石坝长 883.5 m。大坝上游坡坡比为 1∶2.75,下游坝坡高程 127.20 m 马道以上坡比为 1∶2.25,下游坝坡高程 127.20 m 马道以下坡比为 1∶2.50。两岸滩地基础多为砂壤土、砂层,采用强夯方法处理;河槽段坝体和截流围堰结合。坝基防渗采用混凝土防渗墙,坝体采用复合土工膜防渗。

2. *排沙洞*

西霞院反调节水库共布置 6 条排沙洞,电站左、右两侧分别设 3 条。由进口闸室、压力洞、出口工作闸室、消力池、海漫、防冲槽组成。单洞长 68.30 m,为方形洞,尺寸为宽 4.5 m、高 4.8 m,按平底直洞布置,进出水口高程均为 106.00 m,单洞最大下泄流量 230 m^3/s。每条洞均布置有四道闸门,依次为进口检修门(宽 4.5 m、高 6.4 m)、进口事故门(宽 4.5 m、高 4.8 m)、出口工作门(宽 4.5 m、高 3.8 m)及出口检修门(宽 4.5 m、高 5.06 m)。进口检修门由 139 m 高程坝顶门机启闭,工作门由液压启闭机操作,启闭容量为 800 kN/300 kN,为双向挡水、挡沙,液压启闭机机架与门槽埋件顶部设成密封体,O 型密封圈通过螺栓连接,设置在距门顶 1 倍门高的 116.50 m 高程平台上;出口检修门由 129.50 m 高程尾水平台上的尾水门机启闭。

为满足库区冲淤平衡和排沙运用要求,排沙洞在汛期限制水位 131.0 m 运用条件下,6 条排沙洞泄流能力不小于 1 000 m^3/s,在校核洪水位 134.75 m 时,泄流能力不小于

1 363 m^3/s。

3. 排沙底孔

西霞院反调节水库共设置3条排沙底孔，并列布置在主机段1号、2号、3号机组右侧。排沙底孔由进口闸室、压力洞、出口工作闸室、尾水护坦、海漫、防冲槽组成。机组发电进水流道与排沙底孔进水流道用闸墩隔开，每孔净跨3.0 m，断面为宽3.0 m、高5.0 m，单洞最大泄流量145.7 m^3/s；进口高程为106.0 m，低于机组进水口8 m，出口高程为99.48 m，与机组尾水管出口高程相同。每孔均布置有四道闸门，依次为进口检修门（宽3.0 m、高6.8 m）、进口事故门（宽3.0 m、高5.0 m）、出口工作门（宽3.0 m、高5.0 m）及出口检修门（宽3.0 m、高6.8 m），启闭方式与排沙洞类似。

4. 泄洪闸

西霞院反调节水库共设置21孔泄洪闸，总宽301 m，包括14孔开敞式泄洪闸（宽214.25 m）和7孔胸墙式泄洪闸（宽86.75 m），主要由上游铺盖、闸室、下游消力池、海漫及防冲槽组成。开敞式泄洪闸堰体采用WES－Ⅲ曲线剖面实用堰，堰顶高程126.4 m；胸墙式泄洪闸堰体剖面曲线为抛物线，堰顶高程121 m。21孔泄洪闸上游闸底板高程均为118.00 m，与上游铺盖相同；下游闸底板高程开敞式和胸墙式分别为114.00 m、111.50 m，均与消力池底板顶面相同。闸室设事故检修闸门和弧形工作闸门各一道，工作闸门采用液压启闭机启闭，闸室顶部设液压启闭机室；事故检修门由闸顶双向门机启闭，闸顶部高程为139.00 m，闸室最大高度为29.5 m。

5. 发电厂房

西霞院反调节水库发电厂房为河床式电站，布置在泄水建筑物左侧。电站坝段顺水流向由进水口段、主机段和尾水段三部分组成。其中，进水口段长21.0 m，主机段长25.5 m，尾水段长26.8 m，全长73.3 m。电站坝段垂直水流向总长179.6 m，其中机组段总长127.6 m，安装间段总长52.0 m。进水口平台高程139.0 m，厂房顶高程154.50 m，安装间、尾水平台和发电机层同高程，均为129.50 m。混凝土坝段机组段最低高程为90.00 m，安装间段最低高程为87.50 m，由基础最低处至坝顶最大坝高为51.5 m。

1.2.1.2 工程作用

西霞院反调节水库作为小浪底水利枢纽的配套工程，主要功能以反调节为主，结合发电，兼顾供水、灌溉等综合利用。

1. 反调节

小浪底水利枢纽水电站承担着河南电网的调峰任务，其下泄的不稳定流将对黄河小浪底—花园口河段的工农业引水、河道水质和生态环境、河道整治工程等带来不利影响。通过修建西霞院反调节水库，利用其0.452亿 m^3 的有效库容，对小浪底水利枢纽下泄的不稳定流量进行反调节，不但消除了小浪底水利枢纽下泄的不稳定流对下游造成的各方面不利影响，而且可使小浪底水库的综合利用效益得以充分发挥，具有很大的社会效益及环境效益。

2. 发电

利用西霞院反调节水库建设的水电站，装机容量140 MW，多年平均发电量5.83亿kW·h，通过机组稳定下泄流量的同时，还可以使该河段的水能资源得到开发利用，最大化提高西霞院反调节水库的综合效益。

3. 供水

西霞院反调节水库供水范围包括洛阳市吉利区和灌区范围内的沁阳市、温县县城和孟县县城，设计每年由黄河供给工业及生活的水量达 1 亿 m^3 之多，其中吉利区年引水量 0.51 亿 m^3，三市、县工业及生活年引水量 0.49 亿 m^3。工业及生活用水从西霞院水电站尾水引水，不仅保障了引水量，而且还保障了水质。

4. 灌溉

西霞院灌区包括青风岭以北灌区和黄河北岸滩区两部分，设计总灌溉面积 113.8 万亩。青风岭以北灌区包括黄河以北、沁河以南、引沁济漭和广利灌区以西的孟县、温县、沁阳县、武陟县及洛阳市吉利区的部分地区，土地面积 60.4 万亩；黄河北岸滩区 53.4 万亩。从西霞院水电站尾水直接向灌区的干渠供水，设计引水流量 53.9 m^3/s，不仅增加了灌区引水量，而且还发展了部分自流灌区即滩区全部为自流，这一措施对灌区工农业发展较为有利。

1.2.2　泄洪排沙流道布置

西霞院反调节水库作为小浪底水利枢纽的配套工程，结合其大(2)型水库的设计要求，枢纽总泄流能力不得小于 13 763 m^3/s，为了长期保持库区泥沙冲淤平衡，要求正常死水位泄流能力不得小于 6 000 m^3/s。据此形成了以闸坝式泄洪、排沙为主，进口集中、出口底流式消能布置的特点。21 孔泄洪闸和 6 条排沙洞承担枢纽的泄洪任务，6 条排沙洞和 3 条排沙底孔承担枢纽的排沙任务。

为了长期保持库区泥沙淤积平衡，同时最大限度地确保发电系统稳定运行，在发电机组段左、右各设置了 3 条排沙洞，同时在相邻两台机组之间增设排沙底孔，排沙洞、排沙底孔进口高程较机组进水口高程低 8 m，用来降低机组进水口泥沙淤积高程，确保在调水调沙或停机避沙期间，机组进水口不被泥沙淤堵。

1.2.3　泄洪流道抗磨蚀设计

鉴于黄河高泥沙特性，尤其是在小浪底水利枢纽开展调水调沙期间，泄洪流道过流含沙量较大，这就对西霞院反调节水库泄洪排沙水工建筑物的抗磨蚀性能要求较高。

为保证工程安全运行，拟采用抗裂和抗冲耐磨性能较好的 C30W6F100 聚丙烯纤维混凝土进行防护。西霞院反调节水库建设管理单位委托武汉大学对西霞院反调节水库所采用的聚丙烯纤维混凝土的配合比及拌和工艺、抗冲耐磨等力学性能进行了试验研究。

除拌和用水为试验所在地饮用水以外，其余试验原材料包括水泥、粉煤灰、粗细砂、骨料、纤维、硅粉及外加剂等均取自西霞院反调节水库现场，且与现场所用原材料完全相同，以模拟工程实际工况。

1.2.3.1　试验原材料

水泥：河南渑池水泥厂生产的“仰韶牌”P·O 42.5 普通硅酸盐水泥。

粉煤灰：洛阳热电厂生产的Ⅰ级粉煤灰，掺量为 15%，粉煤灰超量系数 K=1.176。

精细砂：小浪底水利水电工程有限公司生产的黄河天然河砂和机制粗砂，砂率为

25%,粗细砂的比例为30%:70%。

骨料:小浪底水利水电工程有限公司生产的粒径5~20 mm、20~40 mm、40~80 mm卵石。小石:中石:大石的比例为30%:35%:35%。

硅粉:上海天恺硅粉材料公司生产的SICON微硅粉。

减水剂:南京瑞迪高新技术公司生产的HLC-NAF2缓凝减水剂(粉剂),掺量0.7%。

引气剂:北京利力新技术开发公司生产的FS型引气剂,掺量0.01%。

纤维:美国杜拉纤维和山东网状纤维,掺量均为0.7 kg/m³。

1.2.3.2 试验方法

试验研究主要量测了两种不同品种聚丙烯纤维混凝土的抗压强度、轴心抗拉强度、劈裂抗拉强度、极限拉伸值、受压弹性模量等力学性能,以及两种不同品种的聚丙烯纤维混凝土的抗冲耐磨性能。两种不同品种纤维的室内混凝土试件均制作了两批。其中,美国杜拉纤维混凝土第一批试件的成型时间为2005年4月30日,第二批试件的成型时间为2005年6月4日;山东网状纤维混凝土第一批试件的成型时间为2005年5月5日,第二批试件的成型时间为2005年6月14日。

抗磨蚀性能是试验研究的重要目的之一,分别采用了水下钢球冲磨试验方法(水下钢球法)和含沙水流冲磨试验方法(圆环法)进行对比试验。为了使试验结果能够更好地反映现场生产的混凝土实际性能,同时也为了寻找水下钢球法与圆环法抗磨蚀试验结果之间的换算关系,2005年7月22—23日在施工现场制作了第三批试件。所有试验均按《水工混凝土试验规程》(DL/T 5150—2001)的有关规定进行。所有试件均在标准养护室养护28 d后进行测试。

试验结果见表1-1和表1-2。

表1-1 聚丙烯纤维混凝土力学性能的试验结果

纤维品种	试验批次	抗压强度/MPa	劈裂抗拉强度/MPa	轴心抗拉强度/MPa	极限拉伸值 10^{-4}	受压弹性模量/万MPa
杜拉纤维	第一批	35.3	2.18	2.10	0.97	2.87
	第二批	38.9	2.89	2.31	1.05	—
	第三批	62.8	—	—	—	—
山东网状纤维	第一批	36.9	2.21	2.12	1.02	2.80
	第二批	34.9	2.10	2.00	0.95	—
	第三批	51.6	—	—	—	—
空白混凝土	第三批	50.9	—	—	—	—

表 1-2 聚丙烯纤维混凝土抗冲耐磨性能的试验结果

纤维品种	试验批次	抗压强度/MPa	水下钢球法		圆环法	
			抗磨蚀强度/[h/(kg/m²)]	磨损率/%	抗磨蚀强度/[h/(g/m²)]	磨损率/[g/(h·cm²)]
杜拉纤维	第一批	35.3	13.90	2.09	—	—
	第二批	38.9	14.97	2.02	—	—
	第三批	62.8	19.86	1.01	13.75	0.075
山东网状纤维	第一批	36.9	10.50	2.74	—	—
	第二批	34.9	9.93	2.90	—	—
	第三批	51.6	18.05	1.07	12.60	0.08
空白混凝土	第三批	50.9	13.70	1.47	9.5	0.11

1.2.3.3 试验结果

试验结果表明,室内试验配合比制作的混凝土,有关力学性能可以满足设计要求,但掺杜拉纤维时,相应的坍落度和含气量略低。因此,当掺杜拉纤维时,为了满足坍落度为50~70 mm、含气量为3%~5%的设计要求,宜适当增加水、水泥、粉煤灰和引气剂的用量。

根据本次混凝土抗磨蚀试验结果,圆环法抗磨蚀强度 f_b 与水下钢球法抗磨蚀强度 f_a 的换算系数约为0.07,圆环法的磨损率 L_b 与水下钢球法的磨损率 L_a 之间的换算关系为 $L_b=5.3L_a$。

为了保证聚丙烯纤维在混凝土拌和物中的分散性和均匀性,聚丙烯纤维混凝土现场拌和时宜采用强制式搅拌机。聚丙烯纤维混凝土现场拌和工艺采用先干拌再湿拌的工艺,现场投料顺序和拌和工艺如下:石子(大、中、小石)+纤维+砂(粗、细砂)+水泥+粉煤灰+硅粉→干拌 2 min+水+外加剂→湿拌 3 min。当石子已输送到拌和机皮带头部(即拌和机投料口)时,由人工在拌和机的皮带头部将聚丙烯纤维均匀地抛洒在石子上面。现场试验表明,掺美国杜拉纤维时,由于其包装袋见水后可迅速溶解,所以无论是先拆包再抛洒,还是整包抛洒,均能保证聚丙烯纤维在混凝土拌和物中的分散性和均匀性,但山东网状纤维采用塑料袋包装,必须先拆包再抛洒。

掺聚丙烯纤维和硅粉后,可以有效地提高混凝土的抗磨蚀性能。在掺量相同的条件下,掺美国杜拉纤维和硅粉时,其抗磨蚀性能明显优于掺山东网状纤维和硅粉方案的抗磨蚀性能,且掺美国杜拉纤维(0.7 kg)和硅粉(3.5%)时,其抗磨蚀指标可以满足设计要求,但掺山东网状纤维(0.7 kg)和硅粉(3.5%)时,其抗磨蚀指标不能满足设计要求。根据上述研究成果,西霞院反调节水库的抗磨蚀混凝土最终采用了掺0.7 kg美国杜拉纤维和3.5%硅粉的方案。

第2章 泄洪流道运用情况

小浪底水利枢纽主要功能为防洪、防凌、减淤、供水、灌溉、发电和调水调沙,加之黄河具有北方河流的特点,一年当中来水来沙极度不均衡,因此小浪底水利枢纽的调度运用极为复杂。同时,小浪底水利枢纽和西霞院反调节水库的泄洪流道功能也不尽相同,运用条件、运用频率和运用要求等也不相同,这就给枢纽调度和泄洪流道维修维护工作带来了很大的不确定性。

2.1 小浪底水利枢纽

小浪底水利枢纽目前的调度运用是按照水利部在2009年9月批准的《小浪底水利枢纽拦沙后期(第一阶段)运用调度规程》(简称《小浪底调度规程》)执行的,《小浪底调度规程》科学、合理地指导了小浪底水利枢纽运用调度工作,明确调度和运行管理有关各方的职责,在保证枢纽工程安全的前提下,充分发挥枢纽综合效益。

小浪底水利枢纽运用分为3个时期,即拦沙初期、拦沙后期和正常运用期。拦沙后期是拦沙初期之后,至库区形成高滩深槽,转入正常运用期止,相应坝前滩面高程达254 m,水库泥沙淤积总量约75.5亿 m^3。截至2022年汛后,小浪底水库275 m高程库容为92.87亿 m^3,根据黄河水利委员会水文局测定的小浪底水库原始库容127.54亿 m^3 计算,目前小浪底水库已经淤沙34.67亿 m^3,尚处于拦沙后期运用阶段。

根据本书前文介绍,小浪底水利枢纽所有泄洪排沙、引水发电和左岸灌溉建筑物均集中布置在相对单薄的左岸山体内,进水口集中布置在进水塔内,形成了上层泄洪排漂、中层引水发电、下层泄洪排沙的有机整体。根据在第1章中的介绍可知,小浪底水利枢纽向下游排沙的主要时段集中在每年的调水调沙期,而在此期间,上游的高含沙水流是以异重流形式到达坝前的,因此,小浪底水库下泄的高含沙水流主要集中在进水口的下层,所以在小浪底水利枢纽泄洪排沙系统中,泥沙主要由排沙洞、孔板洞下泄,明流洞更多担任的是泄洪任务。

在《小浪底调度规程》中规定:孔板洞运用要求的最低库水位为200 m;1号孔板洞暂限制在库水位不高于250 m条件下运用,非常情况下,可在250 m库水位以上短时运用;2号、3号孔板洞宜逐步提高运用水位,并在过流过程中加强监测;孔板洞工作闸门必须全开运用。因此,孔板洞工作闸门不能局部开启运用,单条孔板洞的下泄流量较大,无法有效调控下泄流量,而且孔板洞是通过施工期导流洞改造而来的,通过孔板环与水流相互作用从而达到消能目的,所以在使用过程中会出现较大震动。因此在2012—2022年间,3条孔板洞总计运用86次,其中大部分为防止事故门前泥沙淤积过高,导致闸门淤堵,从而采取的短时过流冲淤运用,单次运用时间一般不超过半小时。

在《小浪底调度规程》中规定:排沙洞按压力洞设计,形成洞内压力流的最低库水位为 186 m;当库水位超过 220 m 需用排沙洞泄洪排沙时,要求工作闸门局部开启运用,一般应控制单洞泄量不超过 500 m^3/s,使压力洞段流速不大于 15 m/s,以减轻衬砌混凝土的磨损。因此,其工作闸门是具备局部开启功能的。在高含沙水流到达进水塔前时,机组需要停机避沙,《小浪底调度规程》中规定,明流洞、孔板洞工作闸门均不能局部开启运用,此时下泄流量的精准调控只能依靠排沙洞完成。所以,在实际运用中,排沙洞无论是从过流时间还是从运用频率等方面,均远超孔板洞。

综上所述,小浪底水利枢纽泄洪流道的研究对象主要针对小浪底水利枢纽 3 条排沙洞在 2012—2022 年间的运用情况进行阐述。

2.1.1　水库运行水位

小浪底水库设计的正常死水位 230 m,设计洪水位 274 m,校核洪水位 275 m,正常高水位 275 m。根据《小浪底调度规程》要求,最低运用水位一般不低于 210 m。根据土石坝运用条件和坝体稳定要求,水库应按分级蓄水原则逐步提高允许最高蓄水位,当水库在 265~270 m 水位运用时,应及时对原型观测资料进行分析,在连续运用时间达到 45 d 或累计运用时间达到 90 d 并经水库调度单位和水库运行管理单位确认大坝运行无异常后,方可进入 270 m 以上水位蓄水运用。小浪底水库以土石坝作为拦河大坝,为了保证大坝及库岸边坡的稳定,在《小浪底调度规程》里对库水位涨落进行了限制:①小浪底水库坝前水位不宜骤升骤降,库水位在 260 m 以上连续 24 h 的上升幅度不应大于 5.0 m,当库水位连续下降时,7 d 内最大下降幅度不应大于 15 m。②库水位在 250~275 m 时,连续 24 h 下降最大幅度不应大于 4 m;库水位在 250 m 以下时,连续 24 h 下降最大幅度不应大于 3 m。经过多年运用后,经设计单位批准,库水位在 250 m 以下时,连续 24 h 下降最大幅度不应大于 5 m。

目前,小浪底水库经过多年运用,库水位在 265~270 m 的运用时间,无论是连续运用时间还是累计运用时间,均已超过《小浪底调度规程》要求,十一年来(2012—2022 年)库水位一般在 225~270 m 变化,在调水调沙期短期低于 215 m,除 2021 年 10 月迎战新中国成立以来黄河最大秋汛期间,库水位短期超过 270 m,达到 273.5 m 历史最高水位外,其他时间库水位很少超过 270 m。

鉴于排沙洞工作闸门具备局部开启功能,所以在实际使用中,无论是低水位调水调沙运用时,还是高水位泄洪运用时,排沙洞均参与泄流,因此排沙洞运用的水位区间与小浪底库水位基本一致。这里统计了 2012—2022 年间 3 条排沙洞运用的水位。

2.1.1.1　1 号排沙洞

1 号排沙洞运行水位统计情况见表 2-1。由表 2-1 可知,1 号排沙洞运行的最高水位为 273.35 m,最低水位为 205.51 m。在 2021 年运行水位的平均值最大,为 260.08 m;2020 年运行水位差最大,最大值 264.26 m,最小值 205.51 m,差值 58.75 m;2017 年仅在 7 月 30 日中午 12 时 30 分至 13 时 34 分期间过流 64 min。

表 2-1　1 号排沙洞运行水位统计情况

年份	平均值/m	标准差	最小值/m	最大值/m
2012	230.78	17.19	211.52	269.81
2013	229.12	9.35	212.67	247.06
2014	229.77	5.63	222.98	237.24
2015	239.92	4.51	235.01	244.95
2016	—	—	—	—
2017	239.45	0	239.45	239.45
2018	234.28	13.27	212.48	251.08
2019	232.99	14.20	211.51	249.93
2020	230.20	19.84	205.51	264.26
2021	260.08	15.93	216.40	273.35
2022	235.11	12.63	217.64	254.93

注:1 号排沙洞 2016 年无运行数据。平均值、标准差均由运行时间和运行水位综合计算所得。

2.1.1.2　2 号排沙洞

2 号排沙洞运行水位统计情况见表 2-2。由表 2-2 可知,2 号排沙洞运行的最高水位为 272.56 m,最低水位为 205.47 m。在 2021 年运行水位的平均值最大,为 259.87 m;2012 年运行水位差最大,最大值 269.81 m,最小值 211.52 m,差值 58.29 m;2017 年仅过流两次,分别在 7 月 30 日 10 时 50 分至 12 时 30 分过流 100 min,8 月 1 日 9 时 40 分至 11 时 00 分过流 80 min。

表 2-2　2 号排沙洞运行水位统计情况

年份	平均值/m	标准差	最小值/m	最大值/m
2012	231.34	18.25	211.52	269.81
2013	228.92	8.15	212.67	246.29
2014	228.84	6.28	222.98	237.24
2015	240.10	3.97	235.01	245.95
2016	—	—	—	—
2017	239.65	0.28	239.45	239.85
2018	232.42	14.68	212.48	251.99
2019	237.00	13.05	211.18	249.93
2020	228.93	17.85	205.47	261.23
2021	259.87	15.41	216.4	272.56
2022	244.69	18.59	217.86	268.45

注:2 号排沙洞 2016 年无运行数据。平均值、标准差均由运行时间和运行水位综合计算所得。

2.1.1.3 3 号排沙洞

3 号排沙洞运行水位统计情况见表 2-3。由表 2-3 可知,3 号排沙洞运行的最高水位为 273.35 m,最低水位为 205.47 m。在 2021 年运行水位的平均值最大,为 259.48 m;2020 年运行水位差最大,最大值 264.65 m,最小值 205.47 m,差值 59.18 m。

表 2-3 3 号排沙洞运行水位统计情况

年份	平均值/m	标准差	最大值/m	最小值/m
2012	229.04	15.43	211.52	269.81
2013	229.97	10.87	212.67	247.56
2014	228.90	5.91	222.98	237.24
2015	240.25	4.29	235.01	245.60
2016	—	—	—	—
2017	239.26	0.77	238.13	239.83
2018	234.04	12.74	212.48	249.71
2019	233.80	13.89	211.51	249.93
2020	234.99	20.21	205.47	264.65
2021	259.48	16.52	216.40	273.35
2022	235.81	14.94	217.25	263.18

注:3 号排沙洞 2016 年无运行数据。平均值、标准差均由运行时间和运行水位综合计算所得。

2.1.2 流道运行时长

经统计,2012—2022 年期间,1~3 号排沙洞年累计过流时长统计情况见表 2-4、图 2-1。

表 2-4 1~3 号排沙洞年累计过流时长统计情况

年份	1 号排沙洞/h	2 号排沙洞/h	3 号排沙洞/h	标准差
2012	742.52	658.98	847.60	94.51
2013	756.55	849.88	686.10	82.16
2014	189.40	185.67	203.53	9.42
2015	227.87	168.85	269.32	50.49
2016	—	—	—	—
2017	1.07	3.00	66.73	37.37
2018	1 247.10	984.02	1 081.90	132.97
2019	1 446.08	1 053.18	1 411.00	217.42
2020	2 025.83	2 241.73	2 199.20	114.37
2021	2 651.07	3 228.10	2 886.90	290.12
2022	642.27	988.43	822.20	173.13
平均值	902.70	941.99	952.23	—
总和	9 929.76	10 361.84	10 474.48	—

注:1~3 号排沙洞 2016 年无运行数据。

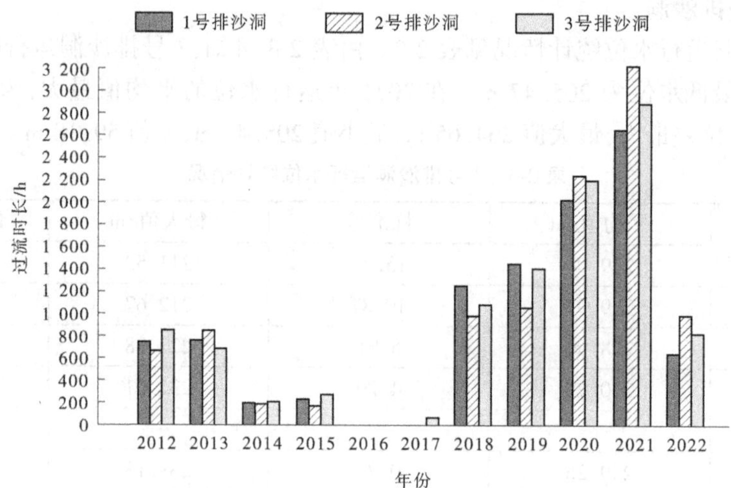

图 2-1　1~3 号排沙洞年累计过流时长统计情况

由表 2-4 和图 2-1 可以看出,2012—2022 年期间,2 号排沙洞在 2021 年运行时间最长,运行时间为 3 228. 10 h。3 条排沙洞的平均过流时间每年在 902. 70~952. 23 h;除 2019 年和 2021 年这两年 3 条排沙洞的运行标准差较大(超过 200)以外,其余时间运用相对均衡。总体来说,2012—2022 年 3 条排沙洞的累计过流时长相差不大,运用比较均衡。

2.1.3　闸门开度

小浪底水利枢纽排沙洞由于要保证洞内流速不超过 15 m/s,因此在设计规程中要求,当库水位超过 220 m 时,应局部开启工作闸门运用,同时排沙洞兼顾调节流量作用。因此 2012 年以后,排沙洞工作闸门基本均以局部开启方式运用。为方便统计,按照工作闸门实际开度与工作闸门全开之间的比例,分为第一区间 0~30%、第二区间 30%~60%、第三区间 60%~100%(这 3 个区间统计时区间内均不包含下限);统计了 2012—2022 年工作闸门实际开度在这 3 个区间的次数(见表 2-5)。

表 2-5　排沙洞工作闸门开度

开启区间	开启次数			合计
	1 号排沙洞	2 号排沙洞	3 号排沙洞	
第一区间	6	10	8	24
第二区间	190	204	124	518
第三区间	236	218	225	679

由表 2-5 可知,第一区间、第二区间运用工况,2 号排沙洞使用最多;第三区间运用工况,1 号排沙洞使用最多。第一区间运用工况,1 号排沙洞使用最少;第二区间运用工况,3 号排沙洞使用最少;第三区间运用工况,2 号排沙洞使用最少。

2.1.4　流道水体含沙量

小浪底水利枢纽在 2019 年以前，对于泄洪排沙流道过流期间的水体含沙量，采用人工采集监测方法进行记录，因此频率较低，无法做到实时监测。在非调水调沙期间运用时，流道内水体含沙量一般较小，不安排人工采集监测含沙量，因此很难获得流道水体含沙量的准确数据。小浪底水利枢纽设计库容为 126.5 亿 m^3，在 1997 年实测库容 127.54 亿 m^3，为方便读者能够大致理解小浪底水利枢纽泄洪排沙情况，对 2014—2022 年期间的调水调沙情况进行汇总。

2014 年 6 月 29 日至 7 月 10 日，小浪底水利枢纽调水调沙运用期间，累计下泄水量 25.1 亿 m^3，入库水量 9.4 亿 m^3，水库补水 15.7 亿 m^3；入库沙量 5 000 多万 t，出库沙量 2 000 多万 t，最大入库含沙量 340 kg/m^3，最大出库含沙量 58.8 kg/m^3，排沙比 42.5%。截至 2014 年汛后，275 m 水位下小浪底水库总库容为 96.94 亿 m^3，累计淤积泥沙 30.6 亿 m^3。

2015 年 6 月 29 日至 7 月 14 日，小浪底水利枢纽进行调水调沙运用期间，小浪底和西霞院水库联合调度，小浪底水利枢纽入库水量 10.11 亿 m^3，西霞院反调节水库出库水量 30.91 亿 m^3，最大日均入库流量 2 840 m^3/s，最大瞬时入库流量 5 340 m^3/s，最大日均出库流量 3 570 m^3/s，最大瞬时出库流量 3 700 m^3/s。小浪底水利枢纽入库沙量 700 多万 t，最大入库含沙量 256 kg/m^3，未测得泥沙出库。截至 2015 年汛后，275 m 水位下小浪底水库总库容为 96.39 亿 m^3，累计淤积泥沙 31.15 亿 m^3。

2016 年小浪底水利枢纽未开展调水调沙。截至 2016 年 11 月，275 m 水位下小浪底水库总库容为 95.402 3 亿 m^3，累计淤积泥沙 32.177 8 亿 m^3。

2017 年 7 月 26 日至 8 月 3 日，小浪底水利枢纽进行调水调沙运用期间，小浪底水利枢纽入库水量 7.47 亿 m^3，出库水量 4.23 亿 m^3。小浪底水利枢纽入库沙量 5 020 万 t，出库沙量 20 余万 t，排沙比 0.43%。截至 2017 年 11 月，275 m 水位下小浪底水库总库容为 94.746 5 亿 m^3，累计淤积泥沙 32.833 5 亿 m^3。

2018 年 7 月 3—27 日，小浪底水利枢纽进行调水调沙运用期间，入库水量约 48.4 亿 m^3，出库水量约 60.2 亿 m^3。小浪底水库出库沙量约 3.6 亿 t，排沙比达 238%，实测最大出库含沙量达到 369 kg/m^3。截至 2018 年汛后，275 m 水位下小浪底水库总库容为 92.66 亿 m^3，累计淤积泥沙 34.92 亿 m^3。

2019 年 6 月 21 日至 8 月 12 日，小浪底水利枢纽进行调水调沙运用期间，入库水量约 100 亿 m^3，出库水量约 144 亿 m^3。小浪底水库出库沙量约 4.7 亿 t，排沙比 325%，实测出库最大含沙量 266 kg/m^3。截至 2019 年汛后，275 m 水位下小浪底水库总库容为 94.62 亿 m^3，累计淤积泥沙 32.96 亿 m^3。

2020 年 7—10 月，小浪底水利枢纽进行调水调沙运用期间，小浪底水利枢纽入库水量 304.8 亿 m^3，出库水量 313.2 亿 m^3。小浪底水利枢纽入库沙量 3 000 万 t，出库沙量 3 000 多万 t，排沙比 107%。截至 2020 年汛后，275 m 水位下小浪底水库总库容为 95.26 亿 m^3，累计淤积泥沙 32.32 亿 m^3。

2021 年 6 月 19 日至 7 月 8 日，小浪底水利枢纽进行调水调沙运用期间，最大瞬时下泄流量 4 620 m^3/s，出库最大含沙量 378 kg/m^3，累计排沙 6 000 多万 t。2021 年汛后，小浪底水库 275 m 高程库容为 94.11 亿 m^3,较 2020 年同期库容减少 1.15 亿 m^3,较汛前库容减少 1.42 亿 m^3。2021 年汛限水位 235 m 高程下库容为 15.11 亿 m^3,较汛前减少 0.83 亿 m^3。235~275 m 的库容为 79.00 亿 m^3,较汛前减少 0.59 亿 m^3,累计淤积泥沙 33.47 亿 m^3。

2022 年 6 月 19 日至 7 月 6 日,小浪底水利枢纽进行调水调沙运用期间,出库平均流量为 2 137 m^3/s,最大流量为 3 570 m^3/s,小浪底水库排沙近亿吨,库区净冲刷 8 500 余万 t。2022 年汛后,小浪底水库 275 m 高程库容为 92.87 亿 m^3,较 2021 年同期库容减少 1.24 亿 m^3,较汛前库容减少 0.74 亿 m^3。2022 年汛限水位 235 m 高程下库容为 13.54 亿 m^3,较汛前库容减少 1.38 亿 m^3。235~275 m 的库容为 79.34 亿 m^3,较汛前增加 0.64 亿 m^3,累计淤积泥沙 34.67 亿 m^3。

由 2014—2022 年间调水调沙数据可以看出,在非调水调沙期间,上游来水中挟带的泥沙,一般都因为库水位高、流量和流速小等原因,淤积在小浪底库区,没有从泄洪排沙流道排出,泄洪流道内水体含沙量较大时段均集中在调水调沙期间,且主要集中在排沙洞。所以,排沙洞内水体含沙量一般可以代表本年度峰值含沙量。经统计,2012—2022 年,小浪底水利枢纽排沙洞过流水体含沙量统计情况见表 2-6、图 2-2。

表 2-6 小浪底水利枢纽排沙洞过流水体含沙量统计情况

年份	1 号排沙洞		2 号排沙洞		3 号排沙洞	
	含沙量峰值/(kg/m^3)	峰值水位/m	含沙量峰值/(kg/m^3)	峰值水位/m	含沙量峰值/(kg/m^3)	峰值水位/m
2012	58.0	217.91	86.4	236.73	73.0	217.91
2013	220.0	230.28	239.0	230.28	61.8	231.48
2014	57.1	226.08	58.1	224.31	74.2	236.39
2015	—	—	—	—	—	—
2016	—	—	—	—	—	—
2017	—	—	1.043	239.87	9.7	239.66
2018	788.9	217.09	857.2	217.75	118.7	224.27
2019	283.1	216.90	531.6	222.29	411.2	240.05
2020	415.4	217.53	413.3	217.12	411.4	217.40
2021	257.9	264.09	30.0	273.28	674.7	214.96
2022	928.8	219.99	990.4	237.23	988.8	218.68

由表 2-6 和图 2-2 可知,小浪底水库运用以来排沙主要集中在 7—8 月。2015—2017 年,小浪底水库过流历时较短,泥沙数据较少;2018—2022 年为黄河丰水年份,小浪底水库在调水调沙期和汛期均开展了较长时间低水位排沙运用,小浪底水利枢纽排沙洞含沙量与 2012—2014 年相比均有较大的增长。

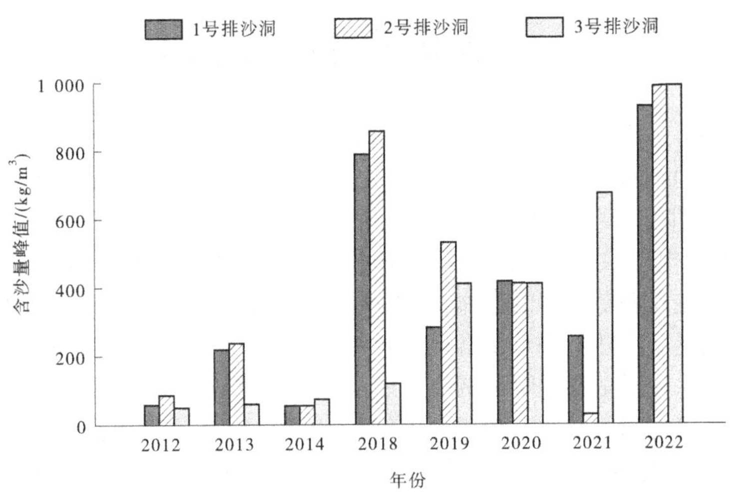

图 2-2　小浪底水利枢纽排沙洞过流水体含沙量统计情况

2.1.5　泥沙中值粒径

小浪底水利枢纽在调水调沙期间,对排沙洞过流泥沙取样分析,得到泥沙的中值粒径,2012—2022 年间测得的泥沙中值粒径情况见表 2-7。

表 2-7　小浪底水利枢纽排沙洞泥沙中值粒径

年份	取样次数/次	平均泥沙中值粒径/mm
2012	115	0.004 5
2013	40	0.003
2014	11	0.004 7
2015	—	—
2016	—	—
2017	6	0.001
2018	11	0.002 1
2019	86	0.008
2020	—	—
2021	3	0.008 6
2022	3	0.004 3

由表 2-7 可以看出,小浪底水利枢纽排沙洞泥沙中值粒径较大的年份是 2019 年和 2021 年,分别达到 0.008 mm 和 0.008 6 mm。

2.2 西霞院反调节水库

西霞院反调节水库目前按照经过水利部水利水电规划设计总院审查、水利部于 2012 年 1 月批复同意的《黄河小浪底水利枢纽配套工程——西霞院反调节水库水库调度运用规程》(简称《西霞院调度规程》)进行调度运用。

《西霞院调度规程》指出:西霞院反调节水库与小浪底水利枢纽的关系密切,小浪底的出库即是西霞院反调节水库的入库,其水沙条件取决于小浪底水库的运用情况。由于小浪底水库初期运用水沙条件与正常运用时的差异较大,且小浪底水库运用方式复杂,小浪底水库下泄的水流需由西霞院反调节水库调节后下泄,而西霞院反调节水库库容较小,因此在小浪底水库运用方式研究和调度规程编制基础上,研究西霞院反调节水库的安全运用条件、小浪底水库和西霞院水库的联合运用方式,编制西霞院反调节水库运用调度规程是非常必要的。

《西霞院调度规程》的编制是为了科学、合理地进行西霞院反调节水库运用调度,明确调度和运行管理有关各方的职责,在保证工程安全的前提下,充分发挥小浪底水利枢纽及西霞院反调节水库的综合效益。西霞院反调节水库的开发任务是"以反调节为主,结合发电,兼顾供水、灌溉等综合利用"。

在《西霞院调度规程》第 2 章水工建筑物安全运用条件第 2.7 节泄水建筑物组合运用原则中规定:根据泄水建筑物自身特性和运用条件,泄水建筑物组合运用时应统筹兼顾水库排漂、进水口防淤堵、发电洞进口"门前清"、下游消力池和泄水渠出流均匀、流态平稳等要求。泄水建筑物组合运用,同一消力池内闸孔工作闸门应对称启闭。排沙期间优先启用排沙洞或排沙底孔。

西霞院反调节水库 21 孔泄洪闸的上游闸底板高程为 118.00 m,开敞式泄洪闸堰顶高程 126.4 m,工作闸门最大启动水头差为 8.4 m,胸墙式泄洪闸堰顶高程 121 m,工作闸门最大启动水头差 13.8 m。

综上所述,西霞院反调节水库泄洪排沙系统磨蚀,主要集中在调水调沙期间,而在此期间,主要使用排沙洞、排沙底孔进行泄洪排沙。21 孔泄洪闸在调水调沙期间会轮流使用,总过流时长较长,但单孔泄洪闸过流时间较排沙洞、排沙底孔短很多,且泄洪闸工作水头较低,不易产生磨蚀。因此,西霞院反调节水库泄洪流道的研究对象主要是针对西霞院反调节水库的 6 条排沙洞和 3 条排沙底孔在 2012—2022 年间的运用情况进行阐述。

2.2.1 水库运行水位

西霞院反调节水库正常蓄水位 134.00 m,汛期排沙限制水位 131.00 m,按百年一遇洪水设计,设计洪水位 132.56 m,按五千年一遇洪水校核,校核洪水位 134.75 m。库水位 131.00 m 以下运行时,连续 24 h 水库水位最大降幅应控制在 3 m 以内。西霞院反调节水库没有死水位要求。

由于排沙洞、排沙底孔需要降低过机含沙量,确保发电机组进口不淤积,同时排沙洞、排沙底孔进水口高程为 106 m,在水库所有泄洪孔洞进水口中处于最低位。所以,在实际使用中，无论是低水位调水调沙运用时，还是高水位泄洪运用时，排沙洞、排沙底孔均参与泄流。因此，排沙洞、排沙底孔运用的水位区间与西霞院库水位基本一致。这里统计了2012—2022年间，6条排沙洞和3条排沙底孔运用的水位。

2.2.1.1　1号排沙洞

由表2-8可知，1号排沙洞运行的最高水位为133.74 m，最低水位为124.34 m。2015年运行水位的平均值最大，为133.14 m。

表2-8　1号排沙洞运行水位统计

年份	平均值/m	标准差	最大值/m	最小值/m
2012	126.74	1.80	130.94	124.34
2013	126.05	0	126.05	126.05
2014	128.45	1.93	130.93	125.12
2015	133.14	0.28	133.42	132.86
2016	—	—	—	—
2017	130.35	0	130.35	130.35
2018	130.29	1.36	133.35	129.29
2019	130.55	1.88	132.42	128.67
2020	128.50	0.09	128.63	128.43
2021	—	—	—	—
2022	131.71	1.29	133.74	130.15

2.2.1.2　2号排沙洞

由表2-9可知，2号排沙洞运行的最高水位为133.66 m，最低水位为124.34 m。2015年运行水位的平均值最大，为133.42 m。

表2-9　2号排沙洞运行水位统计

年份	平均值/m	标准差	最大值/m	最小值/m
2012	126.78	2.06	130.94	124.34
2013	126.65	0.60	127.30	126.05
2014	128.45	1.99	132.45	125.12
2015	133.42	0	133.42	133.42
2016	—	—	—	—
2017	131.89	1.16	133.01	130.35
2018	130.67	1.39	133.09	128.94
2019	130.41	1.32	132.42	129.12
2020	130.99	0.58	131.57	130.40
2021	133.10	0.31	133.66	132.50
2022	131.36	1.13	133.38	130.15

2.2.1.3　3号排沙洞

由表2-10可知，3号排沙洞运行的最高水位为133.94 m，最低水位为125.12 m。2021

年运行水位的平均值最大，为 132.80 m。

表 2-10 3 号排沙洞运行水位统计

年份	平均值/m	标准差	最大值/m	最小值/m
2012	131.67	2.48	133.94	126.43
2013	129.05	1.36	131.84	126.78
2014	128.29	2.25	133.43	125.12
2015	132.09	0.48	132.86	131.64
2016	—	—	—	—
2017	132.56	1.09	133.63	131.18
2018	131.66	1.84	133.67	128.94
2019	131.11	1.75	133.87	128.27
2020	131.64	0.06	131.70	131.57
2021	132.80	0.84	133.66	130.71
2022	131.01	1.00	133.29	129.57

2.2.1.4 4 号排沙洞

由表 2-11 可知，4 号排沙洞运行的最高水位为 133.57 m，最低水位为 125.12 m。2021 年运行水位的平均值最大，为 132.67 m。

表 2-11 4 号排沙洞运行水位统计

年份	平均值/m	标准差	最大值/m	最小值/m
2012	128.60	1.81	130.94	125.93
2013	126.70	0.65	127.41	126.05
2014	127.74	1.79	132.45	125.12
2015	132.09	0.48	132.86	131.64
2016	—	—	—	—
2017	130.35	0.45	130.80	129.90
2018	131.68	1.83	133.57	129.30
2019	129.15	0.96	130.80	128.53
2020	—	—	—	—
2021	132.67	1.17	133.43	130.65
2022	131.41	1.07	133.29	130.15

2.2.1.5 5 号排沙洞

由表 2-12 可知，5 号排沙洞运行的最高水位为 133.82 m，最低水位为 125.12 m。2017

年运行水位的平均值最大,为 133. 59 m。

表 2-12　5 号排沙洞运行水位统计

年份	平均值/m	标准差	最大值/m	最小值/m
2012	128. 80	1. 88	130. 94	125. 93
2013	126. 70	0. 65	127. 41	126. 05
2014	128. 63	2. 19	133. 43	125. 12
2015	132. 65	0. 78	133. 41	131. 64
2016	—	—	—	—
2017	133. 59	0	133. 59	133. 59
2018	131. 53	1. 72	133. 82	129. 24
2019	130. 73	1. 26	132. 42	129. 49
2020	131. 57	0	131. 57	131. 57
2021	133. 18	0. 35	133. 66	132. 50
2022	131. 38	1. 21	133. 34	130. 15

2. 2. 1. 6　6 号排沙洞

由表 2-13 可知,6 号排沙洞运行的最高水位为 133. 74 m,最低水位为 124. 34 m。2017 年运行水位的平均值最大,为 133. 70 m。

表 2-13　6 号排沙洞运行水位统计

年份	平均值/m	标准差	最大值/m	最小值/m
2012	128. 70	2. 48	130. 94	124. 34
2013	126. 70	0. 65	127. 41	126. 05
2014	128. 42	1. 79	132. 45	127. 19
2015	132. 63	0. 94	133. 41	131. 55
2016	—	—	—	—
2017	133. 70	0	133. 70	133. 70
2018	132. 29	1. 35	133. 62	130. 23
2019	129. 82	1. 21	132. 42	128. 67
2020	—	—	—	—
2021	133. 12	0. 23	133. 43	132. 80
2022	132. 31	1. 24	133. 74	131. 07

2. 2. 1. 7　1 号排沙底孔

由表 2-14 可知,1 号排沙底孔运行的最高水位为 133. 94 m,最低水位为 125. 12 m。

2017 年运行水位的平均值最大,为 133.00 m。

表 2-14 1 号排沙底孔运行水位统计

年份	平均值/m	标准差	最大值/m	最小值/m
2012	131.58	2.62	133.94	125.93
2013	128.87	1.23	131.84	126.78
2014	128.33	1.97	132.45	125.12
2015	131.89	0.25	132.13	131.64
2016	—	—	—	—
2017	131.79	0	131.79	131.97
2018	131.90	1.84	133.63	128.94
2019	131.84	1.86	133.87	128.27
2020	131.64	0.06	131.70	131.57
2021	133.00	0.56	133.50	130.71
2022	131.48	0.95	133.34	129.57

2.2.1.8 2 号排沙底孔

由表 2-15 可知,2 号排沙底孔运行的最高水位为 133.91 m,最低水位为 126.54 m。2017 年运行水位的平均值最大,为 133.03 m。

表 2-15 2 号排沙底孔运行水位统计

年份	平均值/m	标准差	最大值/m	最小值/m
2012	130.84	2.28	133.91	128.31
2013	128.70	1.09	130.82	126.78
2014	127.84	1.88	133.43	126.54
2015	131.89	0.25	132.13	131.64
2016	—	—	—	—
2017	133.03	0.48	133.63	132.46
2018	131.35	1.30	133.82	129.26
2019	131.68	1.65	133.87	128.61
2020	131.36	0.34	131.70	131.01
2021	132.59	0.87	133.50	130.77
2022	131.55	1.13	133.74	129.59

2.2.1.9 3 号排沙底孔

由表 2-16 可知,3 号排沙底孔运行的最高水位为 133.94 m,最低水位为 125.12 m。

2021 年运行水位的平均值最大,为 132. 80 m。

表 2-16　3 号排沙底孔运行水位统计

年份	平均值/m	标准差	最大值/m	最小值/m
2012	131. 67	2. 48	133. 94	126. 43
2013	129. 05	1. 36	131. 84	126. 78
2014	128. 29	2. 25	133. 43	125. 12
2015	132. 09	0. 48	132. 86	131. 64
2016	—	—	—	—
2017	132. 56	1. 09	133. 63	131. 18
2018	131. 66	1. 84	133. 67	128. 94
2019	131. 11	1. 75	133. 87	128. 27
2020	131. 64	0. 06	131. 70	131. 57
2021	132. 80	0. 84	133. 66	130. 71
2022	130. 97	0. 84	133. 29	129. 57

2. 2. 2　流道运行时长

经统计,2012—2022 年间,1 ~ 6 号排沙洞每年累计过流时长统计情况见表 2-17、图 2-3。

表 2-17　排沙洞过流时长统计情况

年份	过流时长/h						标准差
	1 号排沙洞	2 号排沙洞	3 号排沙洞	4 号排沙洞	5 号排沙洞	6 号排沙洞	
2012	807	799	791	850	848	820	22. 84
2013	1	49	1	145	166	145	69. 72
2014	147	137	79	248. 5	302	255. 5	78. 63
2015	0	0	220	193	192	182	93. 46
2016	0	0	0	0	0	0	0
2017	12	19	6	48	2	2	15. 98
2018	163	976	710	783	1 793	817. 5	482. 85
2019	700. 5	705	809	804	342. 5	1 031	205. 73
2020	89	1 590. 5	0	0	1 591	0	740. 07
2021	0	684. 5	257. 5	219. 5	647. 5	77	263. 12
2022	417	424. 5	260. 5	259	334	478. 5	83. 86
平均	212. 4	489. 5	284. 9	322. 7	565. 3	346. 2	—
总和	2 336. 5	5 384. 5	3 134	3 550	6 218	3 808. 5	—

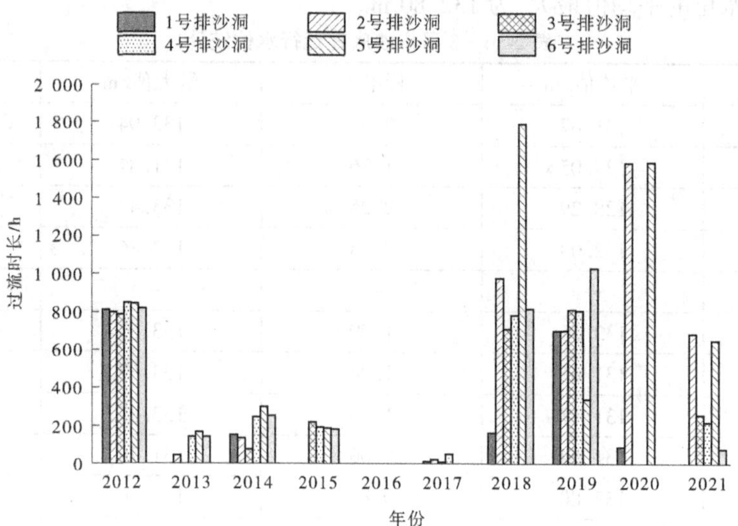

图 2-3　西霞院反调节水库排沙洞过流时长统计情况

由表 2-17 和图 2-3 可以看出,2012—2022 年间,5 号排沙洞在 2018 年过流时间最长;6 条排沙洞的平均过流时间每年在 212.4~565.3 h;2018—2021 年间,6 条排沙洞的运行时间相对不均匀(标准差超过 200),在 2020 年运用最不均匀,标准差达到 740.07,其余时间运用相对均衡。

由表 2-18 和图 2-4 可以看出,2012—2022 年间,2 号排沙底孔在 2018 年过流时间最长;3 条排沙底孔的平均过流时间每年在 843.5~948.9 h;在 2018 年、2021 年、2022 年,3 条排沙底孔的运行时间相对不均匀(标准差超过 200),在 2022 年运用最不均匀,标准差达到 444.23,总体来讲,2012—2022 年 3 条排沙底孔的累计过流时长相差不大,运用比较均衡。

表 2-18　排沙底孔过流时长统计情况

年份	过流时长/h			标准差
	1 号排沙底孔	2 号排沙底孔	3 号排沙底孔	
2012	788	804	800	6.80
2013	690	691	659	14.85
2014	283	273.5	257.5	10.52
2015	251.5	207	212.5	19.81
2016	0	0	0	0
2017	22	19	11	4.64
2018	1 262	1 982.5	1 303	330.41
2019	1 916	1 721.5	1 955.5	102.28
2020	1 638	1 750	1 637	53.03
2021	1 922	1 098.5	1 575	337.58
2022	1 056	1 890.5	868.5	444.23
平均	893.5	948.9	843.5	—
总和	9 828.5	10 437.5	9 279	—

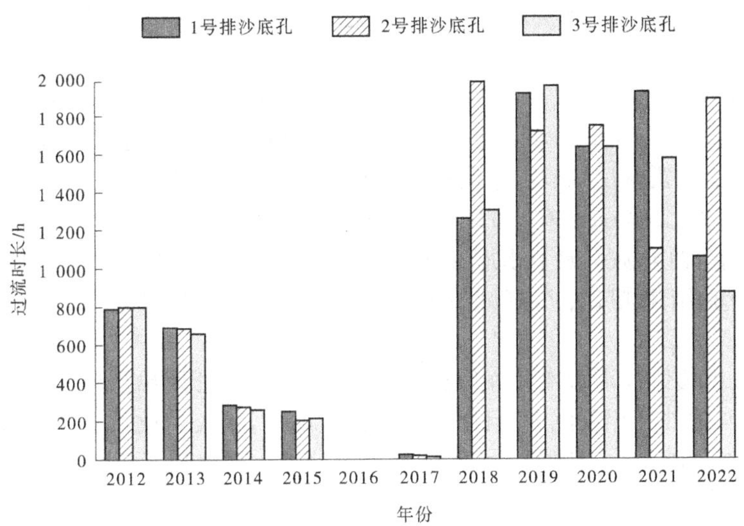

图 2-4　西霞院反调节水库排沙底孔过流时长统计情况

2.2.3　闸门开度

为保证机组段不淤积且尽量减小过机含沙量,西霞院反调节水库排沙洞、排沙底孔在调水调沙期作为泄洪排沙的主要过流流道。排沙洞、排沙底孔单条流道的泄洪能力在校核洪水位 134.75 m 时仅有 204.0 m^3/s 和 135.3 m^3/s,而西霞院反调节水库在泄洪排沙期间库水位按不高于 131 m 控制,在此水位下,排沙洞、排沙底孔的泄洪能力更低。综上所述,结合实际运用情况,西霞院反调节水库排沙洞、排沙底孔在泄洪排沙期间,绝大多数情况采用全开运用。

2.2.4　流道水体含沙量

西霞院反调节水库坝址处地势平坦开阔,河槽呈宽浅 U 形,河槽宽约 3 000 m。原河道正常水位为 121 m 左右。大水漫滩后左岸宽约 750 m,右岸宽约 1 500 m,滩面高程 124~126 m。坝址以上,控制黄河流域面积约为 69.46 万 km^2。小浪底水利枢纽至西霞院反调节水库区间流域面积 400 km^2,无大支流汇入,河长大于 5 km 的支流共有 7 条,其中砚瓦河为西霞院库区最长的支流,河长 30.9 km,流域面积为 87.5 km^2,在汛期洪水期间,河底有少量砂卵石推移,年推移输沙量约为 0.20 万 t。

西霞院反调节水库 2014—2022 年间每年泥沙淤积情况汇总如下:

2017 年汛后测得在库水位 134 m 时对应的库容为 1.213 亿 m^3,与 2017 年汛前测验结果相比,库容减少 0.011 3 亿 m^3。自 2008 年以来,西霞院反调节水库泥沙冲淤基本保持平衡,截至 2017 年,汛后在正常蓄水位 134.0 m 下累计淤积量为 0.237 7 亿 m^3。

2018 年汛后,西霞院反调节水库在库水位 134 m 时对应的库容为 1.085 亿 m^3,与 2018 年汛前测验结果相比,库容减少 0.132 9 亿 m^3。库水位 130 m 以下剩余库容 0.242 亿 m^3,库容减少相对较大。

2019 年汛后,西霞院反调节水库在库水位 134 m 时对应的库容为 1.128 亿 m^3,与

2019 年汛前测验结果相比,库容增加 0.059 4 亿 m^3。库水位 130 m 以下剩余库容 0.280 亿 m^3。

2020 年汛后,西霞院反调节水库在库水位 134 m 时对应的库容为 0.844 亿 m^3,与 2020 年汛前测验结果相比,库容减少 0.285 亿 m^3。库水位 130 m 以下剩余库容 0.144 亿 m^3。

2021 年汛后,西霞院反调节水库在库水位 134 m 时对应的库容为 0.744 亿 m^3,与 2021 年汛前测验结果相比,库容减少 0.111 亿 m^3。库水位 130 m 以下剩余库容 0.095 亿 m^3。

2022 年汛后,西霞院反调节水库在库水位 134 m 时对应的库容为 0.727 8 亿 m^3,与 2022 年汛前测验结果相比,库容减少 0.006 6 亿 m^3。库水位 130 m 以下剩余库容 0.081 5 亿 m^3。

综上所述,西霞院反调节水库库容虽然在 2017 年之后开始出现较大幅度的减小,但是每年淤积量与输沙量相差巨大,且库区支流泥沙入库甚少,由此可见,西霞院反调节水库泥沙直接受三门峡和小浪底两个大型水库调节影响。西霞院反调节水库的排沙洞、排沙底孔的进口、出口均在水下,且与发电系统距离接近,难以进行人工或自动化监测,目前获得的泄洪流道水体含沙量数据极少,不具有代表性。因此,西霞院反调节水库年输沙量可以基本参考本章 2.1.4 节中小浪底水利枢纽泄洪排沙情况。

2.2.5 泥沙中值粒径

西霞院反调节水库排沙洞、排沙底孔过流水体泥沙的中值粒径无法测得,具体原因与本章 2.2.4 节水体含沙量无法测得原因一致,不再赘述。

图 2-5 西霞院反调节水库下游卵石堆积情况

在西霞院反调节水库低水位、大流量下泄期间,在泄洪孔洞工作门、事故门等闸门门槽附近,可以听到明显的石块撞击洞壁的声音。在排沙洞、排沙底孔下游,可以清晰地看到大量卵石淤积的情况,见图 2-5,且随着每年的低水位、大流量下泄而不断变化。在汛期出现低水位、大流量下泄的情况后,汛后维修维护时,排沙洞、排沙底孔的底板磨蚀破坏深度远大于流道顶部和上半部分侧墙。

综上所述,西霞院反调节水库排沙洞、排沙底孔中存在大量推移质输送的情况。

第 3 章　泄洪流道运行面临的主要问题

小浪底水利枢纽于 1997 年实现大河截流,2009 年完成竣工验收,至今已投入运用 20 多年;西霞院反调节水库于 2007 年实现首台机组发电,至今运用也已超过 15 年,随着水工建筑物泄洪流道系统的长时间运用,设施老化问题逐渐显现,过流表面运用缺陷逐年增多,已进入常态化运行维修阶段。同时,小浪底水利枢纽和西霞院反调节水库位于黄河中下游,面临着最为严峻的水沙关系不协调问题,2018—2022 年间,监测到排沙洞最大过流含沙量达到 988.8 kg/m^3。2018 年开始的"低水位、大流量、高含沙、长历时"的泄洪运用方式,进一步加剧了泄洪流道过流表面磨蚀破坏的发生。

通过对 2012—2023 年连续 12 年间小浪底水利枢纽和西霞院反调节水库泄洪流道系统汛后检查和维修工作进行系统总结,梳理出小浪底水利枢纽和西霞院反调节水库泄洪流道面临的主要问题。通过介绍各问题的定义及破坏特征、揭示其破坏机制和影响因素,并列举国内常用的处理方法,进一步深化对泄洪流道破坏规律和修补技术的认识,为今后小浪底水利枢纽和西霞院反调节水库泄洪流道运行管理工作提供指导。

3.1　小浪底水利枢纽

3.1.1　2017 年及以前面临的主要问题

2017 年及以前小浪底水利枢纽泄洪流道面临的主要问题为混凝土过流表面磨蚀破坏问题。

3.1.1.1　定义及特征

磨蚀是当水流挟带泥沙运动时,造成过流表面的磨损破坏。从外观形态看,泥沙磨蚀有别于气蚀破坏。含沙水流对过流表面的磨蚀作用属于液流自由磨粒磨蚀。水流中部分沙粒随水流以某种冲角向流壁打去,其作用力可分解成平行和垂直于壁面的两个分力,平行分力对材料有微切削的作用,垂直分力能使材料受冲击发生疲劳变形。因而可以认为,砂粒对过流表面的磨蚀过程是复合磨粒磨蚀,即同时存在微切削磨蚀与变形磨蚀。

磨蚀在含沙高速水流的过流表面处处存在,范围较广,往往造成一片,有明显的方向性。磨蚀的痕迹除部分粗糙表面越磨越光外,大部分损坏表面都出现波纹状或顺水流方向的沟槽及鱼鳞坑状的外观。一般致密性材质和非金属的尼龙涂层等在浑水紊流边界层的作用下易形成鱼鳞坑、波纹状的破坏外观,而环氧砂浆层破坏外观则比较平整。

必须指出的是,在含沙高速水流的条件下,泄水建筑物壁面的磨蚀与气蚀往往相伴而生,互相影响,难以截然区分。其破坏的特征既有气蚀的痕迹又有磨蚀的痕迹。材料在泥沙磨蚀和气蚀的联合作用下,遭受破坏的程度要比单纯磨蚀或单纯气蚀严重得多。其破坏机制也更为复杂,影响因素更多。

小浪底水利枢纽和西霞院反调节水库泄洪流道系统中,排沙洞和排沙底孔承担着主要排沙任务,且运用最为频繁,因此排沙洞和排沙底孔过流表面磨蚀问题最为严重,排沙洞和排沙底孔为压力式泄洪流道,过流表面磨蚀问题分布较为均匀,首先是粗骨料外露;其次是孔板洞工作门后过流表面磨蚀问题较为严重,主要分布在流道 2 m 高度以下部位;最后是明流洞因进水口位置较高,主要以清水下泄为主,磨蚀问题较少。

小浪底水利枢纽和西霞院反调节水库排沙洞磨蚀破坏照片如图 3-1 和图 3-2 所示。

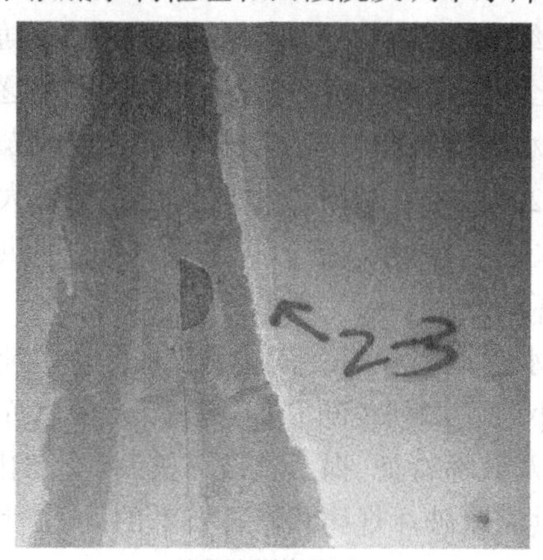

(a)侧墙磨蚀破坏

(b)底板磨蚀破坏

图 3-1 小浪底水利枢纽排沙洞磨蚀破坏照片

(a)侧墙磨蚀破坏

(b)底板磨蚀破坏

图 3-2 西霞院反调节水库排沙洞磨蚀破坏照片

3.1.1.2 破坏机制及影响因素

1. 破坏机制

磨蚀破坏主要由水中悬移质物质运动造成。悬移质(suspended load)又称悬移载荷、悬浮载荷,是指悬浮在河道水流中随流水向下移动的较细的泥沙及胶质物等,即在搬运介质(流体)中,由于紊流使之远离床面在水中呈悬浮方式进行搬运的碎屑物。悬移质通常是黏土、粉砂和细砂。天然河流大都属于紊流，其中存在着许多尺度不等、具有不同运动速度和旋转方向的涡体。悬移质在水流中的运动轨迹是很不规则的，沿水流方向的运动速度和水流速度大致相同。维持泥沙悬浮运动的能量主要来自水流紊动能。从床面上掀起的泥沙颗粒进入主流区后，如果遇到向上的紊动涡体，就会被带入更高层的水流中去，并随水流一起运动，成为悬移质。

悬移质中粉砂、细砂以悬浮状态随水流运动，使建筑物表面因摩擦产生磨蚀，比较均匀，对过流表面为胶结材料的磨蚀，是先磨掉表面较软弱的部位，形成蚀坑，从而使水流恶化，又促进蚀坑的发展以致逐步磨掉较硬的材料；对混凝土的磨蚀，是先剥离表面的砂浆层，再淘磨细骨料，待细骨料被冲走后，露出粗骨料，若粗骨料硬度大，易形成一层坚硬的保护层，其磨蚀反而会相对稳定下来。

当然，推移质物质也会造成磨蚀破坏，但其对过流表面的破坏更为严重，且破坏机制不同，将在相应章节进行描述，在此不再赘述。

2. 影响因素

磨蚀现象的产生，是由于在挟沙水流的作用下，对水工建筑物表面产生的冲击和摩擦做功的结果。沙石从水流中获得能量的多少，对建筑物表面做功的大小，以及它与混凝土表面接触的方式等，都是影响磨蚀的因素，诸如流速、过流时间、水流流态、含沙量、泥沙粒径粗细、泥沙颗粒形状、泥沙硬矿物成分等。

1）水流条件

（1）流速。

材料被磨蚀程度在很大程度上取决于泥沙颗粒的动能，在高速挟沙水流中，泥沙颗粒（粒径在 0.5 mm 以下）基本随水流运动，其运动速度和方向与水流速度和方向基本一致，故材料的磨蚀率随水流速度的增加而呈指数函数增加。所以，在其他因素不变的条件下，水流流速越快，对泄洪流道过流表面的磨蚀破坏越严重。

（2）过流时间。

在同等条件下，过流时间越长，含沙水流与泄洪流道过流表面接触时间越久，越容易对过流表面造成磨蚀。所以，在其他因素不变的条件下，过流时间越长，对泄洪流道过流表面的磨蚀破坏越严重。

（3）水流流态。

在同等条件下，水流流态越紊乱，水流中泥沙等颗粒物运动方向越混乱，越容易与泄洪流道过流表面发生摩擦或撞击过流表面，发生磨蚀破坏的概率就越大。所以，在其他因素不变的条件下，水流流态越紊乱，对泄洪流道过流表面的磨蚀破坏越严重。

2）泥沙特性

（1）含沙量影响。

泥沙的摩擦系数明显高于纯净水的摩擦系数，含沙水流流经泄洪流道表面造成磨损主要由泥沙引起。所以，在其他因素不变的条件下，含沙量越高，对泄洪流道过流表面的磨蚀破坏越严重。

（2）泥沙粒径粗细影响。

在同等条件下，水流中泥沙粒径越粗，单个泥沙颗粒与泄洪流道过流表面接触面积越大，越易造成磨蚀，泥沙粒径 $d \leqslant 0.04$ mm 时几乎不会产生磨损。所以，在其他因素不变的条件下，泥沙粒径越粗，对泄洪流道过流表面的磨蚀破坏越严重。

(3)泥沙颗粒形状影响。

在同等条件下，泥沙颗粒形状越不规则、尖角和棱角越多，与泄洪流道过流表面接触时越容易划破混凝土表层。所以，在其他因素不变的条件下，泥沙颗粒形状越不规则，对泄洪流道过流表面的磨蚀破坏越严重。

(4)泥沙硬矿物成分影响。

泥沙中硬矿物成分越多，泥沙颗粒越坚硬，越容易划破混凝土表层造成磨蚀。所以，在其他因素不变的条件下，泥沙硬矿物成分越高，对泄洪流道过流表面的磨蚀破坏越严重。

3.1.1.3 产生的危害

从众多水利工程的运行实践中得出，高速挟沙水流流经泄水建筑物时，水流中的泥沙不可避免地对过流表面造成磨蚀。当磨蚀程度影响到泄水建筑物结构或运行安全时，就必须采取有效措施对磨蚀破坏部位进行修复，但是，由于泄水建筑物大多位于水面以下，维修空间比较受限，施工条件不易创造。水利枢纽往往又具有多重功能，对磨蚀部位进行维修时势必影响枢纽其他功能的发挥。

近年来，随着小浪底水利枢纽和西霞院反调节水库调水调沙和降水位泄洪运用，高速含沙水流对排沙洞、排沙底孔和孔板洞等流道过流表面造成较为严重的磨蚀破坏，典型特征是混凝土粗骨料裸露，若不及时进行处理，磨蚀破坏会进一步扩大，影响泄洪流道的使用寿命，甚至会产生严重的安全事故。

3.1.1.4 国内其他工程磨蚀破坏实例

1. 刘家峡水电站泄水流道磨蚀破坏

刘家峡水电站泄水流道于1968年投入运用，每年5—9月过流，流速为30～50 m/s。运行时段内水体含沙量在10～272 kg/m^3，一般为32.2 kg/m^3，泥沙颗粒粒径 $d=0.03$ mm，每次过流均有较大磨损。其中1975年4月检查时，发现泄水流道闸门以后渠道底板及侧墙、水面线以下的混凝土表面砂浆被磨掉，露出小骨料，随即采用环氧砂浆对伸缩缝及局部渠身表面进行了修补，计60 m^2。经过1975—1976年两个汛期运用，伸缩缝处修补的环氧砂浆大部分脱落，侧墙及底板抹的环氧基液全部冲掉，整个混凝土底板骨料裸露。

2. 二滩水电站水垫塘磨蚀破坏

二滩水电站水垫塘及二道坝下游护坦是坝体表孔、中孔单独泄洪和联合泄洪时拱坝下游的消能防冲建筑物，自大坝临时导流底孔下闸蓄水至1998年渡汛结束，经历了长时间坝体中孔、底孔泄洪水流的冲刷，再加上泄洪期间水垫塘中大量的施工废钢材和其他材料的磨蚀，水垫塘内底板及边墙在坝后200～300 m出现程度不同的磨蚀破坏。在该范围内底板较大面积的表层混凝土5～10 cm厚被磨掉，尤其是施工缝处局部破坏深度达15～20 cm；坝后200～250 m水垫塘右岸底板与边墙交接部位的混凝土遭受严重破坏，钢筋暴露，破坏深度达30～40 cm；水垫塘左岸、右岸边墙用于修补拉模钢筋头、模板埋件孔、脚手架钢管头的封堵混凝土及局部浇筑层的混凝土均被冲刷掉。

3.1.1.5　处理方法

目前,针对泄洪流道混凝土过流表面磨蚀问题的处理方法主要有两类:一类是磨蚀破坏前的预防措施,另一类是磨蚀破坏后的修补方法。下面将详细介绍这两类处理方法。

1. 磨蚀破坏前的预防措施

1) 优化工程设计

一般表孔溢洪比中孔、深孔和底孔泄洪磨损小,所以,单从抗磨蚀角度考虑,采用表孔溢洪是有利的。对泄水工程的设计,必须尽可能缩短过水部分的长度,防止出现复杂的体型,如弯道、变坡、收缩、扩散及渐变等,最好从出口把水流直接泄入河槽,仅在出口较短距离内形成高速,并控制流速。过水面层要求有足够的抗冲磨能力,衬护要具有良好的密实性、光滑性、抗冲耐磨性、抗冲击韧性、抗冻性和整体性,短距离的高流速段要考虑设置可更换或便于检修的衬护。对建筑物易遭受泥沙磨蚀的部位要重点进行防护。

2) 提高施工质量

由于混凝土施工工艺的不同,会影响过水面层的抗冲耐磨、抗冻融等性能。对同一种强度等级的混凝土,采用真空作业优于非真空作业,真空作业能提高表层混凝土强度和密实性,增强其抗冲耐磨性和抗冻性。混凝土材料中水泥结石抗冲耐磨性最差,一般性振捣或人工抹面,其表层水泥浆最易被冲蚀,随着磨损的发展和表面不平整度的加大,会加剧磨损和气蚀。同一种强度等级的混凝土,机械振捣比人工振捣的抗磨强度高。在施工中,要保证混凝土衬砌板下部排水系统排水畅通,严格控制钢筋保护层厚度。钢板衬砌部位要锚固严密,做好钢板后的回填灌浆,防止高速水流进入缝隙产生巨大动水压力将钢板掀起。

3) 加强工程运行管理和监测

水工建筑物的合理运用是减轻磨蚀破坏的重要途径。水库要进行合理调度,既调水又调沙,汛期采取降低水位运行、蓄清排浑、异重流排沙等措施。

另外,一些水电站的运行经验表明,溢洪道与泄水道交替使用,有利于及时检查维修,减免磨蚀破坏。运用双孔泄水道时,要尽量采用双孔同时泄流,以防止单孔开启产生折冲水流,导致过水面不均匀磨蚀。

对于多孔闸坝工程,在运行管理上,要制定出最优的闸门开启组合程序,避免出现恶劣流态和单宽流量局部集中,以减轻磨蚀破坏。对于存在泥沙磨蚀的工程,要加强监测与检查,及时发现问题,避免发生进一步磨蚀。

4) 减少磨蚀介质来源

泄水建筑物过流表面的磨蚀破坏,除高含沙水流的作用外,还有施工期残存的砂石等未彻底清除的影响,漩滚水流把石块砂粒带入戽斗内,反复冲刷而造成的磨蚀。另外,当闸门运用不当时,底流消能也易在池内形成局部回流带动泥沙加剧磨蚀。所以,泄水建筑物建成过流前,必须清除上游导流段内的块石、围堰材料和消力池内的砂石、铁件、混凝土块等残余杂物,尽可能减少磨蚀介质的来源。

2. 磨蚀破坏后的修补方法

对于泄水建筑物而言,即使在建设期采取了一系列的抗磨蚀预防措施,在泄洪运用时,由于水流中难免存在泥沙、砂石以及建设期未清理的建筑垃圾等,势必会对泄洪建筑物过流表面造成磨蚀,所以在泄洪建筑物经历过一个周期的泄洪运用之后,要及时组织人员开展过流表面缺陷检查工作,发现过流表面存在磨蚀破坏时要及时采取措施进行修复。目前,对泄洪流道过流表面磨蚀破坏的修补方法主要为采取抗磨蚀性能优异的材料对缺陷部位进行修复。

在泄水建筑物过流表面遭受磨蚀破坏的部位,如果利用普通混凝土进行修复,还会在短期内被磨蚀破坏,除非引起磨蚀破坏的因素被消除,但是在大多情况下,这些造成磨蚀破坏的原因很难在技术层面消除,或者需要巨大的经济投入,所以从经济和技术角度看,适时对泄水建筑物的磨蚀破坏进行修补是合理的选择。鉴于这一原因,在修补过程中使用抗磨蚀性能优异的修补材料,不仅可以减少修补次数,还可以节省修补费用。

当前,用于泄水建筑物过流表面的抗磨蚀修补材料很多,主要包括以下几类:①混凝土类,包括高强度等级混凝土、聚合物混凝土、硅粉混凝土、微纤维多元复合混凝土、钢纤维混凝土、HF 混凝土等;②护面板材类,包括高铝陶瓷、辉绿岩铸石板、钢板等;③砂浆类,包括聚合物砂浆、钢纤维砂浆、硅粉砂浆、环氧砂浆等;④抗磨蚀涂层,包括聚氨酯改性双组分环氧树脂材料、双组分聚氨基甲酸乙脂合成橡胶、聚脲弹性体材料等。材料的硬度对抗磨蚀性能至关重要,而一定的材料韧性,可以吸收一部分冲击能量,并相应减小因疲劳而引起的断裂破坏。鉴于含沙水流对泄水建筑物过流表面磨蚀破坏作用的复杂性,在选择抗磨蚀材料时,应考虑水流流速、泥沙含量等具体特征,对不同材料方案应综合考虑后确定。

总体而言,抗磨蚀修补材料的性质应满足以下要求:一是具有良好的抗冲耐磨性能;二是能与修补部位牢固结合;三是其变形系数与原破坏部位材料接近,不能由于温度变化而出现裂缝,最好具有一定的微膨胀性,并要求速凝、无毒或低毒、低温下和易性好,施工方便,造价低廉。目前,应用较多的是环氧砂浆,小浪底水利枢纽和西霞院反调节水库泄洪流道磨蚀破坏部位的修复也主要采用环氧砂浆。环氧砂浆化学性能稳定、耐腐耐候性好,具有补强、加固的作用,与多种材料的黏结力很强,热膨胀系数与混凝土的热膨胀系数接近,故不易从这些被黏结的基材上脱开,耐久性好。

3.1.2 2018 年以来面临的主要问题

2018 年以来,小浪底水利枢纽泄洪流道连续经历着“低水位、大流量、高含沙、长历时”泄洪排沙运用,这无疑给泄洪流道过流运用带来了更大的挑战。经过近几年的汛后流道缺陷检查,发现 2018 年以来,小浪底水利枢纽泄洪流道主要存在以下问题:混凝土过流表面磨蚀问题、金属闸门磨蚀问题以及气蚀问题。

3.1.2.1 混凝土过流表面磨蚀问题

只要有含沙水流经过,混凝土过流表面势必会存在磨蚀破坏。小浪底水利枢纽泄洪流道从 2018 年起连续经历“低水位、大流量、高含沙、长历时”泄洪排沙运用之后,过流表面磨蚀破坏程度有明显加剧。对于磨蚀破坏的定义及特征、破坏机制及影响因素、产生的危害和处理方法在本章 3.1.1 节中已详细介绍,在此不再赘述。

3.1.2.2 金属闸门磨蚀问题

1. 定义及特征

金属材料由于具有强度高、韧性好、易加工成型、止水作用突出等特点,被广泛应用于各种水工建筑物的挡水闸门等金属结构中，是水工建筑物的重要组成部分。然而受水流冲击与腐蚀等因素影响，挡水闸门等金属结构容易产生磨蚀破坏，甚至会造成较为严重的孔洞缺陷，导致其结构承载能力降低，威胁结构的安全稳定运行。因此，有效避免挡水闸门等金属结构的磨蚀破坏是确保水利工程安全的关键因素。

金属闸门磨蚀区域呈现出的表面特征与泄水建筑物混凝土过流表面磨蚀区域类似。在磨蚀区呈海绵状或小的沟槽，单磨损区出现鱼磷坑波纹。这是因为未发生气蚀破坏部分一般只存在沙粒与表面碰撞产生的冲击坑，往往不会产生气蚀针孔；气蚀严重破坏区一般是在表面布满气蚀针孔、气蚀坑及裂纹，微观形貌凹凸不平。气蚀针孔是气泡溃灭时产生的微射流冲击表面造成的。在随后气泡溃灭冲击及水流冲击下，针孔边萌生裂纹并扩展，造成针孔壁剥落，形成气蚀坑。当气蚀坑相互连接，布满整个表面时，这一层表面就已全部剥落。在新露出的表面上又开始产生气蚀针孔。

小浪底水利枢纽排沙洞压力段转明流段水流条件复杂、冲刷力大，流速在 40 m/s 以上，在高含沙、高流速水流的长期过流摩擦和冲蚀作用下，以及泥沙、石块、冰棱和其他漂流物的冲击磨损作用下，闸门门槽、钢衬等钢结构保护层容易出现脱落现象，随后其原有金属表面将产生冲坑与划痕，最终导致其表面发生磨蚀破坏，如图 3-3 所示。

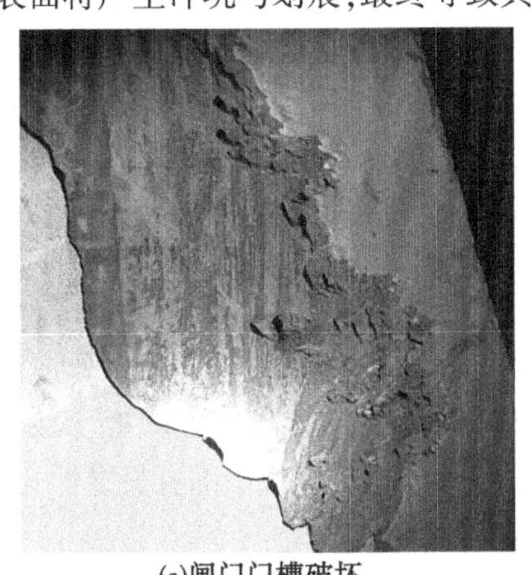

(a)闸门门槽破坏

(b)闸门钢衬破坏

图 3-3　小浪底排沙洞金属闸门表面磨蚀破坏

2. 破坏机制及影响因素

1）破坏机制

泄洪流道金属闸门的面板材料普遍为 Q235，具有较好的塑性性能，但水中沙粒的硬度比钢材要大得多，在高速冲击过程中，对面板的破坏主要表现为沿法向的塑性变形和沿切向的切削作用，致使防腐涂料和金属材料发生磨损、剥落，并进一步发生锈蚀。随着冲蚀的长时间累积，闸门构件截面厚度逐渐变薄，甚至出现腐蚀坑洞，进而可能引发强度破坏、结构失稳和振动失效等问题。

2）影响因素

金属闸门磨蚀破坏机制与混凝土过流表面一致，都是在挟沙水流的作用下，对物体表面产生的冲击和摩擦做功的结果，只是两者与含沙水流接触时，产生磨蚀破坏的程度有差别。所以，造成金属闸门磨蚀破坏的影响因素与混凝土过流表面一致，主要有水流速、过流时间、水流流态、泥沙含量、泥沙粒径、泥沙形状、泥沙硬度等,这些影响因素与磨蚀破坏的关系在本章3.1.1节中已做详细说明,在此不再赘述。

3. 产生的危害

泄洪流道中的金属闸门担负着防洪、抗旱、引水、发电等重任,在水利水电工程中占据了重要地位,若发生故障或失效,将造成极大损失。尤其是高含沙河流上具有局部开启运用要求的泄洪排沙孔洞金属闸门,其底缘在磨损与空蚀作用下极易发生磨蚀破坏,导致闸门无法挡水,从而迫使泄洪排沙孔洞退出运用。

2018年汛期,小浪底水利枢纽2号排沙洞弧形工作闸门泄洪排沙运用后底缘出现严重损伤,闸门关闭时水流从底部漏出,2号排沙洞被迫退出运行。闸门底缘损伤整体上呈不规则形状,边缘形成坑唇且较为锋利,材料表面较为光滑,未见海绵状形貌,外观形态上既有磨损破坏特征又有空蚀破坏特征,呈典型磨蚀形态。磨蚀主要发生在距面板底缘10 cm范围内,总体上越靠近底缘磨蚀越严重,蚀坑越深。因此,为了保障小浪底水利枢纽防洪安全,需要采取修复措施并及时处理。

4. 国内其他工程破坏实例

刘家峡水电站主要由挡水建筑物、泄洪建筑物和引水发电建筑物3部分组成。泄洪建筑物包括溢洪道、泄洪道、泄水道和排沙洞。在第二次大坝安全定期检查期间,对泄洪洞金属结构进行检查时发现,工作闸门顶水封、底水封漏水严重,工作门槽充水阀不能动作。当充水阀处理后检修闸门时发现,检修闸门右侧底板及门体左上部刺水严重,无法进一步检查。2001年7月,当坝前水位降至1 720 m时,及时将检修闸门提至检修平台进行检修。检查中发现,闸门锈蚀严重,闸门右侧底水封橡胶有冲痕,门体中节与上节接缝处左端有一个ϕ30 mm的贯穿性孔洞,随做加固补强、喷锌防腐。落检修闸门后进行检查,右下角底板刺水仍很严重。投闭气材料堵漏后,刺水停止,但仍有渗漏。检查发现这个部位钢板上有一个ϕ50 mm的贯穿性孔洞和沟槽。检修闸门以下底板磨蚀严重,沟槽密布。弧形工作闸门顶水封左端被冲掉,底水封中间开裂损害。止水底板中部有贯穿性孔洞,并已脱空。

5. 处理方法

金属闸门受磨蚀破坏最严重的部位一般位于底缘,此部位一般采取补焊并打磨整形后进行涂层防护的方式进行修复,该种修复方法所需时间长,费用高,人力、物力投入大,修复后的金属闸门底缘表面平整度远低于机加工件,再次投入使用后其表面的凹口、沟槽、瑕疵更易诱发磨蚀破坏。小浪底水利枢纽金属结构技术人员针对提高金属闸门底缘磨蚀修复效率、保证修复质量、增强其抗磨蚀性能方面进行了研究,提出由抗磨板和承载构件组合而成的装配式抗磨蚀金属闸门底缘结构设计方案,该结构不仅没有降低金属闸门的整体强度和刚度,还能显著增强金属闸门底缘的抗磨蚀性能、提升磨蚀底缘的修复效率和修复质量,既适用于新建金属闸门,又适用于已服役金属闸门底缘的改造。经小浪底水利枢纽4年的实际运用检验,效果良好。下面将详细介绍这一创新技术,以期为国内其他类似工程提供指导与借鉴。

1)材料比选

首先,进行材料比选。根据磨蚀破坏机制,抗磨蚀材料应既有良好的抗磨损性能,又有良好的抗气蚀性能。符合上述要求的非金属材料主要有陶瓷、铸石、玻璃、碳化硅、氮化硅、橡胶、聚四氟乙烯等,金属材料主要有奥氏体锰钢、非锰系耐磨合金钢、高铬铸铁、马氏体不锈钢等。其次,应用于金属闸门底缘的抗磨蚀材料还应具有较高的强度、韧性和尺寸稳定性以及较好的可加工性、经济性和易得性,而非金属材料在强度、韧性、尺寸、稳定性和可加工性上很难兼具,不予考虑,所以主要对金属材料和钢铁基复合材料进行比选。

2) 金属闸门底缘结构设计

抗磨蚀金属闸门底缘在结构上除具有良好的耐磨蚀性能外,还应满足以下 3 点要求:

(1) 安全可靠。抗磨蚀底缘不降低金属闸门的整体强度和刚度。

(2) 维修方便。维修用时少,简单便捷,具有较高的修后质量。

(3) 适用性好。符合闸门设计规范,既适用于新建的金属闸门,又适用于在役金属闸门的改造。

通过研究讨论,提出装配式金属闸门底缘结构的创新设计思路,将金属闸门底缘从其门叶上单独分离出来,拆分成抗磨板和承载构件两部分。抗磨板材质为 ZG04Crl3Ni4Mo 马氏体不锈钢,中间开沉头螺栓孔,尾部开直角卡槽,底边导圆弧角,表面喷涂 WC 材料,见图 3-4。承载构件为由支撑板和加强筋板组成的焊接结构件,见图 3-5,材质与闸门门叶相同。支撑板与抗磨板的对应位置配钻螺栓孔,底部设置凸台用以承载抗磨板沿面板方向的力,支撑板后设置适当数量的加强筋板,并在装配时与门叶和支撑板焊接成一体以增加承载构件的整体强度和刚度。抗磨板通过沉头螺栓连接到承载构件上,承载构件焊接在门叶上。在抗磨板与支撑板结合面处涂抹密封胶,以防止产生缝隙射流。在螺栓沉头表面涂环氧砂浆将螺栓孔填平,以增强该部位的抗磨蚀性。

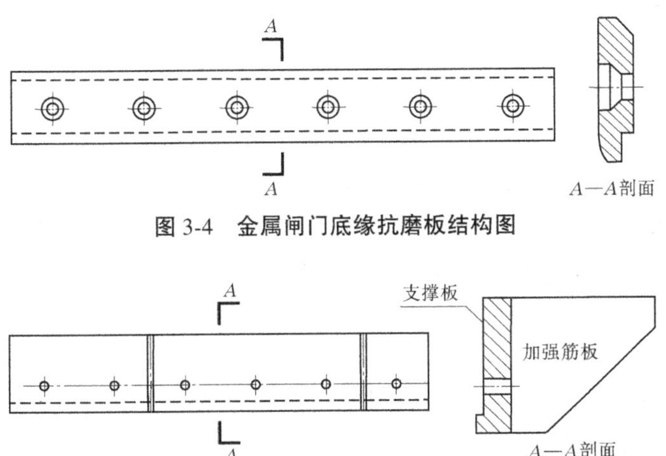

图 3-4　金属闸门底缘抗磨板结构图

图 3-5　金属闸门底缘承载构件结构图

该装配式金属闸门底缘结构以抗磨板作为抗磨蚀易损件,承载构件作为受力构件受到抗磨板的保护而不被磨蚀。当金属闸门底缘出现磨蚀时,仅需整体更换一块抗磨板即可。抗磨板与承载构件通过螺栓连接的结构方式使更换工作简单、快捷,维修后的质量也能得到保证。该结构既可在设计新的金属闸门时采用,也可用于已服役金属闸门底缘的改造,具有很好的适用性。由于金属闸门的非标准件特性,应用于不同金属闸门的抗磨板及承载构件的尺寸需根据具体金属闸门结构、尺寸、受力情况等进行设计。

抗磨板越宽,防护范围越大,则改造涉及的范围越大,导致改造施工工程量和难度加大、改造费用增加。所以,对已服役金属闸门底缘改造除应满足前文所述的要求外,还应根据改造闸门的结构和磨蚀状况确定合适的改造范围,尽可能减小改造工作量和降低施工难度,并非改造范围越大越好。

2019 年 6 月 21 日,小浪底水利枢纽 2 号排沙洞开始泄洪排沙运行,至当年 9 月 11 日退运检查。其间 2 号排沙洞工作闸门总计过流历时 759.43 h;含沙且局部开启状态下过流历时 301.49 h;过闸水流平均含沙量为 38.22 kg/m^3;局部开启状态下过闸水流平均含沙量为 96.26 kg/m^3;过闸水流最大含沙量为 464.40 kg/m^3。经检查,金属闸门底缘结构完好,抗磨板表面的 WC 涂层清晰可见,连接螺栓无松动、无损坏。抗磨板与闸门面板间缝隙内的环氧砂浆由于磨蚀有少量减少,个别螺栓孔内的环氧砂浆脱落。从脱落情况分析,为黏结力不足而造成的整体脱落,环氧砂浆脱落的螺栓孔下边缘及螺栓头磨蚀明显,其余螺栓孔内的环氧砂浆由于磨蚀有少量减少,抗磨板其他部位无磨蚀、无破损。

2019 年 9 月 12 日,对环氧砂浆脱落的抗磨板连接螺栓孔重新涂抹环氧砂浆保护后,小浪底水利枢纽 2 号排沙洞金属工作闸门继续投入运用。2021 年汛前,该装配式抗磨蚀金属闸门底缘推广应用至小浪底水利枢纽 1 号和 3 号排沙洞金属工作闸门。经过 2019—2022 年泄洪排沙运用,抗磨板表面的 WC 涂层清晰可见,闸门底缘结构完好。通过实际运用验证,该装配式抗磨蚀金属闸门底缘结构合理,抗磨板的抗磨蚀性能优异,应用于高含沙、长历时泄洪排沙运行工况下的金属闸门底缘可大幅降低底缘磨蚀损坏检修频次,有效提高了水利水电工程防洪安全保障能力。

3.1.2.3 气蚀问题

1. 定义及特征

气蚀也叫空蚀。当液体在与固体表面接触处的压力低于它的蒸汽压力时,将在固体表面附近形成气泡。另外,溶解在液体中的气体也可能析出而形成气泡。随后,当气泡流动到液体压力超过气泡压力的地方时,气泡便溃灭,在溃灭瞬时产生极大的冲击力和高温。固体表面经受这种冲击力的多次反复作用,材料发生疲劳脱落,使表面出现小洼坑,进而发展成海绵状,这种现象被称为空蚀(cavitation damage)。空蚀的程度以空蚀强度来衡量。空蚀强度常用单位时间内材料的减重、减容、穿孔数和表面粗糙度变化作为特征量。

空蚀过程分为几个阶段:首先,只有材料表面的变形或少量减重,形成空蚀潜伏区;其次,单位时间的减重突然增大,形成空蚀加速区,过些时间后,单位时间的减重慢慢减小,形成空蚀减速区;最后,单位时间的减重基本不变,形成空蚀稳定区。因为液体和材料的性质不同,上述各个阶段中的变化也有差异。

空蚀是空化的后果,但并非所有空化都造成材料的损坏,只有不稳定的空化,如非定常流动中出现的空化或封闭空泡的尾端,才会引起空蚀。因此,空蚀往往出现在物体的局部区域。空蚀的机制与材料受固体微粒或液滴冲击而损坏是不同的。为消除和减轻空蚀损坏,运动部件应在尽可能稳定的条件下运转。消极的办法是在可能发生空蚀的部位涂上或包上弹性强的材料,或注入气体以吸收空泡溃灭所辐射的能量,也可用化学防腐方法来减轻空蚀过程的腐蚀作用。

在高速流动的水流中,当压力变化时,会在水中产生很多的气泡,这些气泡与水流共同向下流动,当压力发生变化,这些气泡就会爆裂而产生强大的冲击力,从而破坏混凝土表面,这种现象被称作混凝土的气蚀破坏。泄洪流道过流表面气蚀破坏问题,主要发生在流速较高且流态发生改变的部位。

气蚀破坏后的特征主要有以下形式。

1)有纹理结构

在破坏面内,看似虫蛀蚀,表面呈粒状结构,黏结混凝土骨料的水泥浆都被冲洗光,混凝土内部有深深的缝隙及孔洞,方向性不明显。严重的可形成较大范围与较深的蛀坑。气蚀破坏初期,一般使过流表面变粗,继而发展成为麻点坑面,严重时壁面将成为海绵状的蜂窝孔面。如果是挟沙水流的磨蚀作用,水流方向明显可辨,单个骨料有打光现象,但骨料下压的表面是光滑和较平坦的;而空蚀破坏,单个的打光了的骨料颗粒暴露在蚀区外表。对于冻融作用的破坏区,单个的骨料颗粒有的碎裂,但蚀区的横剖面相对要平坦一些。

2)对称性

有些情况,挟沙水流结构的对称性,使结构物上面的空蚀区也呈对称性,如在闸门槽下游的两侧壁面上同时发生气蚀破坏。

3)有空化源

空蚀破坏是发生在空化源下游,典型的空化源包括表面不平整度、钙化沉积物、残留钢筋头、闸门槽、水流边界的突变等。对于水流内部,纵向漩涡也是空化源,但其位置难以确定。

当小浪底水利枢纽泄洪流道高水位、大流量运用时,掺气的高速水流会对泄洪流道混凝土表面造成严重的气蚀破坏。气蚀破坏属于磨蚀破坏的一种特殊情况,但其破坏性明显大于普通磨蚀。

2. 破坏机制及影响因素

1)破坏机制

对于泄水建筑物过流表面的气蚀破坏问题,一般认为含沙水流改变了清水的物化及流动特性,使水的空化压力发生变化,气蚀提前发生在含沙水流中,由于沙粒质量不同,在惯性力的作用下,可能会滞后或超前于水流,不合理的体型促使水中游离的沙粒产生旋涡气泡,并在某一临界压力值下溃灭,使材料遭受空蚀破坏。空泡溃灭时,为泥沙磨蚀创造了条件,在高速含沙水流的冲击和摩擦切削下,材料表面出现凹凸不平,形成空蚀源。局部水流的紊动促使沙粒动能的提高,加剧了材料的破坏。

由于气蚀涉及流动动力学条件、机械冲击、过流部件材料种类与成分,以及材料表面与液体的电化学交互作用等诸多方面,其损伤机制相当复杂,对于不同的材料、不同的试验条件,往往得到不同的结论。存在以下几种气蚀损伤机制。

Ⅰ. 冲击波机制

由于液体内局部压力的变化引起蒸气泡的形成、生长及溃灭,导致气蚀的产生。当液体内的静压力下降到低于同一温度下液体的蒸气压时,在液体内就会形成大量的气泡,而气泡群到达较高压力的位置时气泡就会溃灭,气泡的溃灭使气泡内所储存的势能转变成较小体积内流体的动能，使流体内形成流体冲击波。这种冲击波传递给流体中的过流部件时，会使过流部件表面产生应力脉冲和脉冲式的局部塑性变形，甚至产生加工硬化。流体冲击波的反复作用使过流部件表面出现气蚀坑。

Ⅱ.微射流机制

由于液体中压力的降低而产生大量的气泡，气泡在过流部件边壁附近或与边壁接触的情况下，由于气泡上下壁角边界的不对称性，在溃灭时，气泡的上下壁面的溃灭速度不同。远离壁面的气泡壁将较早地破灭，而最靠近材料表面的气泡壁将较迟地破裂，于是形成向壁面的微射流。此微射流在极短的时间内就完成了对材料表面的定向冲击，所产生的应力相当于"水锤"作用。

2)影响因素

水的流速与压强，是形成空化与空泡溃灭的主要条件，而材料的固有特性又是抗空蚀能力的表现。由于气蚀问题比较复杂，影响气蚀程度的因素也较多。主要有以下几种影响因素。

Ⅰ.流速对气蚀的影响

流速是影响气蚀的主要因素。当流速超过某一临界值时，就存在气蚀破坏的潜力，1955 年 Knapp 在水洞中进行试验，发现圆盘后软铝试件，其空蚀强度 I(单位面积、单位时间内形成蚀坑的数目和大小)随着流速加大气蚀程度显著加大，在超过不产生气蚀的临界流速 v_0 之后，气蚀强度与流速基本上呈 6 次方关系，即

$$I = Cv^n \tag{3-1}$$

式中：I 为气蚀强度，W/m^2；C 为比例常数；v 为水流未受到边界局部变化影响的断面平均流速，m/s；$n=6$。这就是有名的 6 次方定律。

对于不同类型的水泥砂浆，在不同试验条件下的试验结果表明，当水流流速小于 25 m/s 时，气蚀率与水流流速关系中的指数 $n=1.5\sim3.5$；当水流流速大于 25 m/s 时，$n=2.5\sim7.5$。通常，为了尽量减免混凝土壁面产生气蚀破坏，设计均会对混凝土壁面提出容许流速的限制。

Ⅱ.压强对气蚀的影响

Mousson 曾专门研究过压强对气蚀程度的影响。当下游压强一定时，试件的气蚀程度随上游压强的增加而增加，若固定上游压强，试件的气蚀程度将随下游压强的增加出现一个最大值。

Ⅲ.水流含沙量对气蚀的影响

浑水气蚀是我国多沙河流水利水电工程面对的重要问题。王世夏等进行了高速含沙水流掺气抗蚀的试验，由试验得出磨蚀率 W 的经验公式：

$$W = (0.023\,148\rho^{1/2}v^2S_0^{2/3})/(R^{1/2}C^{1/3}) \tag{3-2}$$

式中：W 为磨蚀率，mm/h；R 为材料强度，Pa；S_0 为含砂浓度(浑水含砂量除以颗粒密度)；ρ 为浑水密度，kg/m^3；C 为掺气浓度；v 为平均流速，m/s。

从上述公式可以看出：在材料强度、浑水密度、掺气浓度和平均流速一定的条件下，含沙浓度与磨蚀率呈正指数函数关系，所以在其他因素不变时，含沙浓度越高，气蚀破坏越严重。

Ⅳ. 气蚀历时影响

对任何表面由空化引起的空蚀率都随时间而变。Thirvengadam 曾按试件单位时间内质量的损失情况，把试件的气蚀过程分为 4 个阶段：第一阶段为材料的潜伏期，这个阶段材料没有损失。第二阶段为积累区，在这个阶段材料蚀损率迅速增加，并且蚀损达到最大值。第三阶段为衰减区，在这个阶段内，由于泄流壁面对能量的吸收率降低使试件的气蚀率有所降低，开始的特征是在试件表面上形成孤立的深坑，表面这些深坑对试件吸收能量的能力减弱有影响。第四阶段为稳定区，在这个阶段中气蚀率接近一个常数，其原因可能是蚀坑内形成一个水垫，使气蚀率不再变化。

Ⅴ. 壁面不平整对气蚀程度的影响

溢流表面的不平整突体，如模板接缝不平、凸体、凹体、升坎、跌坎、钢筋头等。

Ⅵ. 影响气蚀程度的其他因素

水流的性质如水流的物理特性、水质，以及环境条件如气候条件、地质条件、温度条件等，对气蚀也存在一定的影响。

3. 产生的危害

混凝土表面受到空泡溃灭压强的反复作用，先在表面薄弱处破坏并形成洼坑。这种洼坑可使压力冲击波聚焦，增加其压强值，继续使洼坑范围扩大。如果不及时处理，将对混凝土结构安全造成严重威胁。

2020 年汛后至 2021 年 10 月前，小浪底水利枢纽 3 号排沙洞在水位 250.68～270.71 m 下，过流流量在 500 m^3/s 左右，过流共计 2 285.15 h，此运用工况流速高、含沙量大、过流时间长，极易引发气蚀问题。在 3 号排沙洞停用间隙，工作人员检查发现，工作闸门后高速水流段流道侧墙混凝土出现长度约 13 m、最大宽度约 2.5 m、最大深度 60 cm 的冲坑破坏，部分区域出现钢筋裸露，冲坑破坏面积和深度大，在以往泄洪系统破坏中未曾出现过。经分析，该处破坏类型主要为气蚀破坏。

根据此处混凝土破坏的范围大小，以横向、纵向各 20 cm 的间距截取断面，在每个交汇点测量一深度，绘制出气蚀破坏部位的平面图和典型断面图，见图 3-6 和图 3-7。依据该图计算出此处破坏面积共计 19.82 m^2，破坏体积达 2.50 m^3。

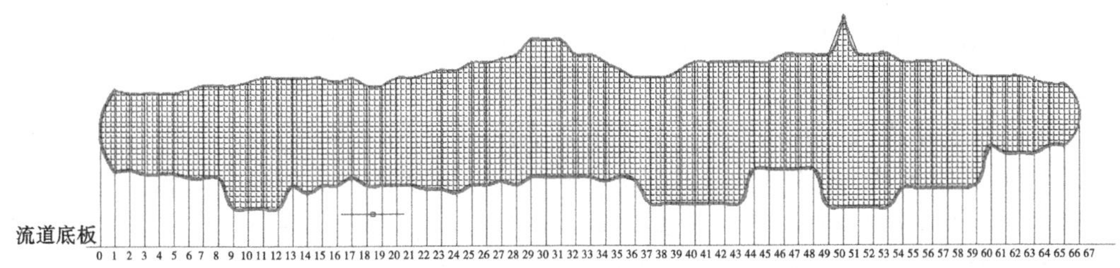

图 3-6　破坏部位平面示意

同年，在小浪底水利枢纽 1 号排沙洞和 2 号排沙洞也分别发现了类似的冲坑破坏。在 1 号排沙洞发现一处长 9.4 m、最大宽约 2.65 m、最大深约 57 cm 的冲坑破坏，破坏面积共计 14.75 m^2，破坏体积达 2.14 m^3；在 2 号排沙洞共发现 3 处较大的冲坑破坏，尺寸分

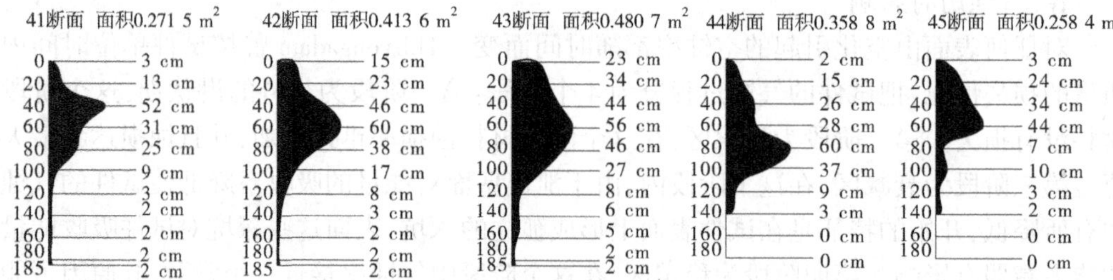

图 3-7 破坏部位典型断面图

别为 3 m×1 m、2.3 m×0.6 m、2.5 m×1.5 m，最大破坏深度为 25 cm，3 处破坏面积共计 8.13 m^2，破坏体积达 1.71 m^3。

4. 国内其他类似工程气蚀破坏实例

1）刘家峡水电站泄洪洞明流反弧段气蚀破坏

刘家峡水电站泄洪洞由导流洞改建而成。1968 年 10 月，右岸导流洞封堵后完成泄洪洞进口的施工，当溢流面及斜井开挖后还未全部衬砌时，因下游用水需要，于 1969 年 3 月 12 日开闸泄水。从未全部衬砌的泄洪洞过水，历时 172 h，上游水位为 1 695.6 m，泄流量为 980~1 000 m^3/s，至反弧末端的水头约 80 m，流速 36 m/s，结果在斜井下游，桩号 0+140~0+180 m 处，冲成宽 10 余 m、深 6~8 m 的大坑，整个导流洞底板表面遭受磨损破坏。修补时在原导流洞底板新加 30 cm 厚的钢筋混凝土底板。1970 年底，泄洪洞的混凝土浇筑竣工后，由于环氧砂浆毒性较大，洞内潮湿，故只做了部分环氧砂浆护面。又因洞里积水，施工错台及堆渣并未全部处理和清除。

1971 年 9 月，进行一次 2 个多小时的过水试验，当时库水位为 1 729.2 m，闸门开度为 1~9.5 m，最大泄量为 2 030 m^3/s。当停止泄水后，因洞内水深未查明气蚀状况。1972 年 5 月 9 日 12 时起正式泄水，至 5 月 25 日 14 时 30 分关闸，共泄水 314.5 h，最高库水位为 1 720.65 m，闸门开度均在 3.5 m，泄流量 580~600 m/s，库水位至反弧末端落差 104.5 m，流速约 38.5 m/s，泄流时发现出口水跃回缩，进水塔补气不足，启闭室抽水猛增犹如狂风，风速达 24 m/s，洞内轰鸣，犹如雷响，振动也很猛烈，停水后发现由于气蚀破坏，加上高速水流的冲刷，使反弧末端造成破坏，坑深达 4.8 m，宽达整个底板，下游约 200 m 长新加的 30 cm 厚的混凝土板大部分被掀起冲走，基岩也被冲蚀。

2）龙羊峡水电站深水底孔气蚀破坏

龙羊峡水电站深水底孔溢洪道布置在靠近右岸的 11 号坝段内，是龙羊峡工程最低一层泄洪设施，为高水头、高流速的深式泄水建筑物。其主要任务是在初期蓄水过程中保障向下游供水和电站运行初期泄洪，正常运用期间排沙和安全放空，以及作为发生设计或校核洪水时的安全备用泄洪设施。底孔泄水道从进口至挑流鼻坎末端全长约 304 m，由坝身进口段和压力段、坝后弧门闸室段、泄流明渠和挑流鼻坎四部分组成。进口底板高程为 2 480 m，孔口设计水头为 120 m，最大水头为 127 m，至挑流鼻坎处最大水头落差达 140 m，在库水位 2 580 m 时，泄流量为 1 350 m^3/s，泄槽内最大流速达 42 m/s。

底孔泄水道于 1987 年 2 月 15 日首次开启运行，至 1989 年，共运行 3 次，总历时达 7 137 h，孔口最高水头为 89 m，最大流速达 36 m/s。底孔泄水道经 3 次过水后，尤其是

1989 年汛期过水后,由于水头高、流速大,在齿槽明渠边墙、底板及挑流鼻坎等部位,发生了较严重的气蚀破坏。

1987 年过水后进行检查,发现泄槽不同部位发生了轻微的蚀损,主要部位在泄槽分段结构缝两侧及其下游,观测仪器通用底座周围及其局部缺陷处理抹面的环氧砂浆脱落,总面积底板约 17 m^2、边墙 10 m^2,最大蚀深 30 cm,最大一块破坏面积约为 11.2 m^2。

1989 年过水后进行较全面的检查,发现泄槽部分遭到了比较严重的破坏。左边墙在桩号 D0+100 m 处,最大冲深 2.5 m,破坏面积达 177.4 m^2,冲走混凝土 174.7 m^3;右边墙在桩号 D0+100 m 处,最大冲深 0.7 m,破坏面积达 104 m^2,冲走混凝土 2.3 m^3,边墙冲深大于 0.5 m 部位的钢筋网被水流大量地冲断冲走,小于 0.5 m 的钢筋网大部分裸露,底板最大冲深 0.4 m,冲坏面积达 98.6 m^2,冲走环氧砂浆、干硬性砂浆及混凝土约 29.4 m^3。底板在不同部位局部遭到严重的冲刷破坏,冲深一般在 0.2~0.15 m,破坏面积达 61.6 m^2,冲走干硬性砂浆及混凝土 9.89 m^3。结构缝在水面线以下部位大部分遭到气蚀冲刷破坏。鼻坎段环氧砂浆抹面右边墙及底板水面线以下部位遭受全部剥蚀。

经分析,本次破坏的主要原因是抗冲耐磨层密实性和平整度不够理想,不能满足设计提出的要求,尤其是结构缝处理不好,缝中橡皮条突起,缝下游有升坎等是造成气蚀破坏的主要原因。

3) 刘家峡水电站门槽附近及其轨道气蚀破坏

刘家峡水电站泄水道进口位于主坝左端,设有 2 孔 3 m×8 m 的平板工作闸门,后接陡坡明渠,工作闸门的设计水头 70 m,设计最大泄流能力 1 500 m^3/s,孔口平均流速 31.2 m/s。

1971 年 1 月 16 日对门槽进行第一次检查,未发现有明显的空蚀迹象。虽已累计运行 3 012.8 h,但其中大部分是在库水位较低情况下工作的。1972 年 6 月 19 日对门槽进行第二次检查,又运行了 952 h,其中在库水位 1 715 m 以上运行 417 h,占比 43.9%,发现门槽主轨有深度约 0.5 mm 的轻微气蚀麻点。

1972 年 6—9 月,左门在库水位 1 717.3~1 721.9 m 又运行了 1 786.8 h,9 月 20 日再一次检查时发现,左门两侧的门槽主轨均产生了大片的严重气蚀破坏,破坏范围从距底部 1.2 m 处开始直至 7.2 m 高为止,形成长达 6 m 左右的一个破坏带,蚀坑深 10~15 mm,最大宽度 19 cm,蚀坑的外缘距主轨棱边约 4 cm,以距底部 6 m 处最为严重。

1973 年 3 月 6 日对右门门槽进行了检查,发现主轨受蚀情况与左门相似。门槽主轨宽 320 mm,受蚀区的宽度已超过主轨总宽的一半,而且恰是闸门主轨的运行区,因此问题显得比较严重。

5. 处理方法

为了防止和避免气蚀问题,应注意 3 个问题:第一是水流空化后具有的气蚀破坏能力;第二是材料抗气蚀破坏的能力;第三是上述两种作用联合之下产生的气蚀破坏程度。

统计表明,发生气蚀概率最多的部位是坝面、底孔、过流壁面的不平整处、消能工及门槽等。防止和避免气蚀的方法主要有以下几种。

1) 改善过流边壁轮廓形式,以避免气蚀

泄水建筑物过流边壁的轮廓,包括泄水建筑物的体型突变(如大尺度不平顺等),以及溢流面的光滑平整状况(如小尺度不平顺等),泄水建筑物的合理体型应该同时满足这两个条件。

水流中发生空化现象,是由局部压力降低超过临界压力而产生的,这与过流壁面的大尺度轮廓体型有极密切的关系,因其可能产生局部低压区域,这些区域往往是容易发生气蚀破坏的部位,主要包括溢流面的边界不平顺(如局部弯曲过甚、凹凸偏折、局部突然扩大等),以及局部不平整凸体后面、溢流坝或明流泄洪洞反弧段后面平直段、深孔进水口、泄水管或尾水管弯段凸缘、有压管道收缩段、闸门槽后的边墙及闸墩、泄水管分岔段、消力墩顶部和两侧及下游底板、差动式鼻坎的侧壁等。通过改善过流边壁轮廓形式避免气蚀的措施主要有以下几点。

Ⅰ.改善过流壁面体型轮廓,降低初生空化数

高速水流对溢流面上存在的曲率变化十分敏感,泄水时有可能导致水流的严重分离,从而形成明显的低压区,使该区初生空化数显著增大,因而极易产生空化水流。降低初生空化数的方法是通过设计优化曲面边壁的体型,使过流边界体型合理,以提高过流壁面上压强分布值。主要体型包括深孔明流泄水道进水口、反弧形式溢流坝面等。

Ⅱ.改善高水头闸门槽体型,减弱旋涡空化强度

对于高水头的大型平板闸门,门槽及槽内主轨道的气蚀破坏问题尤为突出。门槽内的初生空化条件,不仅取决于槽内水流运动的结构,还与水流过槽的紊动特性、槽的体型等有关。我国《水利水电工程钢闸门设计规范》(SL/T 74—2019)所建议的体型及空化数按下式计算:

$$\sigma = (h_1 + h_2 - h_v)/v_1^2/2g \tag{3-3}$$

式中:h_1、v_1 为紧靠门槽上游附近的断面平均水头、流速,规范建议:

$$\sigma \geqslant n\sigma_k, n = 1.2 \sim 1.5$$

Ⅲ.采用具有避免气蚀性能的消能工形式

常用的消能工形式主要有挑流、面流和底流,与之对应的消能工形式有挑坎、掺气坎(槽)、齿坎和辅助消能工。

2)高速水流近壁面处掺气,以避免气蚀

研究表明,向泄水建筑物的近壁面处水流通气,是一种经济而有效的减蚀措施。试验研究表明,即使混凝土的抗压强度很高,也会发生气蚀问题;而在水中掺入相当于水流流量的5.9%的空气时,便可以避免气蚀。

Ⅰ.选择掺气设施布置形式时应注意的原则

(1)在各种工况下,均应保持挑坎水舌下有足够的空腔,以保证水流具有尽可能合适的掺气浓度和良好的气泡分布状态。

(2)通气设施在任何情况下都不应被水充填、淹没,以免防碍供气。

(3)力求水流平顺,避免恶化水流流态或增大对底板的过分冲击。

(4)通气设施的体型力求简单,便于施工,具有足够的强度及工作的可靠性。

Ⅱ.常用的掺气减蚀工程形式

(1)为了避免溢流坝闸墩后面的气蚀破坏,可使闸墩尾部放宽,形成所谓"宽尾墩",使绕流宽尾墩的水流形成超空穴,在超空穴的尾部形成掺气。

(2)为了避免消能工的气蚀破坏,可使消能工的体形便于掺气。

(3)在溢流面上设置的掺气设施是目前运用和研究最多的一种,常见的有以下几种:

①挑坎。水流挑过坎后形成空腔,挑坎施工方便,但对原水面扰动较大,成股的水流对坝面的冲击力较强。

②跌坎。该部位的下游底板下降形成错台,优点与挑坎相同,适用于闸门段出口或溢洪洞出口段,坎高一般为0.3~4.5 m。

③掺气槽。主要有门槽型、契型、三角型及窄缝等。

④跌坎+掺气槽组合型。优点是对原水流扰动小,水股冲击力也较小;缺点是空腔范围较小,易形成含有反向旋涡的空腔。

⑤挑坎+跌坎组合型。可与边墙扩宽组合使用,使射流水股的底面与侧面都能掺气。

⑥挑坎+掺气槽组合型。是一种较好的型式,兼有挑坎与掺气槽的优点,既有足够的空腔,又可避免水流流态过度紊乱。

⑦坎、槽、跌组合型等。

3)合理控制和处理施工不平整度,以避免气蚀

结合一些实际工程调查表明,凡泄水建筑物表面有明显的凹凸不平,过流流速大于15~20 m/s时,一般都有可能在其下游发生气蚀破坏。流速愈大,发生破坏的可能性也愈大。某些试验表明,气蚀破坏强度与水流速度的5~7次方成正比。

泄水建筑物的过流壁面,由于施工问题,往往难以避免出现局部不平整的情况,在高速水流作用下,成为诱发气蚀的根源。概化后归纳起来,溢流壁面上不平整突体的主要类型有:

(1)突坎:升坎,跌坎,圆滑后的升坎、跌坎;

(2)坡坎:迎水升坡坎,背水降坡坎;

(3)突变曲率:凸、凹曲率,大凹槽;

(4)突起的接缝:尖角形、圆弧形;

(5)洞槽:排水管,裂缝,伸缩接缝;

(6)均布粗糙突体:局部或大面积;

(7)未消除的埋体:突起的钢筋头,型钢等。

一般来说,在高速水流情况下,对过流壁面平整度提出适当的限制是完全必要的,至少从一个方面为防治气蚀破坏创造了有利条件。

不平整度的控制和处理标准是高水头泄水建筑物设计面对的主要问题之一,目前仍无具有规范性的统一标准。在美国,经过几次严重的气蚀破坏事故之后,对过流壁面提出了严格的要求。如垂直水流方向的凸坎或错台不允许大于3.2 mm;平行水流方向的错台则不允许大于6.3 mm。对重要部位或不平整度很难达到要求时,可考虑设置掺气设施。在设置掺气设施时,溢流面的不平整度控制标准可以适当放宽。

4)采用抗蚀性能强的材料,以避免气蚀

增强泄水建筑物过流壁面材料的抗蚀性能,是防止和避免泄水建筑物气蚀破坏的主要措施之一。目前采用的主要抗蚀材料有金属、混凝土(包括砂浆)、环氧、铸石等。

Ⅰ. 提高水工混凝土的抗空蚀强度

国内外的研究结果表明,采用以下措施有助于提高混凝土抗冲蚀能力:采用高水泥标号和高水泥用量(每立方米混凝土用水泥 335~382 kg),高强度等级混凝土可将抗冲蚀能力提高 3~4 倍;减小水灰比,一般不超过 0.40~0.42;粗骨料粒径不大于 40 mm,并尽可能采用碎石;砂子在骨料中所占的比例应为最优比例;采用表面真空作业或真空作业加磨石子;在严寒地区采用抗冻标号高的混凝土。

Ⅱ. 采用纤维混凝土

为了增加混凝土内部的连接力、提高韧性,可以把各种纤维加入混凝土内部。最适用的钢纤维含量不应超过混凝土体积的 2%,钢纤维混凝土的抗压强度为普通混凝土的 0.8~1.2 倍,抗拉强度为普通混凝土的 1.4~1.6 倍,韧性可达普通混凝土的 30 倍,抗气蚀性能可提高 30%。

Ⅲ. 采用聚合物混凝土

(1)聚合物水泥混凝土(砂浆)。由普通混凝土或砂浆中掺入一部分聚合物代替水泥,其具有较高的强度和较好的抗气蚀性能,影响其强度的重要因素为聚灰比,即聚合物与水泥间的质量比,一般为 5%~20%。通常抗气蚀性能提高 9 倍以上,抗压性能提高 1~2 倍,极限拉伸量可提高 3 倍左右。

(2)聚合物树脂混凝土(砂浆)。聚合物为黏合料与骨料结合而成,完全不使用水泥。具有优越的耐酸性,还能克服水泥存在的弱点。由于岩石的矿物成分与树脂之间会产生化学作用,故其骨料的选用很重要。聚合物树脂混凝土(砂浆)是聚合物混凝土中强度最高、耐酸性较强的材料,其缺点是造价高、制造工艺复杂。

(3)聚合物浸渍混凝土(砂浆)。此类混凝土价格昂贵,尚未推广运用。

3.2 西霞院反调节水库

3.2.1 2017 年及以前面临的主要问题

2017 年及以前西霞院反调节水库泄洪流道面临的主要问题为混凝土过流表面磨蚀问题。

西霞院反调节水库位于小浪底水利枢纽的下游,当含沙水流经过西霞院反调节水库泄洪流道时同样会造成其过流表面磨蚀破坏,如图 3-8 所示。对于磨蚀破坏的定义、特征、破坏机制及影响因素、产生的危害和处理方法见本章 3.1.1.1 节中的详细介绍,这里不再赘述。

3.2.2 2018 年以来面临的主要问题

2018 年以来,西霞院反调节水库泄洪流道连续经历了小浪底水利枢纽“低水位、大流量、高含沙、长历时”泄洪排沙运用,这无疑给西霞院反调节水库泄洪流道过流运用带来了很大的挑战,经过近几年的汛后流道缺陷检查,发现 2018 年以来,西霞院反调节水库泄洪流道主要存在混凝土过流表面磨蚀问题、金属闸门磨蚀问题、气蚀问题以及推移质造成混凝土过流表面的破坏问题。

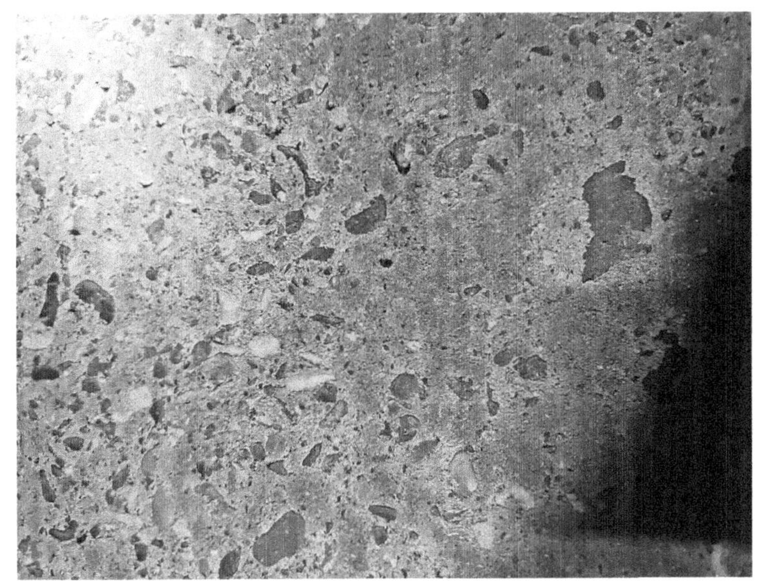

图 3-8　西霞院反调节水库泄洪流道磨蚀破坏照片

3.2.2.1　混凝土过流表面磨蚀问题

对于磨蚀破坏的定义、特征、破坏机制及影响因素、产生的危害和处理方法在本章 3.1.1.1 节中已详细介绍，在此不再赘述。

3.2.2.2　金属闸门磨蚀问题

西霞院反调节水库泄洪流道运用涉及多扇金属闸门，含沙水流与其接触时同样会对其造成磨蚀破坏。对于金属闸门磨蚀破坏的定义、特征、破坏机制及影响因素、产生的危害和处理方法参见本章 3.1.2.2 节中介绍，在此不再赘述。

3.2.2.3　气蚀问题

西霞院反调节水库泄洪流道最大工作水头在 29 m 左右，而小浪底水利枢纽泄洪流道最大工作水头在 98 m 左右，所以西霞院反调节水库泄洪流道过流水速明显低于小浪底水利枢纽流道过流水速，含沙水流对其过流表面产生气蚀破坏的概率和程度也明显小于小浪底水利枢纽泄洪流道。对于气蚀破坏的定义、特征、破坏机制及影响因素、产生的危害和处理方法在本章 3.1.2.3 节中已详细介绍，在此不再赘述。

3.2.2.4　推移质破坏问题

西霞院反调节水库泄洪运用水位与流道进口落差小，导致西霞院反调节水库泄洪流道进口上游较大粒径的砂石更容易进入混凝土流道内，对过流表面造成推移质破坏。西霞院反调节水库推移质破坏情况如图 3-9 所示，而相反地，小浪底水利枢纽泄洪流道遇到推移质破坏的概率则较小。

1. 定义及特征

推移质（traction load, bed material load）又称床沙载荷（bed load）、底载荷（bottom load）或推移载荷（solid load）、牵引载荷（traction load），是指在水流中沿河底滚动、移动、跳跃或以层移方式运动的泥沙颗粒。在运动过程中与床面泥沙（简称床沙）之间经常进行交换。

图 3-9　推移质造成西霞院排沙洞底板冲坑破坏

通常粗碎屑(如砾、砂)作滚动或滑动搬运,较细碎屑(如细沙、粉沙)则呈跳跃搬运,但搬运方式和碎屑大小之间的关系也不是恒定的,随水流强度而变。水流强度大时,跳跃颗粒偏粗;反之,跳跃颗粒偏细。颗粒的搬运方式可随流动强度变化而相互转化,随着流速增大,滑动或滚动颗粒可变为跳跃,跳跃可变为悬浮;流速降低时则发生相反的转变。

推移质一般为粗颗粒,做间歇运动,在河底附近以滚动、滑动、跳跃或层移形式前进,其速度远小于水流速度。

推移质破坏问题主要发生在西霞院反调节水库排沙洞和排沙底孔处的混凝土底板上。小浪底水利枢纽与西霞院反调节水库之间的库区地势平坦,存在大量的卵石,在汛期调水调沙和降水位运用期间,在高速水流作用下形成推移质,在通过泄洪流道时,对进水口较低的排沙洞和排沙底孔的底板造成冲击,形成磨蚀、冲坑、掉块等缺陷,最严重的区域深度达到 10 cm,已露出内部钢筋。

2. 破坏机制及影响因素

1)破坏机制

推移质对建筑物表面的破坏机制与悬移质不同。悬移质使建筑物壁面因摩擦作用而产生磨损破坏。推移质以滑动、滚动及跳动的方式在建筑物表面运动,除了对建筑物有摩擦破坏外,还有撞击作用,其作用取决于流速、流态、推移质数量、粒径、形状、运动方式等,对建筑物的破坏还与过流时间、建筑物的体型及抗冲蚀能力等有关。由于重力作用,破坏部位主要为底部及平面弯曲管道的内侧。

2)影响因素

推移质破坏属于磨蚀破坏的一种特殊情况,但其破坏性明显大于普通磨蚀。推移质破坏影响因素较多,主要与水流速度、水流流态、沙石量、沙石粒径、沙石形状、冲角与护面材料等有关。

Ⅰ. 水流流速的影响

当水流流速达到一定值时,河床推移质才能开始移动。泥沙启动流速公式为:

$$V=\left(\frac{h}{d}\right)^{0.14}\left(29d+6.05\times10^{-7}\times\frac{10+h}{d^{0.72}}\right)^{\frac{1}{2}} \tag{3-4}$$

式中：V 为启动流速，m/s；h 为河流水深，m；d 为泥沙粒径，mm。

从式(3-4)可以看出，V 值越大，带动的推移质质量越大，因而运移的推移质具有的动量越大，其破坏力就越大。

水流的运动是泥沙得以运动的主要能量来源。所以，挟沙水流的速度，是影响建筑物表面磨损的重要因素。推移质的运动与作用于推移质颗粒上有效流速和推移质粒径成平方的关系。由此认为，推移质造成的冲击破坏与流速密切相关，由于流速分布不一，尤其是底流速，其反映在破坏程度上亦存在轻重之分。

Ⅱ. 水流流态的影响

从国内一些水利工程的运行情况发现，水流的流态对推移质运动有显著的影响，从而对泄水建筑物表面遭受推移质破坏亦有较大的影响。如石棉电站冲沙闸因上游大约 50 cm 处南瓜桥的影响(河床中间桥墩宽 3~4 m，束窄了河床)，闸前水流紊乱，主流与闸轴线呈一角度，形成环流，主流的面层趋向左岸、底层趋向右岸，因而推移质随底层水流撞击闸侧，使闸室、铺盖及护坦右侧的冲磨破坏更为严重。

又如龚嘴电站下游消力池的破坏，更是由于水流底部形成一底流速指向上游的巨大漩滚，紊动十分强烈，使消力池内的卵石和块石(施工弃渣)在环流的带动下做循环往复运动，对边界造成严重的冲击磨损破坏。

Ⅲ. 沙石量的影响

实践证明，水流中挟带的固体颗粒是造成建筑物表面磨损破坏的主要原因。水流中沙石含量愈大，就会有更多的沙石在水流的带动下成为推移质，从而对过流表面造成破坏。因而在一定沙石含量范围内，其含量愈大，推移质破坏就愈严重。

应当指出的是，对于较大的沙石含量，由于磨粒数目的增多，彼此之间相互碰撞的机会也增大，反而使冲击边壁材料的有效磨粒减少，从而抵消了一部分因沙石含量增大冲击沙石数目增多的效果。

Ⅳ. 沙石粒径的影响

对于一定比重和形状的沙石，其粒径代表石子质量在一定范围内运动着的推移质粗颗粒，随着沙石粒径的增加，由于具有较大的动量，其对作用面的冲击力远较细颗粒沙粒显著，因而推移质越大，其冲撞力亦越大。有关试验表明，混凝土表面磨损率随泥沙粒径的增加而增加的关系如图 3-10 所示。

可以看出，当泥沙粒径大于 2.5~3.5 mm 时，混凝土表面的冲磨破坏急剧增加，表明泥沙颗粒越大，其冲击磨损破坏作用越严重。

Ⅴ. 沙石形状的影响

河流中的沙石颗粒形状是不规则的，随着泥沙来源、矿物成分、移动路程等而有不同的形状。山区性河流所挟带的沙石，移动路程较短的，棱角较多且呈不规则形状；移动路程越长，形状越滚圆。沙石的形状亦与其粒径大小有关，大粒径的推移质，在被推移的过程中，由于受到机械摩擦较强，故其形状趋于滚圆。

当沙石以一定的动能冲击材料的表面时，若沙石形状尖锐，棱角与混凝土表面接触时

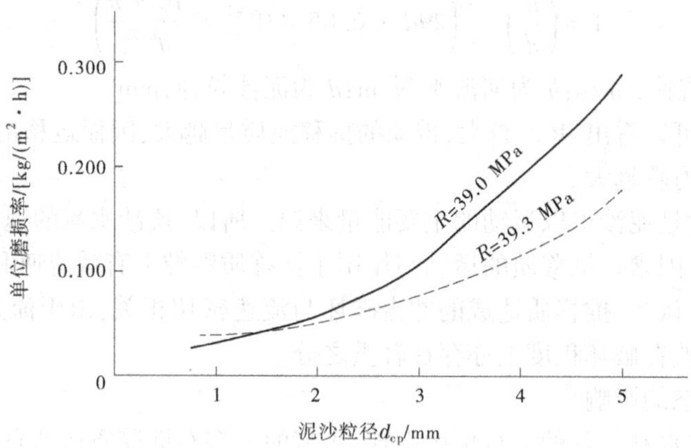

图 3-10 混凝土单位磨损率与泥沙粒径的关系

由于接触面积很小，形成冲击点的局部应力很高，因此在其他条件相同的情况下，沙石形状愈尖锐，造成的磨损量也愈大。

Ⅵ. 冲角与护面材料的影响

推移质沙石的运动方式，主要有跳跃、滑动和滚动，而跳跃运动则是造成护面材料破坏的重要形式。因此，推移质对混凝土的破坏，主要是以大角度的冲击破坏为主。沙石冲击混凝土表面后再跃起，再冲击。所以，对推移质来说，冲角较大，沙石在垂直方向的动能分量也较大，对混凝土的磨损也较为严重。例如，在以悬移质为主的条件下，因固体颗粒以很小的冲角作用于材料表面，钢板等材料磨损失重较大，抗磨损性能较低，但在以推移质为主的条件下，由于大颗粒沙石以较大的冲角作用于材料表面，此时钢板的冲磨曲线已越过峰值，表现出较高的抗推移质冲磨的性能。

3. 产生的危害

库区水浅流急时易发生推移质冲刷，特别是坝前水位降落较快时尤其如此。2018 年、2019 年和 2020 年，西霞院反调节水库泄洪流道连续 3 年经历了“低水位、大流量、高含沙、长历时”泄洪排沙运用，流道底板遭受了不同程度的推移质破坏。

在 2018 年汛后流道缺陷检查时发现，6 号排沙洞、2 号和 3 号排沙底孔整个底板推移质破坏平均深度分别达到了 9.76 cm、10.7 cm 和 9.97 cm；1 号、2 号、4 号排沙洞和 1 号排沙底孔底板平均破坏深度在 4 cm 左右；3 号和 5 号排沙洞也存在多处局部推移质破坏。

在 2019 年汛后流道缺陷检查时发现，4 号排沙洞底板混凝土外漏面积约占总面积的 1/3，最大破坏深度 11 cm，平均破坏深度 2.9 cm；3 号排沙底孔底板中部环氧完整，两侧磨蚀较严重，最大破坏深度 10 cm，平均破坏深度 2.45 cm；6 号排沙洞底板冲蚀严重，2018 年维修植筋大量裸露；2 号排沙底孔底板进口检修门至事故门之间右侧底板破坏严重，钢筋裸露，宽度 50 cm，最深处约 15 cm；其余流道未出现大面积推移质破坏。

4. 国内其他工程推移质破坏实例

1) 四川渔子溪二级水电站排沙洞推移质破坏实例

渔子溪二级水电站位于四川省汶川县。排沙洞位于电站闸坝右岸，由原来的导流洞改建而成。排沙洞最大过流量为 363 m^3/s,泄洪流速大于 30 m/s。水电站所处河流坡陡流急,年推移质量达 24 万 t,平均粒径 25 cm,最大粒径达 100 cm 以上。该水电站自 1986 年 5 月投入运行以来,每年汛期排沙洞都要泄洪排沙,并先后在 1987 年 11 月、1990 年 4 月、1990 年 12 月、1992 年 3 月、1992 年 12 月进行了 5 次检查。1987 年 11 月检查发现在桩号 0+053.00~0+101.00 m 处底板被普遍冲磨 10~30 cm,上层钢筋部分被冲断。1990 年 4 月检查发现桩号 0+043.00~0+053.00 m 护面钢板被冲蚀出几个小孔洞;桩号 0+053.00 m 以下左边墙冲磨成一个 3.0 m×1.0 m×1.0 m 的冲坑,其后底板冲磨了 10~30 cm,底板上层钢筋部分冲断或裸露。1990 年 12 月检查发现桩号 0+043.00~0+053.00 m 处护面钢板全部被冲毁,边墙镶护钢板被冲走 50%;桩号 0+043.00 m 以下,左侧靠近边墙处冲蚀成 9.0 m×1.2 m×1.2 m 的冲槽,ϕ20 mm 钢筋被冲断,钢筋顺水流方向弯曲,端部磨尖;桩号 0+052.00 m 处左边墙冲磨严重,钢筋外露高达 1.6 m;桩号 0+069.60 m 以后,底板局部冲坑消失,但是底板冲磨平均深度加深 10~30 cm。1992 年 3 月检查发现桩号 0+043.00 m 以后左侧冲成一个 1.70 m×1.65 m×0.25 m 的冲坑;在桩号 0+073.00~0+101.00 m,竖立钢轨约有 20%被冲断;底板混凝土表面仅冲磨露出石子。1992 年 12 月检查发现桩号 0+043.00 m 以下左、右两侧各冲成一深坑,左坑 5.0 m×2.7 m×1.55 m,右坑 3.2 m×1.8 m×0.7 m,左坑后冲有一条长 20 m、宽 0.5~0.8 m、深 0.15~0.40 m 的间断冲沟;桩号 0+073.00~0+101.00 m 竖向钢轨全被冲断;底板普遍冲刷 5~15 cm;左边墙 1.5 m 范围内有 3 处被冲磨露出钢筋。

2)映秀湾水电站推移质破坏情况

映秀湾水电站位于岷江上游映秀湾河段上,其推移质主要来自汶川以上的岷江干流和支流杂谷脑河,其次是汶川以下的区间加入。按设计要求,映秀湾水电站建成后,岷江上游来的泥沙大部分通过泄洪闸下泄。抗冲磨措施主要采用高强度混凝土,其铺盖一般用 C18 与 C38 混凝土,闸室与护坦用 C28 与 C38 混凝土,闸门底坎则用 12 mm 钢板护面。

多年来,映秀湾闸首汛期常采用适当垫高水位、间断冲沙的运行形式。冲沙时,闸门开启后,淤积在上游的卵石自闸下冲出,常有卵石飞出水面,这些卵石进入泄洪流道内造成不同程度的推移质破坏。具体的推移质破坏情况见表 3-1。

表 3-1　映秀湾水电站推移质破坏情况

检查时间	检查部位	推移质破坏情况
1977 年 11 月	1 号闸混凝土底板	发现长 50 cm、深 30 cm 冲坑 2 个
1979 年冬	1 号闸工作门底坎	条石最大破坏深度 27 cm
1986 年 11 月	3 号闸工作门槛前后	冲坑最大深度为 55 cm 和 56 cm,受力钢筋部分被冲断
1988 年 3 月	3 号闸工作门后	冲坑长 440 cm、宽 330 cm、深 67 cm,冲断钢筋 22 根
1986 年底至 1987 年初	护坦 1 号、3 号闸后	最大冲刷深度 33 cm,其余均在 15 cm 以下
1988 年 1 月	铺盖 1 号、3 号闸前和 2 号、4 号闸前 6 m 范围	大部分破坏 10 cm 左右,2~4 号闸近 2 m 范围有少量深 30 cm 左右的深坑,1 号闸右前方有一条顺水流方向长 10 cm、深 30 cm 左右的深槽,护面花岗岩条石砌缝冲刷较严重

映秀湾闸首还有漂木任务。过水建筑物除受卵石的冲击磨损外,还要受漂木的撞击,所以其冲磨破坏十分巨大。漂木道闸门下游的钢筋混凝土加糙坎亦被漂木撞裂、扭曲、露出钢筋。

3)新疆三屯河水库泄洪排沙洞推移质破坏实例

三屯河位于天山北麓,是内陆河流,自成水系。河流源近流短,洪枯流量变幅大。三屯河流域各级阶地受岩性、地形、流水冲蚀及地震等因素的制约,水土流失极为严重。据实测,水库每年通过排沙洞排放泥沙达120余万t,其中推移质11.2万t。输沙量年内分配极不均匀,主要集中在5—8月,水库通过排沙洞泄流年平均含沙量为3.6 kg/m^3,最大含沙量47 kg/m^3,泥沙平均粒径4.6 cm,最大粒径40 cm。

三屯河水库泄水排沙洞全长284 m,其中,进口段84 m为有压洞,是内径4 m圆形断面;无压段长200 m,是宽4 m、高4.8 m城门洞形断面。洞子设计流量200 m^3/s,最大流速29 m/s。为了抵抗磨蚀破坏,在压力洞1/4圆弧底部及无压洞底板和靠底板0.6 m的两边墙,采用厚10 mm的锒护钢板。该工程于1985年竣工,1987年5月开始过水运行。1987年年底进行检查,发现工作闸门后25 m以下无压洞底板和边墙锒护钢板全部开裂撕卷,残存甚少,且底板混凝土已磨成冲沟,深达20~30 cm,不能继续使用。

1988年对该洞进行第一次修补,修补后经过4年运行,无压洞段钢纤维混凝土遭到严重破坏,虽然没有出现坑、槽,但整个底板几乎均匀磨蚀,10 cm厚的钢纤维混凝土几乎全部被磨蚀,锚固钢筋全部裸露,有不少被磨断;有压洞段底板1/4锒护钢板几乎全部撕卷,混凝土冲磨成20~30 cm深的坑。根据三屯河水库输沙情况及磨蚀破坏形貌分析,主要是遭受推移质冲磨破坏。

5.处理方法

目前,针对泄洪流道推移质破坏的处理方法主要分为两大类:一类是采取措施减少水流中推移质来源,另一类是发生推移质破坏后及时采用抗推移质材料进行修补。

1)减少推移质来源

建议从工程建设、运行管理等方面采取措施,尽量避免推移质进入泄水建筑物。在工程建设期,可以考虑在泄洪流道进口上游布置适当的拦石设施,避免较大颗粒的砂石进入泄洪流道。在运行管理期,可以适当优化水库运用方式,尽量避免低水位运行和大流量下泄洪水;同时均衡使用各泄洪流道,避免长时间使用一条泄洪流道下泄洪水。

2)采用抗推移质材料修补

推移质主要表现为冲、砸破坏,泄水建筑物过流表面一般为混凝土,这就导致两者硬度都很大,发生撞击时,往往发生刚性破坏,故针对推移质破坏的泄水建筑物,过流表面修复材料应选用存在一定柔性的材料,比如环氧砂浆表面涂刷聚脲等弹性涂层,通过涂层的弹性来吸收推移质的部分冲击力,达到"以柔克刚"的效果,从而降低推移质破坏。

第4章　历年维修养护情况

为了保障小浪底水利枢纽和西霞院反调节水库安全稳定运行,每年汛后至次年汛前(汛后至次年汛前一般指当年的10月31日至次年的5月31日)需要及时组织人员对泄洪流道进行系统检查和维修。流道维修窗口期较短,加之流道数量众多,这就需要每年制定精细的维修计划,合理安排工期,确保按时完工,从而保障枢纽安全度汛。

目前市场上泄洪流道修补材料较多,修补工艺各异,要根据各泄洪流道的结构特点、温度气候、运用工况等来选择最合适的修补材料及工艺。通过对维修资料的整理和归纳,本章将从采用传统环氧砂浆修补材料、新材料修补试验和抗磨蚀新材料研制三方面详细介绍近年来小浪底水利枢纽和西霞院反调节水库泄洪流道历年来的维修养护情况,为探寻磨蚀规律分析研究提供支撑。

4.1　维修工作面的创建及安全管控措施

小浪底水利枢纽和西霞院反调节水库泄洪流道常年位于水下,每年汛后对缺陷部位进行维修时,需要先采取过流冲淤、关闭闸门等安全措施来创造维修工作面。流道检查维修工作涉及高处作业、临时用电、密闭空间作业、动火作业、吊装作业等高危作业,如何保障作业过程中的安全是高质量完成泄洪流道过流表面缺陷修补的前提和关键。小浪底水利枢纽流道修补技术人员通过多年修补经验总结,形成了一套完整的安全管控措施。具体如下。

4.1.1　维修前的防护措施

(1)施工部位处于泄水流道闸门后方,开工前由项目负责人办理工作票。待工作票许可后,由工作票许可人及项目负责人共同前往施工现场检查闸门的漏水情况,并及时判断闸门漏水量是否满足施工条件。待具备施工条件后,才能组织材料、人员及设备进场。因涉及临水作业,施工人员入场后,要立即架设水泵进行抽排闸门处渗漏水,确保流道具备检查与修补的工作环境。

(2)通过爬梯上下进出流道时,在流道进人孔上方派专人进行辅助与监护,以保障施工人员的安全。闸室区域周边的设备及地面,用塑料布遮盖防护。闸室洞口以及进人孔等空洞,必须设置踢脚围挡,防止高空坠物伤人。

(3)在人员上下爬梯处必须设置独立安全绳,且配备自动锁扣装置。使用载人吊篮时必须设置独立安全绳并配备自动锁扣装置,人员乘坐时必须正确佩戴安全带并系挂在独立安全绳上。进入流道必须配备临时照明设施。

4.1.2 有限空间作业保障措施

(1)作业前对流道现场进行检查,进行空气检测,以保证空气中氧气浓度满足规范要求,并不得存在有毒、有害气体。

(2)作业现场配备应急救护器具,并安排专人进行监护。

(3)保持进出通道的畅通,并在通道进出口设置安全警示牌,防止无关人员进入流道内。

(4)作业过程中定时做好空气检测工作,发现异常应立即停止施工,人员迅速撤离流道,并及时向管理人员报告。流道检查维修时必须安装通风设备,通过送风与抽风模式交替运行,向流道持续输送新鲜空气,使空气处于循环状态,以改善流道内的空气状况。

(5)监护人员不得离开施工监护地,并保持通信畅通,确需离开时,必须找具有监护资格的施工人员接替。

4.1.3 抽排水措施

作业前办理工作票,工作负责人与工作票许可人共同对安全防范措施执行情况进行确认。待具备作业条件后,由作业人员立即安装临时水泵和搭设挡水围堰,及时抽排流道内渗漏积水,将积水抽排至设施管理部门指定地点,以确保作业人员安全。水泵须有专人24 h看护,并且必须配置备用水泵,以防止工作面被淹,造成人员伤害和材料与设备损失。

4.1.4 防止淹溺保障措施

(1)作业前办理工作票,并对安全防范措施执行情况进行确认后,方可进入流道。

(2)现场放置救生圈、救生绳等安全防护用具。

(3)在水泵架设完成并开始抽排水之前,作业人员在流道内进行检查与架设水泵工作过程中,必须穿好救生衣,防止闸门漏水对人身安全造成威胁。

(4)检查与维修工作过程中,若发现异常来水,应立即停止工作,迅速撤离流道,并立即向管理人员报告。

(5)保持逃生通道的通畅。

4.1.5 通信保障措施

经实地测试,小浪底水利枢纽和西霞院反调节水库泄洪流道内手机无信号,使用对讲机能够在流道内与出口处人员进行通信。为保障流道内施工人员安全,要求进入流道内的施工作业人员均佩戴对讲机,并在流道出口处设置一名安全通信员,专职负责与流道内作业人员的通信。流道内禁止单独一人进入。

4.1.6 高处作业保障措施

含沙水流除对流道底板造成磨蚀外,对侧墙及洞顶也会造成局部磨蚀,所以流道缺陷修补工作经常涉及高处作业。高处作业的安全防范措施一般包括进入施工现场必须佩戴安全帽、穿防滑鞋，进行高处作业时必须佩戴安全带并严格遵循“高挂低用”等。除常规措施外，小浪底水利枢纽流道修补技术人员经过不断思考，总结发明了一种专门适用于泄洪流道维修使用的可拓展式防倾倒脚手架，目前已获得国家实用新型专利授权，授权号为ZL202320544147.1。

该脚手架根据承载负荷计算结果及泄洪流道尺寸定制而成，如图 4-1 所示。从图 4-1 中可以看出，该结构包括由多个脚手架本体上下叠加而成的维修架本体，脚手架本体包括两个侧边架以及架设在两个侧边架之间的支撑板构成，侧边架由两个支撑柱以及设置在两个支撑柱之间的横杆构成，脚手架本体的两侧均设有用于扩展横向宽度的快速插接件，最上端的脚手架本体的支撑柱上端均设有用于顶持流道顶壁的顶持组件。通过扭动顶持杆转动来控制顶持板上升，使顶持板的上沿与流道的顶壁接触，从而使维修架本体顶持在流道的上下壁之间，使其不易移动，以此减少维修架本体向流道纵向倾倒的风险。此外，还消除了传统竹排钢管脚手架因卡扣生锈老化、搭设工艺与质量、钢管与竹排材料质量参差不齐而带来的安全隐患，为施工人员的作业安全提供了有力保障。

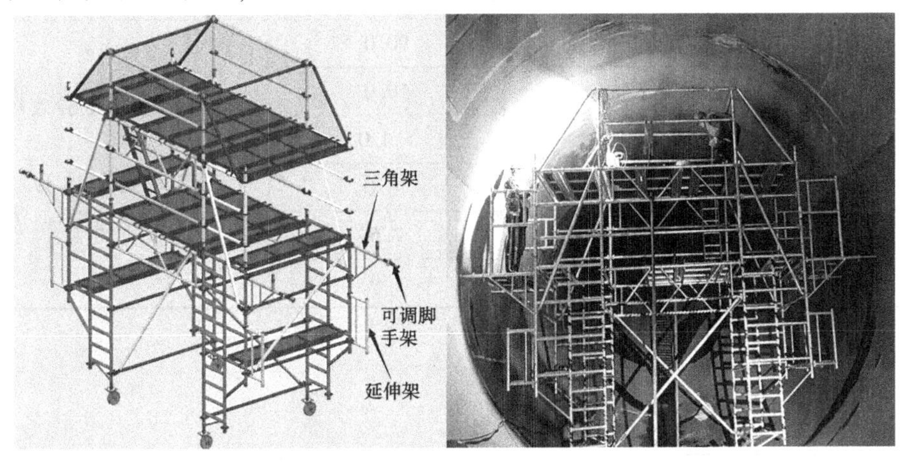

图 4-1　可拓展式防倾倒脚手架

4.2　采用传统环氧砂浆维修养护情况

4.2.1　修补工艺

4.2.1.1　施工前的准备

对参加施工的人员进行安全技术培训。施工人员应熟悉施工的安全常识和施工安全注意事项，应注意劳动保护，应了解环氧砂浆的主要性能，掌握施工工艺和技术要求；机械操作人员应熟悉机械性能和操作规程，并能及时排除机械故障。

按施工文件要求，编制施工组织设计。施工组织设计包括工程概况、组织机构设置、进度计划、施工准备及资源配置计划、施工方案、施工进度管理、施工质量管理、施工安全管理、安全文明施工管理等。

对需要修补区域进行检查，把缺陷部位用自喷漆或水性笔明确标示出范围后，进行编号和拍照汇总,最终出具详细的检查报告。

材料包装件上应有清晰、牢固的标识,标明产品名称、型号、批号、净重、生产日期和生产厂名,并附有合格证。在运输和贮存中要防雨、防潮、防晒、防火,并避免包装件的破损。

环氧砂浆的施工环境日温差不宜太大,施工温度在15~30 ℃比较合适,应按配方使用要求决定使用温度。露天施工时应避免日光直射施工面,应搭设遮阳棚;冬季施工时应采取加热措施,保证环氧材料温度,具体加温的方法一般可用暖风机吹热、未开封状态下用50 ℃左右的热水浸泡、用加热包加热、用加热垫加热等,以提升环氧材料的可施工性。

环氧砂浆是以改性环氧树脂、改良固化剂及其填料等为基料而制成的高强度、抗冲蚀、防腐、耐磨损材料。环氧砂浆具有优良的力学性能,与混凝土黏结牢固,不易在黏结面处发生开裂,抗冲磨强度高,具有施工简便、快捷、无毒、无污染等特点。配制好的环氧砂浆主要技术指标需满足表4-1中要求。

表4-1 环氧砂浆主要技术指标

主要性能	技术指标	说明
抗压强度/MPa	90.0	1.“>”表示试验破坏在混凝土本身; 2.试验龄期为28 d; 3.养护温度为(23±1.0)℃
抗拉强度/MPa	10.0	
与混凝土黏结抗拉强度/MPa	>4.0	
与混凝土黏结剪切强度/MPa	10.0	
抗冲磨强度/[h/(kg/m²)]	7.6	
密度/(g/cm³)	1.9	

4.2.1.2 环氧砂浆修补施工

环氧砂浆修补施工流程见图4-2。

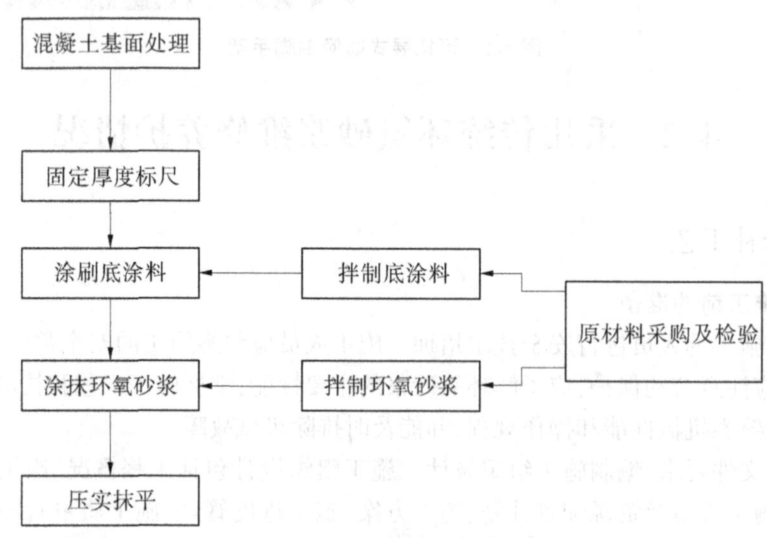

图4-2 环氧砂浆修补施工流程

对基层混凝土的要求：做环氧砂浆面层施工时，基层混凝土应达到一定的强度等级，一般不应低于 C25。

混凝土的干燥要求：应按配方的要求测量并控制混凝土表面的干燥程度，可使用混凝土表面含水量测定仪测控干燥程度。

基层混凝土处理要求和方法：清除混凝土表面的灰尘、乳皮、松动颗粒等，处理过的表面应露出新鲜的混凝土骨料，且不对骨料产生扰动，用压力水冲洗干净后风干。打毛深度因混凝土质量而异，控制在 1～3 mm。基面有混凝土蜂窝、孔洞时，应先将蜂窝及孔洞的表面松散物凿除至密实混凝土，并用水清理干净。对小面积混凝土基面修补，可选用风镐、冲击钻或人工凿毛等方式进行凿毛处理。宜采用喷砂、混凝土抛丸机、混凝土表面铣刨机等打毛方法或压力水喷毛。用喷砂法时可用粒径为 0.8～2.0 mm 的硬质中粗干砂，风压为 0.5～1.0 MPa，喷射距离为 30～60 cm，喷射角度为 50°～80°。喷嘴移动速度宜均匀，以免混凝土表面处理不均匀或过度磨损。一般有以下情况者需处理后再打毛：

(1)混凝土表面有超出平面的局部凸起，应用磨平机磨平；表面的蜂窝、麻面等缺陷，需用切割机切除薄弱部分。

(2)混凝土表面的裂缝要视裂缝的位置、长度、宽度来判定是否需要进行处理，区分裂缝的宽度和类型决定处理方法。确需处理的可沿缝凿出一条宽和深分别为 30～50 mm(或 50～100 mm)的 U 形(或 V 形)槽，清除槽内松动颗粒，用修补材料回填并压实、抹平。待回填部分的强度不低于周围混凝土再打毛处理。

(3)混凝土表面的油渍等污染物可用汽油、丙酮等有机溶剂或烧碱等碱性溶液洗刷去污。若污染层较深，则需凿除污染层，再回填补强。

基面清洁干燥处理：打毛后，大面积区域用钢丝刷和高压风清除松动颗粒和粉尘，小面积区域可采用钢丝刷和棕毛刷进行洁净处理。对局部潮湿的基面还需进行干燥处理，干燥处理采用喷灯烘干或自然风干。

基面打磨处理及高压风清除松动颗粒和粉尘情况见图 4-3、图 4-4。

图 4-3　基面打磨处理

1. 环氧基液拌制

(1)采用低速(≤300 r/min)专用电动搅拌器，在广口容器中拌和。底涂料搅拌器由

图 4-4　高压风清除松动颗粒和粉尘

电钻和搅拌翅叶片两部分组成，其中电钻转速不高于 300 r/min；搅拌翅叶片由圆形钢筋和钢片焊接而成，其构造示意见图 4-5。

(2)材料拌和量应视施工面积和施工人员组合而定，一般一次拌料量不多于 4 kg。

(3)拌和时各组分应按配方要求的加料顺序依次倒入拌和容器中，用搅拌器拌和至颜色均匀为止，一般应搅拌 5～7 min。

2. 环氧基液的施工工艺和涂刷(见图 4-6)

(1)选用口齐、根硬、头软、不掉毛的扁形毛刷。新刷使用时应先将不牢固的刷毛搓揉掉，以免影响涂刷质量。

(2)底层基液涂刷前，应再次用棕毛刷清除混凝土基面的微量粉尘，以确保基液的黏结强度。刷涂时一般先由上向下纵向涂刷一遍，再左右横向涂刷，然后对角线交叉涂刷，最后再收面和修整边角。做到薄而均匀，无流挂、无露底。

(3)质量要求：涂料应随用随拌，如已凝胶，应废弃不再使用，以保证施工质量。底涂料如已失去黏性，应重新涂抹之后再涂环氧砂浆。

3. 环氧砂浆拌制

1)机器拌制

采用专用砂浆拌和机：转速约为 30 r/min，砂浆拌和机构示意见图 4-7。拌和量视施工面积和施工人员组合而定，一般一次拌料量为 20～40 kg。拌和时配方各组分应按配方要求的加料顺序依次加料，边搅拌边加料，至颜色均匀一致后，再搅拌 5～10 min。

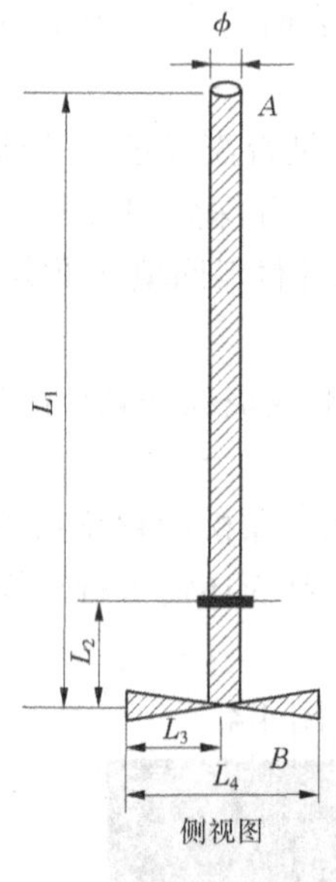

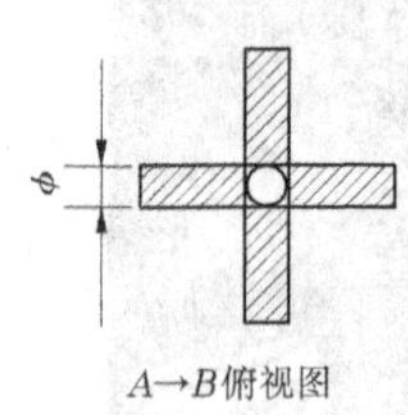

ϕ = 10～15 mm；L_1 = 250～350 mm；L_2 = 40～50 mm；L_3 = 40～50 mm；$L_4 = 2L_3$。

图 4-5　搅拌翅叶片构造示意

图 4-6　环氧基液涂刷

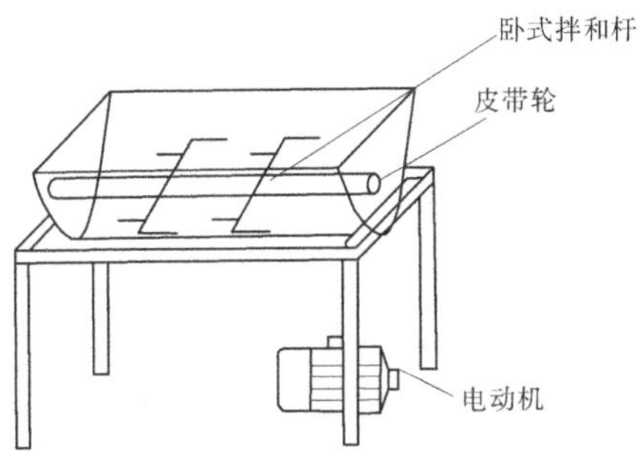

图 4-7　砂浆拌和机构示意

2)特殊情况下的人工拌料

如遇到施工现场停电、无电源或只需少量材料等特殊情况时,可进行人工拌和。拌和时先把环氧砂浆 A 组分倒入容器中,用铁铲翻拌 2~3 遍,然后再把适量的 B 组分分散地倒在 A 组分上,用铁铲翻拌 5~8 min,直至环氧砂浆的颜色均匀一致为止。人工拌和时需要注意容器边角部分的材料必须翻拌均匀。

环氧砂浆施工参见图 4-8,环氧砂浆的施工工艺和标准为:

图 4-8　环氧砂浆施工

(1)环氧砂浆施工应沿逆水流方向进行,全断面涂抹时宜按先顶面、再侧面、后底面的顺序施工。

(2)大面积施工时,宜采用分块施工法。每一施工块可宽3~5 m,施工块间预留30~50 mm的间隔缝,待1~3 d环氧砂浆固化后再填补间隔缝。填补施工时要求压实抹平,施工面要与两边的施工块保持齐平,无错台、无明显接缝。

(3)施工前先在施工块的边缘固定厚度标尺,然后再涂环氧砂浆。施工时要边涂抹、边压实、边找平,涂完环氧砂浆30~60 min(具体时间视现场温度而定)后,待砂浆初凝时再进行提浆、收面(表面提浆、收面的时机以环氧砂浆即将失去塑性,仍能压抹出光泽为宜)。

(4)环氧砂浆施工应控制施工厚度为5~20 mm,待前一施工层环氧砂浆完全失去塑性、不再变形时方可进行下一道施工。涂层厚度的允许误差范围按表4-2的规定执行,缺陷深度超过控制施工厚度时需要分层施工。

表4-2 涂层厚度允许误差范围

施工厚度/mm	误差范围/mm
5~10	±1.0
11~20	±1.5

(5)环氧砂浆施工尽量整仓号施工,减少接缝,如有接缝应凿毛处理。

(6)涂层提浆收面后,表面要求密实、平整,不得有明显的搭接痕迹、下坠、裂纹、起泡、麻面等现象。如果发现存在这些情况应及时处理,严重者必须凿除重抹。

(7)施工中出现的施工缝应做成斜面(即与水平面呈45°)。再次施工时,应先将斜面清洁处理并涂底料,要着重做好接缝处砂浆的压实、抹平,避免出现冷缝接茬。

(8)环氧砂浆的稠度以满足施工层不脱落、不起皮、不起皱、不流坠等施工性能为宜。拌和好的环氧砂浆超过适用期时应废弃,不得再使用。

(9)当工期较紧无法分层施工时,可采用钢模板支撑法一次完成施工。

(10)边界缝坡面及坡面周围的基液要求涂刷均匀,无挂滴、无露白。环氧砂浆涂抹要求仔细压实,消除缝茬,以保证连接的平滑性。

环氧砂浆养护参见图4-9。环氧砂浆涂抹完毕后,需将施工区进行隔离养护,养护期不少于3 d。养护期间要注意防止环氧砂浆表面被水浸湿、雨淋、雪盖、暴晒,以及避免受到行车、人踏、撞击等。当养护环境温度低于10 ℃时,需用加热器进行加热保温养护。

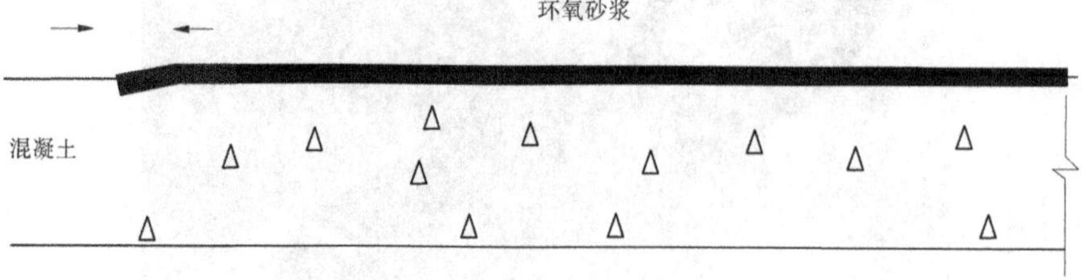

图4-9 环氧砂浆养护示意

4.2.2　修补质量控制

4.2.2.1　工序检查

施工流程中各处理方法和标准应符合设计和施工技术规范要求,施工员对每一道工序应进行质量检查并做好详细记录。

4.2.2.2　施工材料检查

施工过程中对施工材料要进行质量抽检,一般每一施工班次抽检一次。抽检项目一般为抗压强度或按设计要求确定。

4.2.2.3　环氧砂浆质量检查、控制

厚度的检测:施工员要随时采用插针法进行厚度抽检,每平方米抽检点数不少于 3 个,不合格者应及时处理直到复检合格。涂层厚度允许误差按表 4-2 的规定执行。

平整度的检测:砂浆表面的平整度用 2 m 直尺检测,允许空隙不大于 5 mm。

砂浆涂层与基础面黏结强度的检测:采用拉拔强度试验法,检测龄期为 7 d 或 28 d,每 200 m^2 为一个取样单元(不足 200 m^2 者,按 200 m^2 计),每个单元取试样进行黏结强度试验。黏结强度试验合格标准为拉拔强度超过强度规范值或拉拔断裂面发生在混凝土内部,即内聚破坏。拉拔试验现场照片参见图 4-10。

图 4-10　拉拔试验现场照片

黏结拉拔强度试验方法如下:

(1)检测前 24 h,用空心钻机垂直切割出一个 ϕ50 mm 的孤立圆形待测面,目的是使其与周围的环氧砂浆脱离开,切割深度应透过环氧砂浆涂层深入混凝土层 5~10 mm,切割时避免对基础面混凝土产生扰动。

(2)用蘸丙酮的棉纱将环氧砂浆涂层表面的浮尘擦拭干净。

(3)用快凝强力胶粘剂把 ϕ50 mm 的黏结拉头黏结到环氧砂浆孤立圆形待测面上,1 d 后进行测试。

(4)测试时把黏结拉头连接到拉拔仪上做拉拔试验。操作时保证轴向拉伸对芯样不产生扰动。记录下的强度值即为环氧砂浆涂层与基础混凝土的黏结拉拔强度,准确至 0.1 MPa。

4.2.2.4　完工验收

1. 验收组织

修补完成后及时通知项目管理部门,由项目管理部门组织对现场修补情况进行验收,

主要进行外观质量检查和内部质量检测，对缺陷部位进行记录。验收资料要求规范、齐全、准确。验收资料包括修补方案、开工报告、安全技术交底记录、材料报验、工序施工资料和工程量等。

2. 验收结论

质量验收结论需项目管理部门、实施部门共同确认。根据现场验收和资料验收情况确定是否通过验收；验收结论中要注明是否存在遗留问题和遗留问题处理期限等。

经验收合格后，泄洪流道可以进入备用或使用状态，经过一个汛期的泄洪运用来进一步检验泄洪流道的修补质量。

4.2.3 修补量

4.2.3.1 小浪底水利枢纽

小浪底水利枢纽位于黄河中游，泥沙含量高，泄洪运用时，流道表面会遭受明显的磨蚀破坏，为了确保流道的安全稳定运行，需要在汛后对缺陷部位及时开展检查维修工作。自投入运用以来，小浪底水利枢纽泄洪流道缺陷修补材料主要采用环氧砂浆，本节通过列举 2012 年以来汛后排沙洞、孔板洞、明流洞，以及溢洪道的缺陷修补量，详细介绍小浪底水利枢纽泄洪流道采用传统环氧砂浆的维修养护情况。

通过查找历年小浪底水利枢纽泄洪流道维修资料，将 2012 年以来汛后至 2023 年汛前小浪底水利枢纽 9 条泄洪流道和正常溢洪道磨蚀缺陷修补量（含气蚀破坏）进行了统计，见表 4-3。

从表 4-3 中可以得知：3 条排沙洞、3 条孔板洞、3 条明流洞近 11 年的缺陷修补量分别为 47 469.61 m^2、22 167.08 m^2、1 477.96 m^2。可以看出，排沙洞修补量最多，孔板洞修补量次之，明流洞修补量最少。在正常情况下，溢洪道长年处于备用状态，几乎没有投入使用，故每年损坏量微乎其微，且破坏原因主要是日晒雨淋引起材料老化导致，不属于磨蚀破坏。

为了更加直观地观察泄洪流道磨蚀破坏情况，将小浪底水利枢纽 1~3 号排沙洞 2012 年汛后至 2022 年汛后磨蚀破坏数据绘制成柱状图，如图 4-11 所示。

从图 4-11 中可以明显看出，从 2018 年采取“低水位、大流量、高含沙、长历时”泄洪排沙运用之后，排沙洞缺陷维修加固量明显增多。

4.2.3.2 西霞院反调节水库

西霞院反调节水库作为小浪底水利枢纽的反调节水库，其泄洪流道在汛期需要频繁运用，为了保证泄洪流道安全运用，汛后需要对缺陷部位及时开展检查维修工作。

自投入运用以来，西霞院反调节水库泄洪流道缺陷修补材料主要采用环氧砂浆，本节通过列举 2012 年汛后以来排沙洞和排沙底孔的缺陷修补量以详细介绍西霞院反调节水库采用传统环氧砂浆维修养护情况。

通过查找历年来西霞院反调节水库泄洪流道维修资料，将 2012 年汛后至 2023 年汛前西霞院反调节水库 9 条泄洪流道的磨蚀缺陷修补量（含推移质破坏）进行了统计，见表 4-4。

表 4-3　小浪底泄洪流道磨蚀缺陷修补量

单位：m^2

流道名称	2012 年汛后至 2013 年汛前	2013 年汛后至 2014 年汛前	2014 年汛后至 2015 年汛前	2015 年汛后至 2016 年汛前	2016 年汛后至 2017 年汛前	2017 年汛后至 2018 年汛前	2018 年汛后至 2019 年汛前	2019 年汛后至 2020 年汛前	2020 年汛后至 2021 年汛前	2021 年汛后至 2022 年汛前	2022 年汛后至 2023 年汛前
1 号排沙洞	0	10	2 418.93	0	0	0	8.8	1 396.05	2 333.56	5 934.65	1 320.59
2 号排沙洞	0	4.49	49.92	0	0	0	524.76	2 348.72	2 085.51	8 180.97	1 271.35
3 号排沙洞	0	74.88	0	30.83	4.1	0	589.9	1 015.07	2 602.05	1 150.71	14 113.77
1 号孔板洞	0	1 337	0	0	0	0	0	0	0	549.83	0
2 号孔板洞	0	0	4.43	0	0	0	299.3	8 233.04	4 271.58	141.01	16.36
3 号孔板洞	0	0	0	0	0	0	27.92	1 478.62	5 737.17	0	70.82
1 号明流洞	0	90	66	106.3	9.91	0	206.56	5.04	158.55	34.27	20.88
2 号明流洞	0	123	54.6	64.33	1.75	0	52.45	18.76	65.98	56.62	14.54
3 号明流洞	0	77	4.54	54.35	1.51	0	44.43	54.59	28.16	48.81	15.03
正常溢洪道	0	0	38.06	0	65.96	0	0	0	0	52.49	27.61

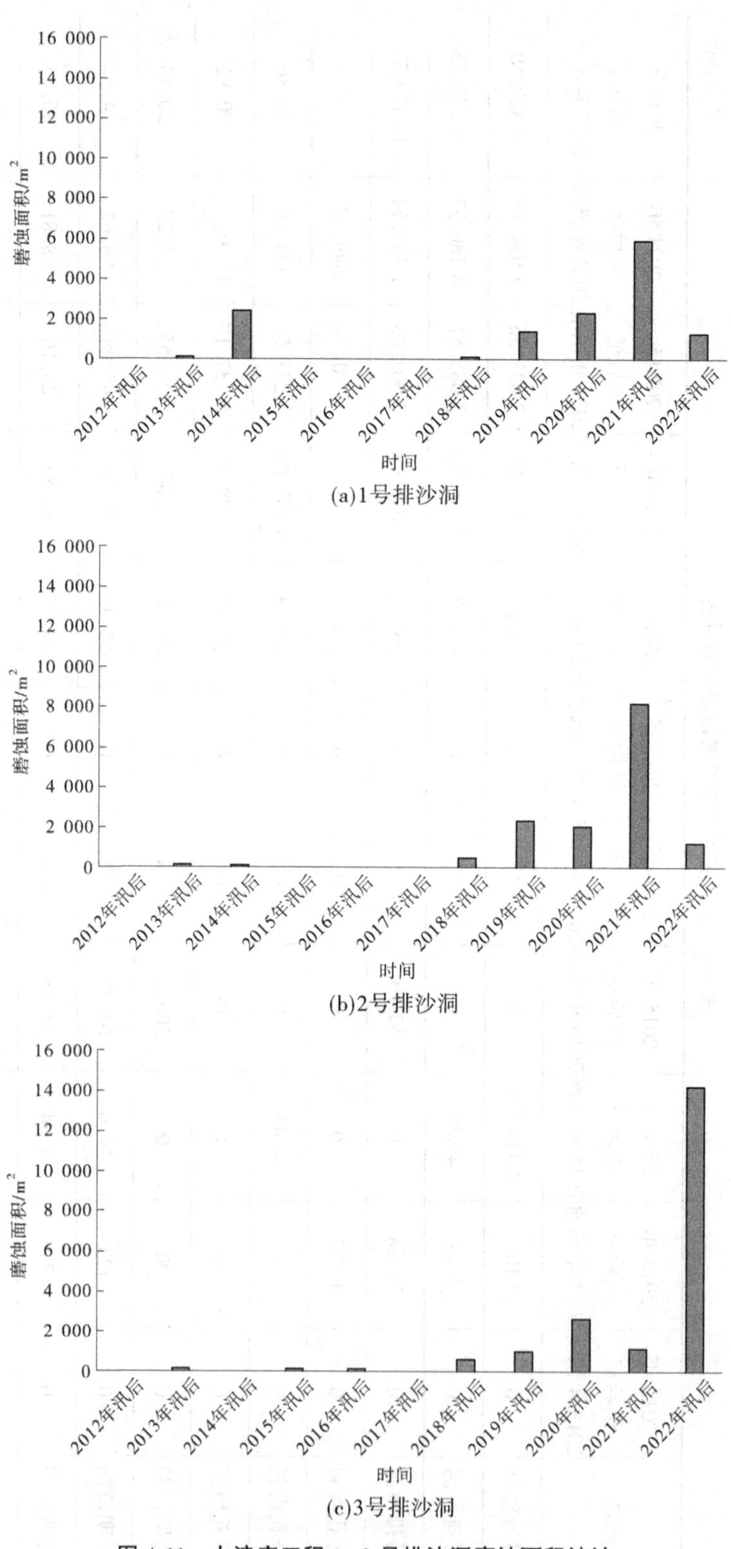

(a)1号排沙洞

(b)2号排沙洞

(c)3号排沙洞

图 4-11 小浪底工程 1~3 号排沙洞磨蚀面积统计

表4-4　西霞院反调节水库泄洪流道磨蚀缺陷修补量

单位:m²

流道名称	2012年汛后至2013年汛前	2013年汛后至2014年汛前	2014年汛后至2015年汛前	2015年汛后至2016年汛前	2016年汛后至2017年汛前	2017年汛后至2018年汛前	2018年汛后至2019年汛前	2019年汛后至2020年汛前	2020年汛后至2021年汛前	2021年汛后至2022年汛前	2022年汛后至2023年汛前
1号排沙洞	0	0	0	0	0	0	673.20	65.05	0	0	634.22
2号排沙洞	0	0	0	0	0	0	729.30	0	607.14	0	25.89
3号排沙洞	0	0	0	0	0	383.77	59.47	237.38	0	622.91	8.36
4号排沙洞	0	0	340.26	0	0	0	710.06	782.55	0	630.78	17.42
5号排沙洞	0	0	322.40	0	0	0	233.45	0	639.56	0	324.31
6号排沙洞	0	0	0	0	0	0	708.13	934.35	0	0	420.83
1号排沙底孔	0	0	0	0	387.13	0	1 216.56	395.50	296.72	12.72	90.42
2号排沙底孔	0	0	0	0	0	0	1 218.79	589.55	96.91	6.35	8.47
3号排沙底孔	0	0	0	362.69	0	0	998.40	592.91	266.12	6.70	39.12

从表 4-4 可以得知，西霞院反调节水库 1~6 号排沙洞 2012 年汛后至 2018 年汛前维修加固量分别为 0 m^2、0 m^2、383.77 m^2、340.26 m^2、322.40 m^2、0 m^2；西霞院反调节水库 1~6 号排沙洞 2018 年汛后至 2023 年汛前维修加固量分别为 1 372.47 m^2、1 362.33 m^2、928.12 m^2、2 140.81 m^2、1 197.32 m^2、2 063.31 m^2。西霞院反调节水库 1~3 号排沙底孔 2012 年汛后至 2018 年汛前维修加固量分别为 387.13 m^2、0 m^2、362.69 m^2；西霞院反调节水库 1~3 号排沙底孔 2018 年汛后至 2023 年汛前维修加固量分别为 2 011.92 m^2、1 920.07 m^2、1 903.25 m^2。由此可以看出，2018 年以来，西霞院反调节水库泄洪流道修补量明显增加，且近几年的修补范围已基本覆盖泄洪流道过流全断面。

为了更加直观地观察磨蚀破坏情况，将西霞院反调节水库 1~6 号排沙洞和 1~3 号排沙底孔 2012 年汛后至 2022 年汛后磨蚀破坏数据绘制成柱状图，如图 4-12 和图 4-13 所示。

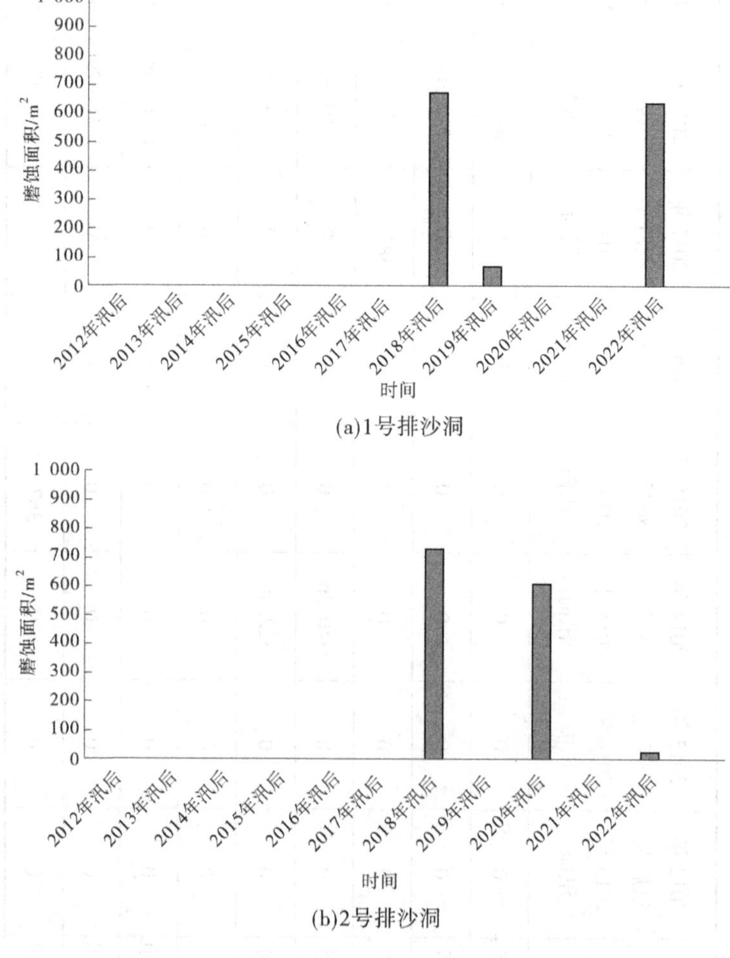

(a)1号排沙洞

(b)2号排沙洞

图 4-12　西霞院反调节水库 1~6 号排沙洞磨蚀面积统计

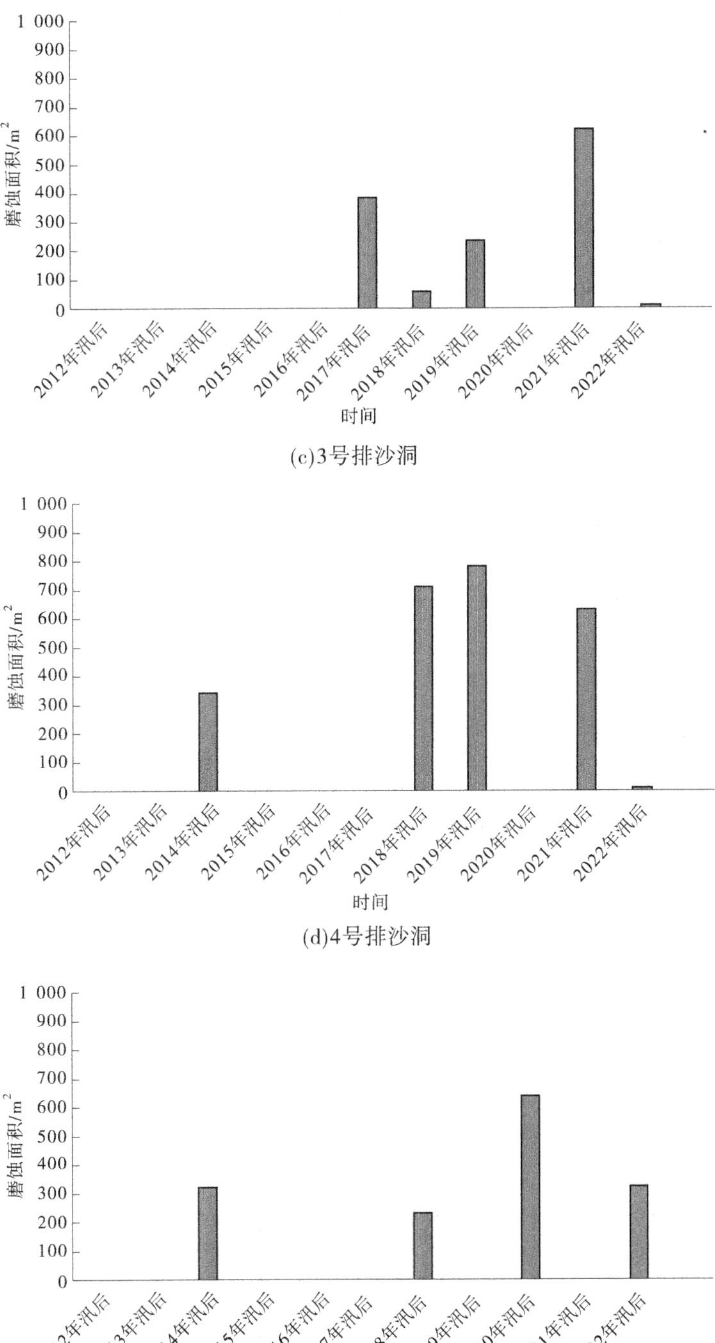

(c)3号排沙洞

(d)4号排沙洞

(e)5号排沙洞

续图 4-12

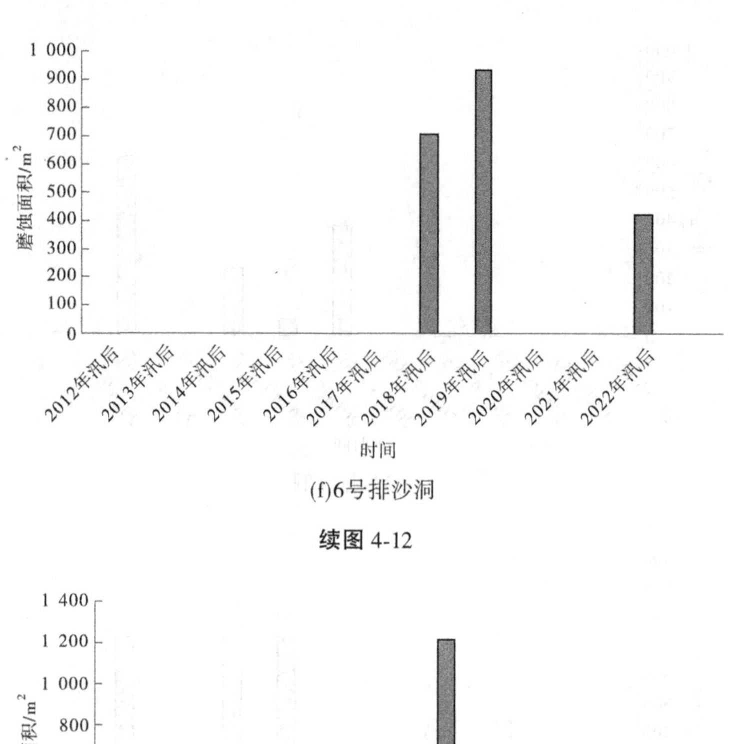

(f)6号排沙洞

续图 4-12

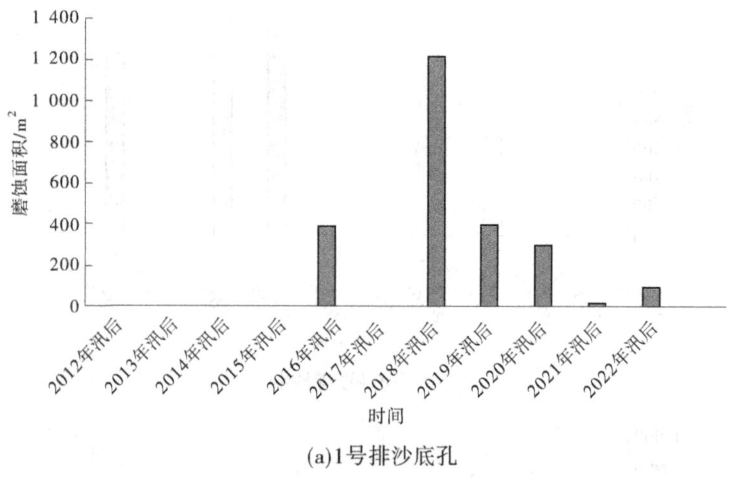

(a)1号排沙底孔

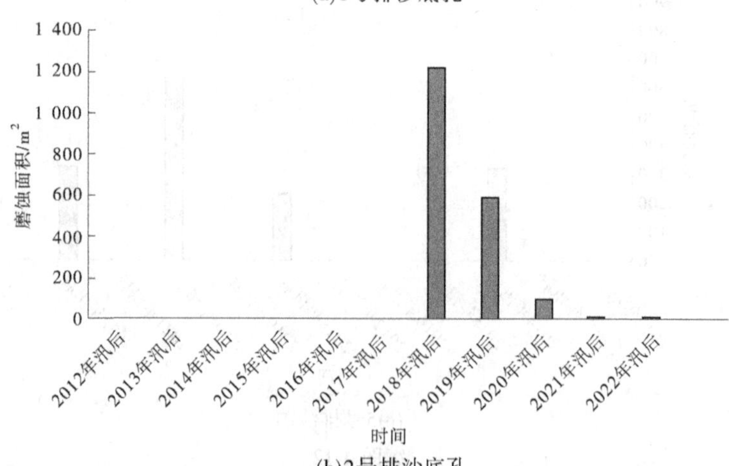

(b)2号排沙底孔

图 4-13　西霞院反调节水库 1~3 号排沙底孔磨蚀面积统计

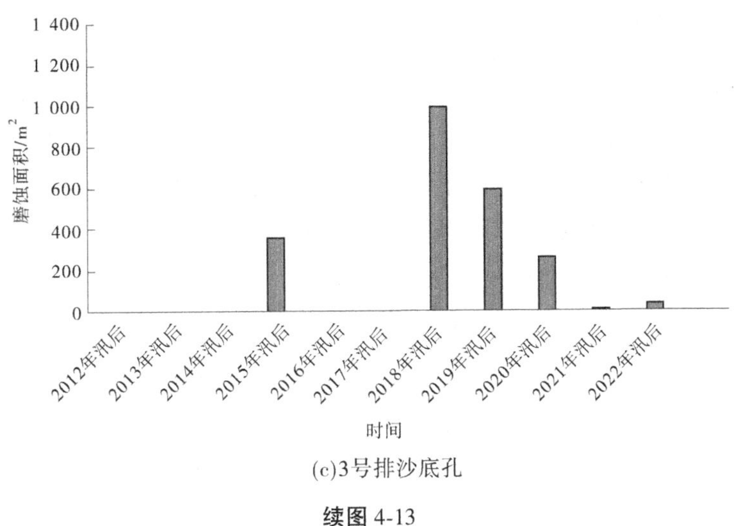

(c)3号排沙底孔

续图 4-13

从图 4-12 和图 4-13 中可以明显看出,从 2018 年小浪底水利枢纽采取“低水位、大流量、高含沙、长历时”泄洪排沙运用之后,西霞院反调节水库排沙洞和排沙底孔的缺陷维修加固量明显增多。

4.3　新材料修补试验

小浪底水利枢纽和西霞院反调节水库自投运以来,共进行过 3 次泄洪流道修补新材料试验,两次在小浪底水利枢纽进行,分别是 2014 年和 2021 年抗磨蚀新材料试验;一次在西霞院反调节水库进行,主要是针对推移质破坏进行的新材料试验。这里将从试验背景及目的、试验过程和试验结果三方面详细介绍这 3 次新材料试验。

4.3.1　2014 年抗磨蚀新材料试验

4.3.1.1　试验背景及目的

小浪底水利枢纽排沙洞是我国第一例采用无黏结预应力混凝土衬砌的水工隧洞,隧洞采用 C70 高强度等级硅粉混凝土,自投入运行以来,担负着排泄高含沙水流、减少过机含沙量和调节径流,以及保持进水口泥沙淤积漏斗的重要任务,每年承载着黄河调水调沙任务,过流频繁,在枢纽泄洪设施中使用频率最高。运行初期,国内水利工程过流面抗冲磨材料种类较多,传统材料与新研制的材料在黄河高含沙、高流速的复杂工况下,抗冲磨情况尚未知。小浪底水利枢纽作为治理黄河的关键性工程,泄洪排沙系统的安全稳定运行是保证黄河下游防汛工作顺利开展、保证黄河调水调沙、维持黄河下游河床不抬高等任务顺利进行的前提条件,通过选用合适的修补材料可以对泄洪排沙系统抗冲磨能力进行有效提升,试验研究意义重大。

4.3.1.2　试验过程

1. 试验区域

试验部位选取小浪底水利枢纽 2 号排沙洞工作门后出口明流段,该部位流速快、冲刷力大，最高流速达 40 m/s 以上，是冲蚀破坏最明显的区域。试验区域面积共计 234 m^2，其中左侧墙、右侧墙各 78 m^2，底板 78 m^2。试验区域共分为 9 块，其中试验块 1～6 每块 27 m^2，编号分别为 1～6 号，每个试验块包含 18 m^2（宽×高：3 m×6 m）的侧墙和 9 m^2（宽×高：3 m×3 m）的底板。其余 3 块所用材料相同，穿插布置在 1～6 号试验块中，作为 7 号试验块。试验块 1～7 号分别采用不同的材料，施工过程中需处理好相邻两种不同材料试验块之间的连接问题，待一个汛期过后检验各试验块抗磨蚀效果。

2 号排沙洞试验块布置示意图如图 4-14 所示。

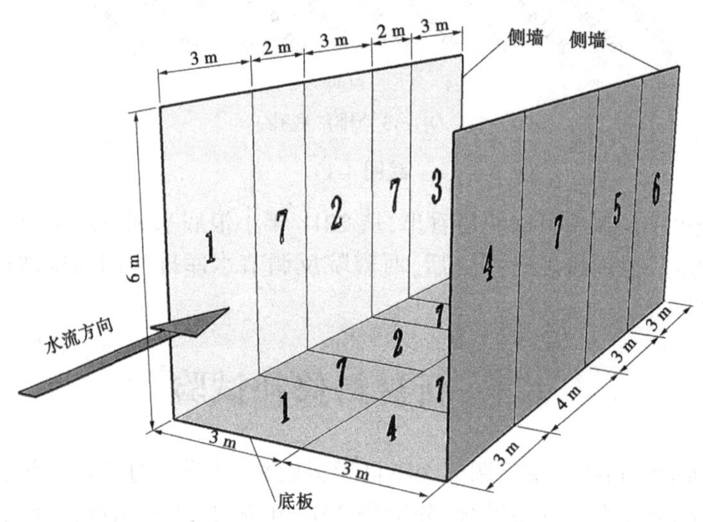

图 4-14　2 号排沙洞试验块布置示意图

2. 试验材料及工艺

1）试验块 1 的施工材料及施工工艺

采用 YZ-改性环氧修补砂浆，该材料已在安康水电站消力池、泄洪中孔挑流鼻坎及蜀河水电站排沙底孔等泄洪受力重要部位成功运用，本次根据小浪底水利枢纽的特性加以改进，主要材料包括环氧树脂、稀释剂、增韧剂、固化剂、偶联剂、促进剂、石棉纤维、石英粉、氧化铝等多种成分，在配方上要求突出黏结强度和抗冲耐磨性能。

施工时处理好基面后，均匀涂抹环氧基液，并按配方准确计量配制砂浆，少量多次，随配随用，在基液涂刷 1 h 后再摊铺环氧砂浆，厚度小于 2 cm 的一次用铁抹压实压光，大于 2 cm 以上厚度则分层摊铺，层间涂刷环氧基液。

2）试验块 2 的施工材料及施工工艺

采用 XLD-11 环氧砂浆，该材料为新研制材料，主要以环氧树脂、固化剂及填料为基料按比例配制。材料具有优良的力学性能，抗冲磨强度高，黏结力强，具有简捷的施工方法。在常温条件下，各化工原材料、混凝土基面及其施工器具均不需要加热，抗老化性能较传统环氧砂浆也有很大提高。

施工时按要求配制好基液，基液涂刷后静停 40 min 左右，手触有拉丝现象方可涂抹环氧砂浆。涂抹时尽可能同方向连续摊料，并注意衔接处压实排气。边涂抹边压实找平，表面提浆。涂层压实提浆后间隔 2 h 左右,再次抹光,边界缝坡面及坡面周围的基液要求涂刷均匀,无挂滴、无露白,涂抹要求仔细压实,消除缝茬,保证连接的平滑性。

3)试验块3的施工材料及施工工艺

采用环氧-抗冲磨砂浆组合式的抗蚀层,为新研制材料,对指定试验区 27 m^2 均分为 3 个部分,其中侧墙上、下 2 个部分与地面 1 个部分,采用 3 种方法配制抗冲磨环氧砂浆,分别对这 3 个部分进行加固处置,界面黏结剂底涂由改性环氧树脂和水下环氧固化剂按比例配制,抗冲磨环氧胶泥(1型)由改性环氧树脂、水下环氧固化剂(C型)、铸石粉、绢云母、玻纤、助剂按比例配制而成,抗冲磨环氧胶泥(2型)由改性环氧树脂、水下环氧固化剂(C型)、铸石粉、绢云母、玻纤、助剂按比例配制而成,抗冲磨环氧胶泥(3型)由改性环氧树脂、水下环氧固化剂(C型)、铸石粉、铸石砂、助剂按比例配制而成,侧墙上、下部分分别采用1型、2型,地面采用3型,3种环氧砂浆配制方法和施工方法各不相同,性能特点也有差别,以检验修复加固后3种环氧砂浆(胶泥)的抗冲磨效果。

施工时混凝土表面打磨处理后,要用丙酮清洗干净,按比例配制界面黏结剂,在界面黏结剂使用完毕 40 min 后覆盖调配好的环氧砂浆。修复时采用先上后下的顺序,用小灰刀插扦使其较为紧密且接触基底,半小时内对表面拍至返浆,再使表面平整。在覆盖好环氧砂浆 24 h 后,在抗冲磨环氧砂浆表层上涂刷耐候抗冲击保护层,材料由两部分组成,一是抗冲磨层环氧基液,二是耐候抗冲击保护层填料,同样需要用灰刀拍打压实并至表面返浆,再压面抹光使表面平整光滑。

4)试验块4的施工材料及施工工艺

采用 HK-UW-3 环氧砂浆,该材料曾在向家坝水电站、景洪水电站混凝土表面防护抗冲磨处理上大面积运用,效果良好。主要用环氧树脂作为胶结材料,以石子、砂、粉料(如粉煤灰、水泥、石粉等)为集料按比例配制而成。材料具有抗冲刷能力好、常温下固化快、可在潮湿的条件下施工且施工工艺简便等特点,短时间内即可投入使用。

施工时处理好基面后,按比例配制环氧基液,环氧基液涂刷 20~60 min(由现场温度定)后,以连续3次手触拉丝至 1 cm 断开为准,开始进行环氧砂浆抹面,施工时沿逆水流方向进行,按先上后下、先顶面再侧面的顺序施工,要求环氧砂浆和原混凝土的结合部位不能有错台,表面平整。当回填厚度超过 2 cm 时,采用分层填充,并在上层填充 24 h 后进行,分层填充时其结合层面按照掉块基面技术要求进行清理。

5)试验块5的施工材料及施工工艺

采用丙烯酸酯共聚乳液(简称丙乳),是水性环氧改性丙烯酸树脂,用于配制新型修补防腐、防水、防渗材料(聚合物水泥砂浆与混凝土)。与水泥、砂子、水按比例配制丙乳砂浆,具有成本低、耐老化、抗裂、抗收缩等特性,可用于混凝土界面黏结剂、水工泄洪建筑物抗冲耐磨材料、混凝土表面防腐涂层材料等。

界面黏结剂由树脂乳液、水泥按比例分两道工序分别配制较稀、较稠的净浆,先涂刷较稀的,两道工序时间间隔均要求约 15 min 后进行下一道工序。配制好树脂砂浆后采用人工涂抹方式施工,须朝一个方向压实,不宜反复来回压抹。一般情况下,丙乳砂浆涂抹厚度为 1~2 cm,垂直表面人工涂抹可分2次进行,每次涂抹厚度 1 cm 左右,时间间隔为上一层初凝之后再进行下一层涂抹。

6)试验块6的施工材料及施工工艺

采用环氧砂浆、环氧胶泥、手刮聚脲3种材料,环氧砂浆由"凤凰牌"0164环氧树脂、T31型固化剂、微硅粉、石英砂按比例配制而成。抗冲耐磨层采用以下3种方案进行对比:

方案一:涂刷聚脲弹性体抗冲耐磨层。环氧砂浆硬化后,底板选取6 m^2,侧墙选取2 m^2,在环氧砂浆表面刮刷聚脲。聚脲分三层刮刷,每层厚度为1 mm。

方案二:涂刷环氧胶泥抗冲耐磨层。环氧砂浆硬化后,在环氧砂浆部分表面涂刷环氧胶泥一遍,以增加环氧砂浆抗冲磨程度。

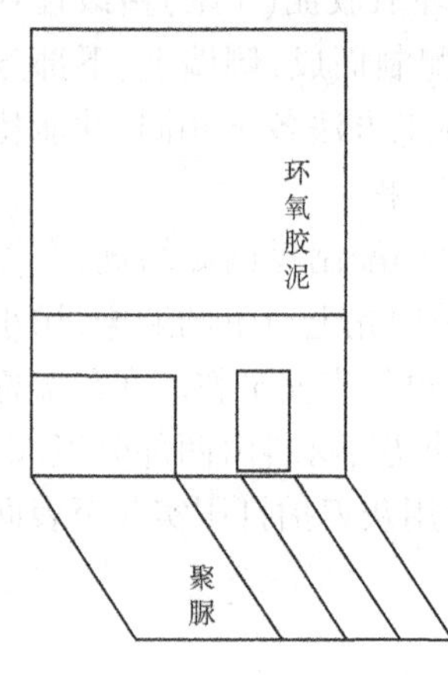

图4-15 试验块6抗冲磨材料分布示意

方案三:不涂刷抗冲耐磨层。环氧砂浆硬化后对砂浆表面不进行防护,以考察环氧砂浆自身在同样工况下的抗冲耐磨能力。

底板施工时,先将环氧砂浆摊铺均匀,用抹子压实、表面收光。立面施工时,从下向上用力,边压实边抹平,以防止砂浆下坠。修补面积过大时,则分区修补,条带宽度不大于3 m。

试验块6抗冲磨材料分布示意图如图4-15所示。

7)试验块7的施工材料及施工工艺

采用NE-Ⅱ环氧砂浆。环氧砂浆由A、B组分按一定比例拌和而成,其中A组分为NE-Ⅱ固化剂(白色黏稠液体),B组分为环氧砂浆专用砂,材料性能稳定,适应性较好,操作简便。该材料已在多座水电站过流泄洪系统运用,效果良好。

施工时处理好基面后,按要求配制环氧基液,基液涂刷后静停至手触有拉丝现象,方可涂抹环氧砂浆。将配制好的环氧砂浆涂抹到刷好基液的基面上,并用力压实,尤其是边角接缝处要反复压实,避免出现空洞或缝隙。环氧砂浆的涂抹厚度一般每层不超过1.5 cm,对于厚层修补则需分层施工,层与层之间施工时间间隔以12~72 h为宜,再次涂抹环氧砂浆之前还需要涂刷基液。

各试验块所用材料性能指标对比见表4-5。

表4-5 各试验块所用材料性能指标对比

试验块序号	采用材料	抗压强度/MPa	抗拉强度/MPa	与混凝土黏结强度/MPa
试验块1	YZ-改性环氧修补砂浆	≥80	≥10	≥4
试验块2	XLD-11环氧砂浆	≥100	≥12	≥4
试验块3	环氧胶泥1型	≥75	≥12	≥6
	环氧胶泥2型	≥70	≥14	≥4
	环氧胶泥3型	≥85	≥10	≥5

续表 4-5

试验块序号	采用材料	抗压强度/MPa	抗拉强度/MPa	与混凝土黏结强度/MPa
试验块 4	HK-UW-3 环氧砂浆	≥90	≥12	≥4
试验块 5	丙烯酸酯共聚乳液	≥24	≥7	≥1
试验块 6	环氧砂浆	≥100	≥10	≥3
	环氧胶泥	≥80	≥10	≥3
	手刮聚脲	拉伸强度/MPa	断裂伸长率/%	潮湿基面黏结强度/MPa
		16~20	≥200	≥2.5
试验块 7	NE-Ⅱ环氧砂浆	≥80	≥10	≥7

各试验块完成后照片如图 4-16 所示。

图 4-16　各试验块完成后照片

4.3.1.3　试验结果

2014 年 5 月底，小浪底水利枢纽 2 号排沙洞汛前消缺及各试验块缺陷修补完成。2014 年 6 月底，小浪底水利枢纽开始进行泄水排沙，2 号排沙洞泄水共历时 184 h。2014 年 8 月 14 日，对 2 号排沙洞修补试验块的抗冲磨情况进行了检查，各试验块过流后效果如下。

1. 试验块 1 抗冲磨情况

从过流后效果看，环氧砂浆试验块没有被冲起的现象，说明环氧砂浆与混凝土的黏结强度基本能够满足泄洪排沙要求。但从过流后环氧砂浆的表面看，平整度较差，且发现几处鼓包现象。经初步分析，结合前期施工过程中基面凿除情况来看，基面凿除较深，凸凹现象明显，导致施工过程中分层摊铺实施难度大，在施工过程中过于追求进度，未能严格按照分层标准进行，导致施工表面不平整。鼓包现象可能是因为其环氧砂浆界面剂中掺加了稀释剂导致，界面剂中掺加稀释剂会降低环氧砂浆与混凝土的黏结强度。

2. 试验块 2 抗冲磨情况

从过流后效果看，环氧砂浆试验块没有被冲起的现象，说明其环氧砂浆抗冲磨强度及与混凝土的黏结强度基本能够满足小浪底水利枢纽排沙洞排沙要求。表面没有发现明显的磨损痕迹，但墙面表面平整度较差，施工不均匀。经初步分析，试验块 2 施工材料为新研制材料，其施工团队也属首次进行环氧砂浆墙面施工，虽从施工方法上看工序合理，但施工经验欠缺，涂抹力度、接缝处理情况等均会对表面平整度造成影响。

3. 试验块 3 抗冲磨情况

从过流后效果看，3 种类型环氧胶泥均没有被冲起的现象，黏结效果良好。其缺点是施工不均匀，表面平整度较差。经细致观察能发现，墙面有较小的磨损痕迹，底板尚未发现磨损情况。经初步分析，从其施工过程看，由于材料自身特性的原因，在每次涂抹环氧胶泥及耐候抗冲击保护层时，都需要对灰刀进行加热，这种施工方法可以加强各材料间及与墙面的黏结力，但材料流动性也同样加大，表面平整度难以保证。同时存在较小磨损痕迹，说明耐候抗冲击保护层抗冲磨性能还不够理想。

4. 试验块 4 抗冲磨情况

从过流后效果看，环氧砂浆试验块没有被冲起的现象，说明其环氧砂浆与混凝土的黏结强度能够满足小浪底水利枢纽排沙洞泄洪要求。施工表面平整，说明其施工工艺合理，在施工过程中，也能严格按照施工流程进行。从过流后环氧砂浆的表面看，墙面有明显顺水流方向的针孔状磨损痕迹，底板也有少量磨损，说明其环氧砂浆的硬度和抗冲磨强度较低，若过流时间延长，其磨损程度可能会继续加重。

5. 试验块 5 抗冲磨情况

从过流后效果看，环氧砂浆侧墙 1.6~2.0 m 高度范围内几乎全部被冲毁，底板也有相当一部分被冲毁。由此看来，环氧砂浆黏结强度较低，不能满足小浪底水利枢纽排沙洞泄洪排沙的抗冲磨要求。同时查看试验块 5 的材料检验报告，发现其黏结强度标准要求为大于或等于 1.0 MPa，实测值为 2.2 MPa，说明小浪底水利枢纽排沙洞抗冲磨材料与混凝土的黏结强度最小值要求应在 2.2 MPa 以上。

6. 试验块 6 抗冲磨情况

从过流后效果看，环氧砂浆和聚脲整体良好，没有发现鼓包和明显的磨损痕迹。在与试验块 5 相搭接的 10 cm×20 cm 的区域，受上游试验块 5 的影响被冲坏。主要原因是由于上游试验块 5 环氧砂浆被冲起，试验块 6 修补施工时，为保证与上游试验块 5 的接触面平整过渡，环氧砂浆是覆盖在其边界斜面上的，故受其影响较大。从整体上看，试验块 6 所用环氧胶泥磨损量较大，不具备小浪底水利枢纽排沙洞泄洪排沙的抗冲磨要求；环氧砂浆基本能满足抗冲磨要求，但施工表面平整度不足。单组分聚脲的黏结强度、抗冲磨强度均能满足小浪底水利枢纽排沙洞排沙的抗冲磨要求，表面平整光滑，但其与潮湿基面黏结强度标准要求偏低，有待进一步观察。

7. 试验块 7 抗冲磨情况

从过流后效果看，环氧砂浆整体良好，表面平整，无明显磨损痕迹，表明其环氧砂浆的黏结强度、抗冲磨强度等性能均能满足小浪底水利枢纽排沙洞排沙的抗冲磨要求。从其环氧砂浆中砂料的外观看，其使用的砂有普通河砂（过流后在环氧砂浆表面可看到普通河砂特有的云母亮点特征)，耐磨性与石英砂相比较差。

综上，通过本次试验，得出以下结论：

(1)水工泄水建筑物对其表面的平整度和抗冲磨强度有很高的要求。平整度差，可能会对水流形态产生影响，从而对建筑物表面造成不同程度的冲蚀或气蚀破坏，而如果抗冲磨强度较低，又会加重这种破坏，一旦出现薄弱面，可能会引起周边正常运用的砂浆破坏，从而导致破坏面进一步扩大。

(2)从以上的试验效果来看，试验块 7 的施工材料及施工工艺可以同时满足表面平整度和抗冲磨强度的要求，效果较好，但材料内的砂料若能改为石英砂，则会进一步提高材料的耐磨性。试验块 2 的施工材料能满足抗冲磨强度要求，但施工表面平整度有待进一步提高。试验块 6 所用环氧胶泥材料由于受到相临区域影响出现局部破坏，暂不列入选用范围。试验块 6 所用聚脲试验效果良好，有待进一步观察。其他材料在试验结果中均发现有缺陷，暂不列入选用范围。

4.3.2　2021 年抗磨蚀新材料试验

4.3.2.1　试验背景及目的

小浪底水利枢纽排沙洞自投入运行以来，担负着排泄高含沙水流、减少过机含沙量和调节径流的重要任务，每年承载着黄河调水调沙的任务，排沙过流频繁，在枢纽泄洪设施中使用概率高，排沙洞转明流段水流条件复杂、冲刷力大，最高流速达 40 m/s 以上，在高含沙、高流速水流的长期过流摩擦和冲蚀作用下，造成侧墙和底板多处出现混凝土麻面、冲坑、露筋、钢衬锈蚀及防护层脱落等破坏。

2021 年 6 月、10 月和 11 月先后对小浪底水利枢纽 2 号、1 号和 3 号排沙洞明流段进行过紧急抢修。作为每年汛期维修的重点部位和薄弱环节，工程投入运行以来，先后多次采用了不同抗冲磨材料进行修复，严重部位需要反复维修，但防护效果与质量不够理想。为进一步提升修复与防护效果，小浪底水利枢纽泄洪流道维修技术人员通过市场调研与了解，在 2 号排沙洞右侧壁明流段侧墙的缺陷部位进行了新材料及新工艺的现场维修试验，以期找到更适用于小浪底水利枢纽泄洪流道修补的新材料。

4.3.2.2　试验过程

1. 试验部位及工程量估算

2 号排沙洞门后出口明流段侧墙冲蚀破坏部位示意图如图 4-17 所示，混凝土蜂窝、冲坑面积约为 10 m^2，方量约为 0.6 m^3，平均修复厚度约为 7.5 cm。

2 号排沙洞工作门后出口明流段钢衬冲蚀破坏量为：排沙洞闸门后钢衬锈蚀、抗冲磨防护层脱落面积约为 4 m^2，防护涂层平均厚度约为 3 mm。

2. 试验材料

本次试验根据现场施工环境，按照混凝土结构补强、抗冲磨防护材料的性能要求，选择结构补强抗冲磨系列新材料。

1) MS-1086S 水下抗冲磨环氧砂浆

MS-1086S 水下抗冲磨环氧砂浆，是由特种水下环氧固化剂、改性环氧树脂、各种抗冲磨填料配制而成的，在干燥、潮湿以及水下等条件下均可使用，在干燥与水下条件使用

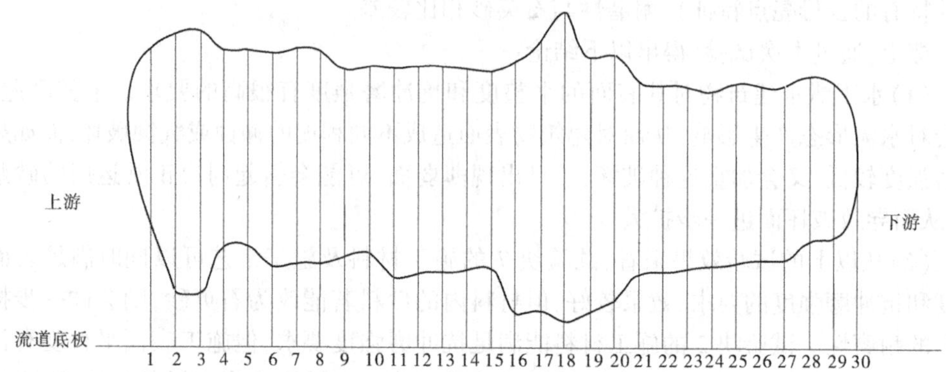

图 4-17 2 号排沙洞门后出口明流段侧墙冲蚀破坏部位示意图

相比较,黏结强度保持率达到 95%以上,解决了一般的环氧砂浆只能在干燥条件下使用的问题,同时具有抵抗泥沙含量大的高速水流冲击造成的磨蚀、气蚀的优异性能,是水工建筑物溢流面、消力池、排沙洞等混凝土结构在潮湿以及水下条件下使用的抗冲磨保护、补强加固、防渗、防腐应用可靠安全的特种新材料,产品获得国家发明专利,专利号:CN202010807188.6。

水下抗冲磨环氧砂浆性能指标见表 4-6。

表 4-6 水下抗冲磨环氧砂浆性能指标

性能指标	单位	检测条件	要求
胶凝时间	h	20 ℃	≤4
与混凝土黏结强度	MPa	7 d	干燥≥4;水下≥3
抗拉强度	MPa	7 d	≥20
抗压强度	MPa	7 d	≥85
抗折强度	MPa	7 d	≥40
弹性模量	MPa	7 d	1 998~2 180
抗冲击性	kJ/m^2	7 d	2.5
延伸变形率	%	7 d	2.5~3
抗冲磨强度(水下钢球法)	$h/(kg/m^2)$	7 d	750
磨耗率(水下钢球法)	%	7 d	0.04
不透水系数	MPa/h	7 d	不透水
抗老化性能			优异
耐化学腐蚀性能		30%NaOH	不起泡、脱落、变色
		50%H_2SO_4	不起泡、脱落、变色
		10%盐水	不起泡、脱落、变色
毒性物质含量(挥发性有机物)			无

2) MS-1086F 水下环氧界面剂

MS-1086F 水下环氧界面剂可用常规工具在水下或潮湿的砖石、混凝土金属材料表面直接涂刷，具有很强的黏结力和优良的物理机械性能，具有优异的耐海水、耐酸碱、耐盐雾等化学性能。该界面剂常在环氧砂浆、环氧胶泥补强加固中配套使用，有利于提升与基面之间的黏结力，也可单独作为混凝土防水涂层使用，能大幅度提高混凝土表面抗渗强度。

水下环氧界面剂技术性能指标见表 4-7。

表 4-7　水下环氧界面剂技术性能指标

MS-1086F 水下环氧界面剂			F1 低黏度	F2 高黏度
外观			淡黄色液体	灰白色黏稠液体
密度/(kg/m^3)			1.02~1.05	1.3~1.4
施工温度/℃			2~45	2~50
用量/(m^2/kg)			2.4(2 mm)	2.1(2 mm)
适用期(25 ℃, min)			40	50
初固时间(25 ℃,h)			6~8	12
完全固化(25 ℃,d)			6~7	7
力学性能	项目名称		技术指标	技术指标
	胶体性能	抗拉强度/MPa	32	42
		受拉弹性模量/MPa	3.1×10^3	3.2×10^4
		抗渗强度/(MPa·h)	25.5	18
		抗弯强度/MPa	35	45
		抗压强度/MPa	45	65
	黏结力	钢拉伸剪切强度/MPa	16	15
		钢不均匀扯离强度/(kg/m^2)	16	18
		与混凝土正拉黏结强度/MPa	> 2.5(湿混凝土内聚破坏)	> 2.5(湿混凝土内聚破坏)
	湿热老化后抗剪强度降低率/%		<2.6	<2.6
	冻融循环 50 次抗剪强度降低率/%		<5	<5

3) MS-1086D 水下环氧植筋胶

MS-1086D 水下环氧植筋胶克服了一般环氧植筋胶在水下或极度潮湿条件下无法使用的难题，能在水中、潮湿、干燥、低温(0 ℃以上)和常温条件下固化，水下或潮湿条件下与干燥条件下相比，强度保持率达 95%以上，具有优异的力学性能，主要用于水下植筋锚固，产品获得国家发明专利，专利号：CN201110076712.8。

水下环氧植筋胶技术性能指标见表 4-8。

表 4-8　水下环氧植筋胶技术性能指标

性能指标	要求
可操作时间(25 ℃,min)	45
可操作温度/℃	0~45
混合密度/(t/m^3)	1.4~1.5
劈裂抗拉强度/MPa	13.5
抗弯强度/MPa	51
抗压强度/MPa	80
套筒法拉剪强度/MPa	32
约束拉拔条件下带筋与混凝土黏结强度/MPa	(C30,ϕ25 mm,L=150 mm)≥15
湿热老化后抗剪强度降低率/%	≤3
冻融循环 50 次抗剪强度降低率/%	≤1.5

4)MS-1086E 高渗透改性环氧材料

普照 MS-1086E 水下环氧高渗透材料是可以在完全水下条件使用的环氧树脂灌浆材料,该灌浆材料渗透性好、固化物强度高,对岩石和混凝土黏结牢固、固化后抗渗性能好,具有优异的穿透水膜能力,极低的表面张力,因而具有优异的润湿性能,无白化现象。与无水环境比较,浆体材料强度保持率 95%以上,在复杂的带水、潮湿、干燥或有压流动水等复杂混合环境条件下,使用时可靠性极高,施工时浆体材料无须传统的丙酮赶水要求,浆体材料发热平稳不爆聚,无须冷却,有较长的施工适用期,是性能优异的岩基、软弱泥沙层的灌浆材料。

该材料也可以作为对混凝土基础进行渗透加固,提升混凝土表面强度,防止混凝土冻融破坏,防止混凝土碳化,是混凝土裂纹处理、补强、加固、防渗、修补的新型材料。高渗透改性环氧材料浆液性能和固化物性能指标见表 4-9 与表 4-10。

表 4-9　MS-1086E 高渗透改性环氧材料浆液性能

序号	项目	浆液性能		
		E1 型	E2 型	E3 型
1	浆液密度/(g/cm^3)	1.04	1.02	1.05
2	初始黏度/(MPa·s)	≥10	≥6	≥200
3	可操作时间/h	3~5	6~8	0.3
4	凝胶时间/h	8~16(可调)	12~16(可调)	0.2~2(可调)

表 4-10　高渗透改性环氧材料固化物性能

序号	项目(28 d)		固化物性能		
			E1 型	E2 型	E3 型
1	抗压强度/MPa		≥55	≥68	≥50
2	拉伸剪切强度/MPa		≥10	≥15	≥12
3	抗折强度/MPa		≥50	≥40	≥25
4	抗拉强度/MPa		≥20	≥25	≥20
5	黏结强度/MPa	干黏结	≥4.5	≥5.5	≥4.5
		湿黏结	≥4	≥4.5	≥4
6	抗渗压力/MPa		≥1.5	≥1.5	≥1.5
7	延伸变形率/%		3	10	2
8	渗透压力比/%		≥350	≥420	≥420
9	弹性模量/MPa		≤1 000	≤1 200	≤1 000
10	适用温度/℃		5~65	5~60	-5~45

5)MS-1087C 柔性陶瓷防腐抗冲磨涂料

柔性液体陶瓷树脂涂料是使用一种或者数种含有不饱和键的树脂单体的有机化合物与无机化合物在高温下进行反应键合的聚合物膜,形成一种新型的网络互穿结构的有机-无机结合的聚合物成膜材料,具有耐强酸、强碱、强溶剂,兼具优良的耐温、硬度、耐磨、黏结性,同时兼具一定的柔韧性等特点,它把无机物优异的耐蚀、耐温、耐磨等特性同有机物良好的韧性和施工成形性很好地结合了起来,以该聚合物树脂为主要成膜物制成的涂料,因外观类似陶瓷,有时也称为陶瓷-有机涂料,该涂料同专用的水下等复合固化剂相结合,可较好地配制成数种水下固化体系,可以在干燥、潮湿甚至水下等复杂条件下使用,其固化后的涂膜具有很高的交联密度,同时又具备良好的柔韧性,因而有着极佳的防水、闭气以及抗冲磨、耐蚀、耐紫外线等优良的综合性能。产品获得国家发明专利,发明专利号:CN201910417601.5。

柔性陶瓷防腐抗冲磨涂料主要性能见表 4-11。

表 4-11　MS-1087C 柔性陶瓷防腐抗冲磨涂料性能

序号	项目	性能指标
1	附着力/MPa	干燥条件≥5(混凝土);钢结构≥18
		水下条件≥3.5(混凝土);钢结构≥12
2	拉伸强度/MPa	≥18
3	抗压强度/MPa	≥50
4	冲击强度/(kg·cm)	≥50
5	耐磨性能(750 g/500 r)	≤30

续表 4-11

序号	项目		性能指标
6	抗冲磨性能/[h/(kg/m^2)]		1 150
7	硬度		4H~5H
8	柔韧性/mm		≥1
9	耐紫外线加速老化/h		≥4 000
10	耐腐蚀性能	10%NaOH　150 d	不起泡、不脱落
		30%H_2SO_4　150 d	不起泡、不脱落
		10%盐水　150 d	不起泡、不脱落
		耐中性盐雾/h	8 000

6)MS-1087A 水下环氧纳米钛复合重防腐涂料

航海船舶、码头、海洋工程、水利设施、石化装备和桥梁建筑等金属和混凝土设施,长期处于水下或潮湿的环境中,其表面各种腐蚀、附生物和污秽腐蚀现象十分严重。传统防腐方法是将其水下或潮湿的金属表面移置大气中,经过 Sa 2.5 级的喷砂处理,并在金属表面绝对干燥的情况下刷涂油漆,费工、费时且费用高,并且污染环境。

配制的具有高附着力、防腐性能优异的 MS-1087A 水下环氧纳米钛复合重防腐涂料,广泛用于海洋、船舶、石油、化工、水电、桥梁等水下或潮湿的金属、混凝土表面重防腐,可带水对金属表面进行处理。MS-1087A 水下环氧纳米钛复合重防腐涂料,不含挥发性有机化合物,可用常规工具在海水、淡水中直接涂覆在金属、混凝土表面,涂膜具有优秀的抗冲击性、附着力、耐腐蚀性,涂装可靠安全,可直接施工,解决了水下长效防水、防腐、抗冲磨防护等技术难题。

其主要技术特性如下:

(1)环保配方,无毒。

(2)优异的抗海水、耐盐雾和抗化学腐蚀性能。

(3)无溶剂,100%固体含量,无挥发性成分。

(4)可在较低温度(5 ℃以上)下涂覆。

(5)附着力:钢结构>18 MPa,混凝土结构>3.5 MPa。

(6)抗冲击性能大于 50 kg·cm。

(7)表面硬度:常温固化 2H(底涂),面涂常温固化 4H。

(8)耐湿性能:水浴 100 ℃/25 MPa,涂层附着力优异无剥离(刀挑法)。

(9)盐雾能力(标准 B117):4 000 h 无缺陷。

(10)10%NaOH、10%NaCl 溶液浸泡 30 d 涂层无变化;10%HCl 溶液常温浸泡 30 d,涂层颜色无变化。

3. 试验工艺

1)施工流程

施工总体流程为施工准备→基面清理→基面清洗→修补处理→养护→质量检测→竣

工验收。

Ⅰ.混凝土侧墙蜂窝、冲坑处置

施工准备→基面清理→基面清洗→钻孔植筋胶→涂装高渗透环氧渗透加固→环氧界面剂→环氧砂浆填充修补处理→涂装抗冲磨涂层→质量检测→养护。

Ⅱ.钢衬锈蚀及抗冲磨防护

施工准备→基面清理→基面清洗→涂装纳米钛防腐底涂→涂装柔性抗冲磨陶涂层→质量检测→养护。

2)混凝土结构修复技术

Ⅰ.混凝土基面处理

混凝土表面用风镐凿毛,凿毛至露出新混凝土,然后采用 30 MPa 以上高压水射流对修补基面表面进行冲洗处理,并彻底清理干净。

Ⅱ.基面修补

(1)植筋加固处理(冲坑采用)。对表面冲磨深度达到 10 cm 以上部位进行植筋处理,先用风镐凿毛,要求凿毛至露出新鲜混凝土(实际凿毛深度均要求大于 3 cm),用高压冲毛机把混凝土缺陷表面的污物冲洗干净,对由于水毁露出的钢筋则进行除锈处理,并涂刷纳米钛防腐涂料做防锈蚀保护。

用取芯钻按梅花状钻孔,以防对混凝土造成破坏,钻孔孔距 20 cm,孔深深入基面不小于 10 倍的钢筋直径深度,孔径 20 mm;用 $\phi16$ mm 的插筋,在条件允许的情况下,可以增加横筋、竖筋形成钢筋网片,对插筋先进行除锈防腐处理,再插入孔中,冲坑部插筋的长度以离回填环氧砂浆的表面 20 mm 厚为宜;用环氧植筋胶把插筋预埋好,钢筋间距为 20 cm,MS-1086D 水下环氧植筋胶为 A、B 两组分,先将称量好的 A 组分倒入搅拌容器中,再将按照配比要求称量好的 B 组分倒入搅拌容器中进行搅拌,直至搅拌均匀。将搅拌好的植筋胶用植筋枪或其他工具注入植筋孔内,再转动插入钢筋,植筋胶视施工速度以及施工温度搅拌适量,随拌随用,避免浪费。

(2)涂装 MS-1086E 高渗透改性环氧材料。对混凝土基底进行渗透加固处理,高渗透改性环氧材料为 A、B 两组分,先将称量好的 A 组分倒入搅拌容器中,再将按照配比要求称量好的 B 组分倒入搅拌容器中进行搅拌,直至搅拌均匀。

高渗透改性环氧材料视施工速度以及施工温度搅拌适量,随拌随用,以免浪费。涂装采用 5~8 cm 毛刷均匀地涂在基面上,或用喷枪喷涂,根据混凝土吸浆量用量为 1~1.2 kg/m^2,可分多次涂装,直至混凝土不流淌、不吸浆。

(3)MS-1086F 水下高性能界面剂。在高渗透环氧材料施工完毕 4~6 h 失去流动性出现粘手现象后,配制 MS-1086F 水下高性能界面剂在基面进行涂装,界面黏结剂视施工速度以及施工温度搅拌适量,随拌随用。界面黏结剂涂装采用 5~8 cm 毛刷均匀地涂在基面上,界面涂装力求薄而均匀、不流淌、不漏刷,界面涂刷黏结剂后静停至手触有粘手现象(一般常温时间为 45~60 min)即可填压涂抹水下抗冲磨环氧砂浆,界面黏结剂建议用量为 0.5 kg/m^2。

(4)MS-1086S 水下抗冲磨环氧砂浆修补。水下环氧砂浆填压刮抹前,再次检查界面黏结剂凝胶性状,若出现固化现象(不粘手)时,需再次涂刷界面黏结剂后才能涂抹水下环氧砂浆。MS-1086S 水下抗冲磨环氧砂浆为 A、B 两组分,先将称量好的 A 组分倒入混凝土搅拌机搅拌容器中,再将按照配比要求称量好的 B 组分倒入进行搅拌,直至搅拌均匀。

水下抗冲磨环氧砂浆修补施工时,首先将冲坑填充至比原混凝土基面低 1~1.5 cm 为止,为防止砂浆填充深度过厚后引起砂浆流坠,可用带有塑料薄膜的木质或金属模板将填充部位砂浆挤压密实并定位防流坠,1~3 h 待砂浆初凝失去流动性后移走模板,再总体涂装界面黏结剂,按照从下往上的顺序依次进行总体修补,砂浆一次修补厚度 2 cm 内不流坠,砂浆填压刮抹完成后,先用胶抹刀进行初步整型后再采用塑料抹刀对水下环氧砂浆表面进行压抹整平,砂浆修复后应比周边原修复面高 1 cm,以便其他材料修复时与本修复面保持水平一致。

(5)MS-1087C 柔性陶瓷防腐抗冲磨涂料。在水下抗冲磨环氧砂浆填压刮抹后,出现粘手现象时即可涂装 MS-1087C 柔性陶瓷防腐抗冲磨涂料,涂料为 A、B 两组分,先将称量好的 A 组分倒入搅拌容器中,再将按照配比要求称量好的 B 组分倒入搅拌容器中进行搅拌,直至搅拌均匀。该涂料属于无溶剂厚浆涂料,冬季施工黏度高,可将涂料在环氧砂浆表面进行均匀刮涂,一次刮涂厚度为 1 000~1 500 μm,刮涂总厚度为 2 500~3 000 μm,涂装次数 2~3 次,每遍间隔为 1~2 h,以前一遍涂层失去流动性出现粘手现象时再进行下一层涂装,涂装要求平整光洁,无流挂、无起泡和针眼。

3)钢衬防腐抗冲蚀防护技术

Ⅰ.基面清理

钢衬表面用风镐将残余防护涂层凿除,并用电动打磨机进行表面除锈打磨,然后对修补基面表面用丙酮进行清洗,并彻底清理干净。

Ⅱ.基底防锈

在基面除锈及清洗干净后,在 1 h 内涂装 MS-1087A 纳米钛复合重防腐底涂,用毛刷均匀涂装,做到不漏涂、不留挂,涂层厚度约为 150 μm。

Ⅲ.面涂抗冲磨防护涂装

在底涂施工完毕后,2~3 h 底涂失去流动性出现粘手现象时即可涂装柔性陶瓷抗冲磨涂料,涂装厚度为 2 500~3 000 μm,涂装方式要求与混凝土表面涂装抗冲磨涂层一致。

4.3.2.3 试验结果

2021 年 12 月,抗磨蚀新材料试验完成后的照片如图 4-18 所示,灰白色部分为本次新材料试验区域,周边黑色部分是使用普通金刚砂环氧砂浆修补区域。为了检验试验效果,小浪底水利枢纽 2 号排沙洞经历一个汛期的泄洪运用后,泄洪流道维修专业技术人员于 2022 年汛后对 2 号排沙洞试验区域开展了缺陷检查,检查照片如图 4-19 所示,从图中可以看出:使用新材料大面积修补区域被含沙水流磨出了很多洼坑和针眼;使用新材料小面积修补区域出现了很多掉块,防护效果不如普通金刚砂环氧砂浆。由此可见,本次试验采用的抗磨蚀新材料并不满足小浪底水利枢纽排沙洞泄洪流道抗磨蚀要求。

图 4-18　抗磨蚀新材料试验完成后的照片

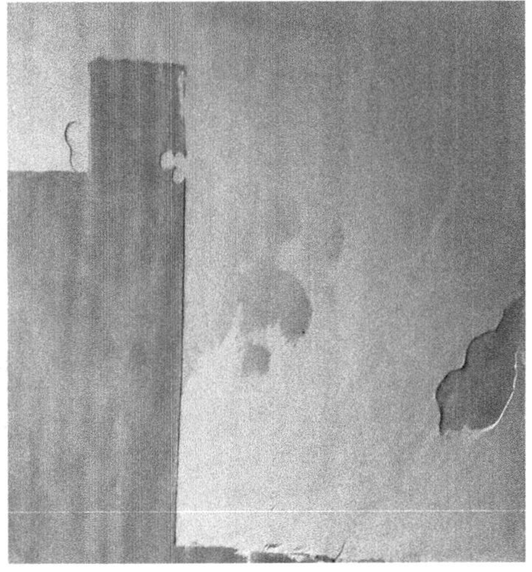

图 4-19　泄洪运用后新材料修补区域照片

4.3.3　抗推移质材料试验

4.3.3.1　试验背景及目的

水库排沙洞起到排泄高含沙水流、减少过机含沙量和调节径流及保持进水口泥沙淤积漏斗的重要任务，在枢纽泄洪设施中使用概率较高。2019 年，西霞院反调节水库再次经历了“低水位、大流量、高含沙、长历时”泄洪运用，从 6 月 20 日开始至 10 月 21 日，历时 123 d，最大出库含沙量 92 kg/m^3，排沙洞最大过流小时数 1 030.5 h，排沙底孔最大过流小时数 1 888.5 h。汛后检查发现，2018 年采用环氧混凝土加植筋方案维修的流道底板仍存在冲蚀破坏，其中，6 号排沙洞和 2 号排沙底孔底板破坏较为严重，局部植筋裸露。从检查情况来看，流道冲蚀不仅有高含沙水流磨蚀，还存在推移质冲、砸、磨等因素，因此针对西霞院反调节水库泄洪流道破坏现状，进一步研究抗推移质防护效果更好的修补材料具有重要意义。

本次抗推移质冲磨原型试验出发点是通过试验比较不同的修补方法、材料及修复工艺，经运行检验选择相对安全可靠、运行周期较长、维修简便的流道抗冲磨维修方案。

4.3.3.2 试验过程

1. 试验方案及分区

西霞院反调节水库5号排沙洞事故闸门与工作闸门之间长49.7 m,进、出口底坎高程均为106.0 m,洞身为矩形断面,断面尺寸为4.5 m×4.8 m。试验区选择在5号排沙洞底板和两侧边墙1.0 m高以下部分,试验区面积共计195 m^2。试验区共分为10块,试验块1~10号每块顺水流方向长3 m,每块试验块面积为19.5 m^2,包含6 m^2(宽3 m×高2 m)的侧墙和13.5 m^2(长4.5 m×宽3 m)的底板,试验块分区示意图见图4-20。本次共选择4家单位进行了试验,每家单位各做2块试验块,分别分布在排沙洞进口段和出口段,以开展对比试验,待一个汛期过后检验各试验块抗推移质效果。试验中的施工厚度视排沙洞内混凝土基面的剥蚀情况而定,以避免破坏原混凝土为原则。

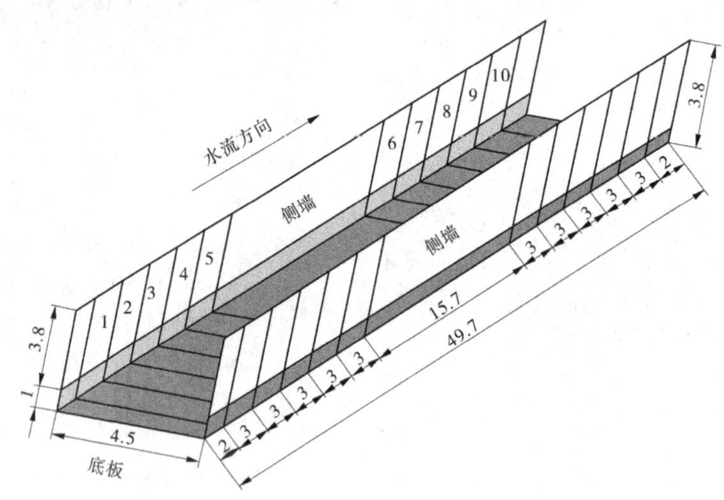

图4-20 试验块分区示意图 (单位:m)

2. 试验材料及工艺

1) 中国水利水电科学研究院

Ⅰ. 试验材料

(1) SK特种抗冲磨树脂砂浆。此砂浆是以新型柔性氨基树脂、特种固化剂为胶结材料,添加特种抗冲磨填料混合配制而成的特种高韧性抗冲磨树脂砂浆,具有优异的柔韧性和抗冲磨能力,其胶结体系完全不同于传统的环氧砂浆和聚合物砂浆,是一种新型胶结材料体系的抗冲磨防护砂浆,性能指标如表4-12所示。

表4-12 SK特种抗冲磨树脂砂浆性能指标

序号	项目	单位	指标	说明
1	密度	kg/m^3	1 700~1 900	
2	操作时间	(20 ℃,min)	>40	
3	固化时间	(20 ℃,h)	约12	
4	28 d抗压强度	MPa	≥20.0	

续表 4-12

序号	项目	单位	指标	说明
5	28 d 抗拉强度	MPa	≥5.0	
6	28 d 抗折强度	MPa	≥10	
7	28 d 与混凝土黏结强度	MPa	>2.5 或基面破坏	
8	抗冲磨强度	h/(g/cm^2)	>5.2	圆环法,同条件对比试验结果,高强环氧砂浆为 0.93

此砂浆具有如下优点:

①优异的抗冲击、抗气蚀、抗冲磨性能。试验表明其抗冲磨强度是环氧砂浆的 5 倍以上。

②优异的柔韧性和抗开裂能力。采用的树脂材料本体具有 2 倍以上的伸长率,与传统的脆性材料环氧砂浆和聚合物砂浆相比,SK-PAM 砂浆具有优异的柔韧性能。

③极佳的耐久性能。新型树脂具有优异的耐久性能,制成砂浆后基本不存在长期老化问题。

④简便的施工性能。常温条件下直接拌和即可施工,立面不下坠,适用于干燥面、潮湿面、低温环境等不同条件要求,砂浆表面平整光洁。

⑤环保无毒、无污染。

(2)SK 刮涂聚脲防护材料。SK 刮涂聚脲防护材料是以复合改性仲胺基树脂体系为 A 组分主剂,以脂肪族异氰酸酯为 B 组分,添加部分助剂和填料而开发出的一种新型脂肪族、慢反应双组分厚质聚脲基弹性防护系统,配套有基层专用界面剂和缺陷修补腻子,其按比例混合后即可进行刮涂或者喷涂施工,其材料性能指标如表 4-13 所示。

表 4-13　SK 刮涂聚脲防护材料性能指标

序号	项目	性能指标	实测值
1	固含量/%	≥95	98
2	拉伸强度/MPa	≥15	16.8
3	断裂伸长率/%	≥200	325
4	撕裂强度/(N/mm)	≥50	83
5	黏结强度/MPa	≥3.0	4.3
6	硬度(邵 A)	≥60	96
7	吸水率/%	<5	1.6
8	抗冲磨强度/[h/(kg/m^2)](水下钢球法)	>720	无明显磨损

产品特性如下:

①双组分混合慢固化,与基础混凝土浸润性好,基面附着力强。

②力学性能优异,抗拉强度高,适应变形能力强,防渗、抗冲磨效果好。

③材料为脂肪族体系,耐紫外线老化性能优良,暴露使用不变色、不粉化,使用寿命超

过 30 年以上。

④施工工艺简便,既可人工刮涂,也可机械喷涂施工,施工厚度宽泛,满足不同工程应用需要。

⑤优良的低温性能。在-40 ℃条件下材料仍为柔性。

⑥环保无毒,可用于饮用水工程。

Ⅱ.试验工艺

根据现场情况,首先将磨蚀深度大于 5 cm 的部位采用环氧砂浆找平,表面留出约 2 cm 深度,然后浇筑 SK 特种抗冲磨树脂砂浆至流道原断面,最后在砂浆表面涂刷 3 mm 厚 SK 抗冲磨刮涂聚脲。对于流道边墙圆弧段冲磨破坏部位,直接在表面浇筑 SK 特种抗冲磨树脂砂浆至原断面进行防护。为防止相邻试验段互相影响,在试验段前后两端各安装一段工字钢进行保护。排沙洞冲磨破坏处理具体处理施工工艺如下:

(1)对冲磨破坏的混凝土基面进行凿毛处理,然后采用高压水枪进行清洗,表面应洁净,不得有浮尘或积水,采用高压风或自然通风干燥。

(2)在基面涂刷潮湿型专用界面剂,界面剂涂刷应薄而均匀,用毛刷将界面剂均匀地涂刷在基面上,涂刷要求薄而均匀,不能有漏刷、厚刷、流淌,坑洼地方不能有积液。

(3)等界面剂指触干燥后,首先涂刷一层树脂净浆,然后立刻摊铺 SK 特种抗冲磨树脂砂浆至流道原断面,并采用平板振动器或者人工压实,最后进行表面收光。

(4)待砂浆初凝后,在砂浆表面涂刷 3 mm 厚 SK 刮涂聚脲。

(5)自然养护 28 d。

2)中国水利水电第十一工程局有限公司

Ⅰ.试验材料

本次试验性施工方案采用的 NE 型高抗冲磨型环氧砂浆、NE 型弹性涂层、NE-Ⅱ型环氧砂浆均为该单位自主研发,其中 NE 型高抗冲磨型环氧砂浆和 NE 型弹性涂层组成的复合防护层具有更高的抗冲耐磨性能,具体性能指标如表 4-14~表 4-16 所示。

表 4-14 NE 型高抗冲磨型环氧砂浆性能指标

序号	主要技术性能	检测指标	说明
1	抗压强度	≥90.0 MPa	—
2	抗拉强度	≥10.0 MPa	—
3	与混凝土黏结抗拉强度	≥4.0 MPa	“>”表示破坏在 C50 混凝土本体
4	抗冲磨强度	≥10.0 h/(g/cm^2)	
5	抗冲击性	≥8.0 kJ/m^2	
6	碳化深度	0	
7	抗渗性	≥4.0 MPa	—
8	氯离子渗透性	0	—
9	总挥发物	合格	按室内装修材料测试方法检测
10	苯	合格	
11	甲苯+二甲苯	合格	

表 4-15　NE 型弹性涂层性能指标

序号	项目	性能指标	说明
1	抗拉强度	≥20 MPa	
2	断裂伸长率	≥10%	
3	抗冲击强度	≥15 kJ/m²	
4	抗冲磨强度	≥5.5 h/(g/cm²)	
5	黏结强度	≥3.0 MPa	混凝土本体破坏
6	不挥发物含量	≥99.9%	

表 4-16　NE-Ⅱ型环氧砂浆性能指标

<table>
<tr><th colspan="2">主要技术性能</th><th>检测指标</th><th>说明</th></tr>
<tr><td colspan="2">抗压强度</td><td>≥80.0 MPa</td><td>—</td></tr>
<tr><td colspan="2">抗拉强度</td><td>≥10.0 MPa</td><td>—</td></tr>
<tr><td colspan="2">与混凝土黏结抗拉强度</td><td>≥4.0 MPa</td><td>“>”表示破坏在 C50 混凝土本体</td></tr>
<tr><td colspan="2">抗冲磨强度</td><td>≥5.0 h/(g/cm²)</td><td></td></tr>
<tr><td colspan="2">抗冲击性</td><td>≥8.0 kJ/m²</td><td></td></tr>
<tr><td colspan="2">碳化深度</td><td>0</td><td></td></tr>
<tr><td colspan="2">抗渗性</td><td>≥4.0 MPa</td><td>—</td></tr>
<tr><td colspan="2">氯离子渗透性</td><td>0</td><td>—</td></tr>
<tr><td rowspan="3">毒性物质含量</td><td>苯</td><td>合格</td><td rowspan="3">按室内装修材料测试方法检测</td></tr>
<tr><td>甲苯+二甲苯</td><td>合格</td></tr>
<tr><td>总挥发物</td><td>合格</td></tr>
</table>

Ⅱ.试验工艺

底板采用 2 cm 厚的 NE 型高抗冲磨型环氧砂浆进行修复处理,然后在其表面涂覆一层 1 mm 厚的 NE 型弹性涂层材料以抵抗大粒径卵漂石的冲击磨损。边墙距离底部 20 cm 高度以下采用 1 cm 厚的 NE 型高抗冲磨型环氧砂浆进行修复处理,然后在其表面涂覆一层 1 mm 厚的 NE 型弹性涂层材料以作为过渡区域,边墙其他区域采用 1 cm 厚的 NE-Ⅱ型环氧砂浆进行修复处理。

参见图 4-21,具体的施工流程如下:

施工准备→基面处理→涂刷环氧基液→涂抹 NE 高抗冲磨型环氧砂浆→养护硬化(根据现场温度确定养护时间,一般为 24 h)→涂刷环氧基液→养护至表干→涂抹 NE 型弹性涂层→养护不少于 7 d。

(1)基面处理。在混凝土缺陷修补时,先用切割机把不密实部位的混凝土切除掉,直至露出密实混凝土部位,切割出的混凝土边线应尽量规则。

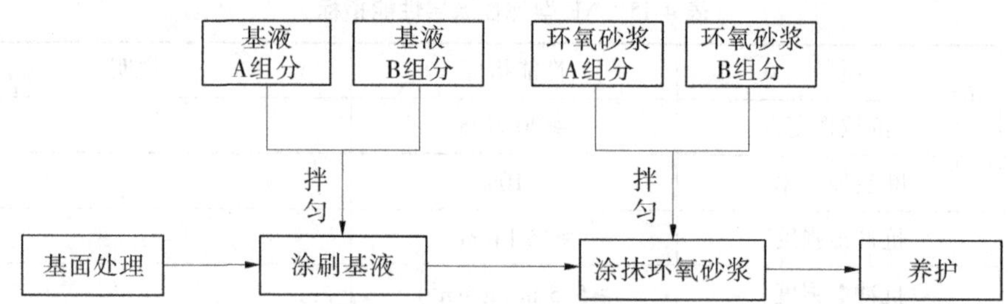

图 4-21 NE 型高抗冲磨型和 NE-Ⅱ型环氧砂浆施工工艺流程

基础表面上的油污,用明火喷烤、凿除或清洗剂擦拭等方法处理干净。混凝土缺陷处如有钢筋等金属构件时,应除净锈蚀,露出新鲜表面。

用角磨机打磨或其他机械方式如电锤、钢钎凿等,对混凝土基础面进行糙化处理,清除表面上的松动颗粒和薄弱层等。

基面糙化处理后,修补区域可用钢丝刷清除干净混凝土上的松动颗粒和粉尘,再用高压风机进行洁净处理。

环氧砂浆施工之前,混凝土基面需保持干燥状态,对局部潮湿的基面可用喷灯烘干或自然风干。

基面处理完后,经检查,基础混凝土密实,表面干燥,无松动颗粒、粉尘、乳皮及其他污染物等,合格后才能进行下一道工序。

(2)底层基液的拌制和涂刷。底层基液涂刷前,应再次清除混凝土基面上的浮尘,以确保基液的黏结性能。

基液的拌制:先将称量好的 A 组分倒入广口容器如小盆中,再按给定的配比将相应量的 B 组分倒入容器中进行搅拌,直至搅拌均匀,即材料颜色均匀一致后,方可施工使用。为避免浪费,基液每次不宜拌和太多,具体情况视施工速度以及施工温度而定,基液的耗材量为 0.2~0.4 kg/m^2。

基液拌制后,用毛刷均匀地涂在基面上,要求基液刷得尽可能薄而均匀、不流淌、不漏刷。

基液拌制应现拌现用,以免因时间过长而影响涂刷质量,造成材料浪费和黏结质量降低。

拌好的基液如出现暴聚、凝胶等现象时,应废弃重新拌制。

基液涂刷后静停至手触有拉丝现象方可涂抹环氧砂浆。

涂刷后的基液出现固化现象即不粘手时,需要再次涂刷基液后才能涂抹环氧砂浆。

(3)环氧砂浆的拌制和涂抹。环氧砂浆的拌制需先把称量好的环氧砂浆 A 组分倒入砂浆专用搅拌机中,开动搅拌机,边搅拌边加入按给定配比称量出的砂浆 B 组分,搅拌总时长 3~5 min,混合搅拌均匀,即颜色均匀一致后,即可施工使用。在搅拌过程中,搅拌机底角等部位需注意发生夹生情况,可在搅拌过程中停机,人工将夹生部分翻至搅拌机中间部位。

环氧砂浆应现拌现用,当拌和好的环氧砂浆出现发硬、凝胶等现象时,应废弃重新拌制。

每次拌和的环氧砂浆的量不宜太多,具体拌和量视施工速度以及施工温度而定。

环氧砂浆的涂抹:用于混凝土表层修补时,参考水泥砂浆的施工方法,将环氧砂浆涂抹到刷好基液的基面上,并用力压实,尤其是边角接缝处要反复压实,避免出现空洞或缝隙。压实后可用抹刀轻轻拍打砂浆面,以提出浆液使砂浆表面有光泽。

环氧砂浆涂抹完毕后,需进行养护,养护期一般为 24 h,养护期间要防止水浸、人踏、车压、硬物撞击等。

(4)参见图 4-22,NE 型弹性涂层施工流程如下:

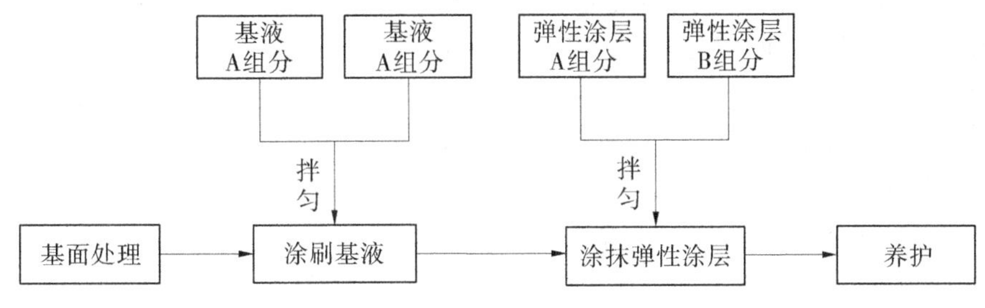

图 4-22　NE 型弹性涂层施工工艺流程

①环氧基液的拌制和涂刷。其技术要求与 NE 型高抗冲磨型环氧砂浆底层基液的要求一致,这里不再赘述。

②NE 型弹性涂层的拌和。按给定的配比与配制方法称量与拌和。现拌现用,拌和时间一般为 3 min,确保材料拌和均匀、颜色一致。材料拌和后可施工时间一般为 30 min,30 min 以后未能涂抹的材料应当作为废料处理,以免因时间过长而影响刮涂质量,造成黏结力降低。

③NE 型弹性涂层刮涂。待界面剂固化剂干后(一般为 24 h),将拌和均匀的弹性涂层材料用刮板刮涂在洁净的混凝土基面上。刮涂时重点将混凝土表面的气孔、麻面等部位反复批刮以填充密实,其他平整部位要薄而均匀地进行覆盖。

(5)局部消缺。涂层施工后自然养护 24 h,待固化后用角磨机(最好使用旧磨片)轻轻将局部有缺陷位置轻轻打磨一遍,目的是磨除第一遍涂层施工时产生的刮痕,以及坑槽部位溢出的材料及挂帘等,再用高压水冲洗基面,表面干燥后,进行消缺处理。刮涂好的施工层表面要平整,无施工涂刮搭缝、流挂、划痕等现象。

(6)施工面养护。施工养护期为 14 d。养护期间的涂层应避免硬物撞击、刮擦等。已施工完毕的涂层 3 d 内避免水浸或水冲。

(7)施工质量控制。施工重点为施工质量控制。施工质量控制措施如下:

①原材料质量控制:确保施工用原材料具有产品合格证、出厂检测报告。

②施工质量控制:对环氧砂浆施工的关键工序进行控制,施工时应侧重压实、振捣、抹平、提浆等关键工序,以保证最终施工面满足规范要求,并不得有接缝、麻面、下坠等异常现象。

3)华东建筑设计研究院有限公司

Ⅰ.试验方案及材料

本次抗冲磨试验设计以修复后的排沙洞混凝土过流表面抗冲磨能力不低于原设计并

符合结构原设计断面要求为原则。总体方案为：对指定的排沙洞试验块，根据现有施工条件，凿除受损混凝土，增设插筋，以弹性环氧砂浆回填修复冲蚀坑，修复后排沙洞断面符合原结构设计断面要求，抗冲磨层表面曲线与原设计一致。本次试验材料为弹性环氧砂浆。

Ⅱ. 试验工艺

(1)检查。检查试验区域，测量冲蚀坑深度和范围，绘制现场缺陷草图并记录。按结构原设计断面标定最终修复断面尺寸。

(2)切凿。根据检查获得的磨蚀坑等深度线确定冲蚀坑凿除范围及深度，凿除边界与原混凝土结构面垂直，相邻两边线无锐角，坑底面按深度变化最终呈阶梯状。试验块整体清基深度须满足修补厚度要求，修补后应与原结构设计轮廓线齐平。

底板顺水流起边处理：切凿成燕尾槽，防止前部混凝土被破坏，形成掏底效应，影响后部防护层，前部混凝土有破损的，应采用弹性环氧砂浆先行修复。

(3)清基并干燥。用角磨机将基材表面残留的涂层清理干净，露出新鲜、坚固的基面。清扫基面时要彻底清除石渣、粉尘等杂物，然后热风干燥基面，确保涂底漆前基面干燥。

(4)涂刷底胶。用专用底胶涂覆基面，做到均匀、不漏涂。

(5)弹性环氧抗冲磨回填修复。本次修复采用的是 HK-E003-60 高强型弹性环氧砂浆，其主要力学性能指标如表 4-17 所示，其特点为材料弹性模量较低，仅为抗冲磨混凝土的 1/10 左右，能极大改善修复材料的界面应力集中问题，提高环氧树脂的黏结性及可靠性，其强度不低于原抗冲磨混凝土。

表 4-17　HK-E003-60 高强型弹性环氧砂浆主要力学性能指标

项目	指标
	高强型
抗压强度/MPa	60±5
抗折强度/MPa	≥18
黏结强度/MPa	≥3
抗含砂水流冲磨强度/[h/(g/cm^2)] (SL 352—2006 圆环法，40 m/s)	≥40
压缩弹性模量/MPa	<6 000

按产品配合比配制环氧砂浆，并搅拌均匀后密实回填至干燥洁净的凿除基坑内，恢复找平至原结构面。回填厚度较大时，可按每层不超过 5 cm 厚度分层回填，当回填面积较大时可分块跳仓回填，直至恢复原结构面。混凝土过流面平整度则按规范要求进行控制。

(6)养护。23 ℃气温下自然养护 7 d，温度低于该气温时应延长养护时间。

4)黄河水利委员会黄河水利科学研究院

Ⅰ. 试验方案及材料

由于重力作用，相对侧墙等其他部位，排沙洞底板受推移质破坏较为严重，该部位的磨蚀防护建议采用复合树脂砂浆涂层方案进行处理。该涂层在环氧金刚砂基础上添加增韧树脂，不仅具有优异的耐磨损性能，而且具有一定的抗气蚀性能，综合耐冲磨性能优良。

按照两个试验段进行防护试验:一个选择在冲蚀程度严重的闸门后面或出口段;另一个在冲蚀程度较为平均的中间段。每个试验段洞宽 4.5 m,沿水流方向试验长度 3 m,侧墙高 1 m。

Ⅱ.施工工艺

施工开始后,按工序的先后安排施工顺序,即施工前准备→缺陷检查统计、编号→混凝土表面凿毛→涂抹复合树脂砂浆→竣工验收。

具体试验施工流程如下:

(1)冲洗泥浆、污渍。利用高压水枪或清理工具等设备将闸门密封面至下游 2~4 m 范围的底板泥浆、污渍冲洗干净。

(2)烘干。利用热鼓风装置对排沙洞底板进行鼓风干燥,同时也对基面起到加热作用,以方便接下来的涂抹砂浆施工。

(3)机械打毛。利用角磨机等设备将清洗后的混凝土面进行打毛处理,以增加待处理面的粗糙度,提高复合树脂砂浆的黏结性能。

(4)涂抹复合树脂砂浆底胶。打磨过后,清理粉尘,然后刷涂配制好的底胶。刷涂时,要尽量均匀,避免漏刷;刷涂后要在一定时间内涂抹复合树脂砂浆。

(5)涂抹复合树脂砂浆。底胶刷涂均匀后,涂抹复合树脂砂浆。涂抹时要尽量压实,增加砂浆的密实度。砂浆表面应尽量平整,以减小由于涂层表面不平整造成对水流流态的影响。

(6)固化复合树脂。根据现场温湿度情况,可采用常温或者加温固化,常温情况下一般固化 48 h。

(7)刷涂复合树脂胶。复合树脂砂浆固化完成后,刷涂配制好的复合树脂胶。刷胶时,尽量均匀、不挂泪,复合树脂胶一次刷涂完成。刷涂完成后如有挂泪,需对挂泪进行涂抹,同时避免复合树脂胶刷涂过厚。

(8)固化。在常温条件下固化,一般刷涂复合树脂胶后 5~7 d 即可通水。涂层总厚度 20 mm 左右。

4.3.3.3　试验结果

2023 年 6 月 7 日至 7 月 10 日,5 号排沙洞经过 218 h 的过流运用后于 8 月 1 日进洞检查,各试验区检查情况如下。

1. 华东建筑设计研究院有限公司试验情况

华东建筑设计研究院有限公司试验区域过流运用前后的照片如图 4-23 和图 4-24 所示。从图中可以看出:华东建筑设计研究院有限公司试验块 HK-E003-60 高强型弹性环氧砂浆整体没有明显破坏,试验效果较好,与黄河水利水电开发集团有限公司监测维修分公司(简称监维分公司)研制的环氧砂浆都能满足西霞院反调节水库泄洪流道抗冲磨要求,但按照修补厚度 1 cm 计算,每平方米仅材料费用就高达 1 800 元,远超过监维分公司环氧砂浆每平方米(修补 1 cm 厚)包工包料 650 元的价格。

2. 中国水利水电第十一工程局有限公司试验情况

中国水利水电第十一工程局有限公司试验区域过流运用前后的照片如图 4-25 和图 4-26 所示。从图中可以看出,中国水利水电第十一工程局有限公司试验块底板表面涂刷的 NE 型弹性涂层出现了较大面积的破坏,南侧底板出现了明显的划痕、脱落,因此该材料不适用于西霞院反调节水库泄洪流道缺陷修补。

图 4-23 华东建筑设计研究院有限公司试验区域过流运用前

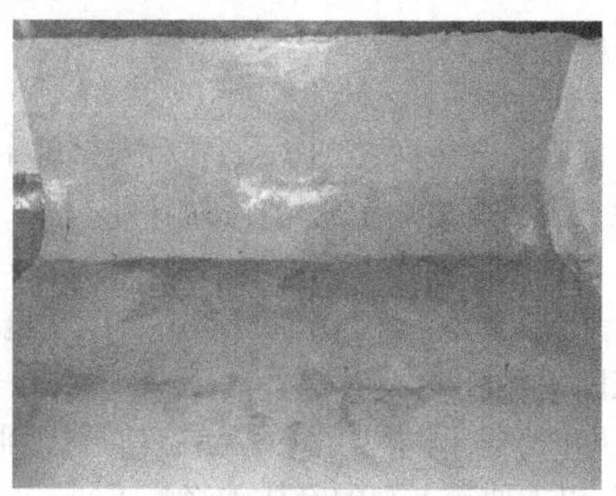

图 4-24 华东建筑设计研究院有限公司试验区域过流运用后

图 4-25 中国水利水电第十一工程局有限公司试验区域过流运用前

图 4-26 中国水利水电第十一工程局有限公司试验区域过流运用后

3. 黄河水利委员会黄河水利科学研究院试验情况

黄河水利委员会黄河水利科学研究院试验区域过流运用前后的照片如图 4-27～图 4-29 所示。从图中可以看出,黄河水利委员会黄河水利科学研究院试验块表面复合树脂砂浆涂层出现大面积磨蚀,南侧底板涂层已完全破坏,因此该材料不适用于西霞院反调节水库泄洪流道缺陷修补。

图 4-27 黄河水利委员会黄河水利科学研究院试验区域过流运用前

图 4-28　黄河水利委员会黄河水利科学研究院试验区域过流后南侧底板涂层完全破坏

图 4-29　黄河水利委员会黄河水利科学研究院试验区域过流后底板涂层明显磨蚀

4. 中国水利水电科学研究院试验情况

中国水利水电科学研究院试验区域过流运用前后的照片如图 4-30～图 4-33 所示。从图中可以看出，中国水利水电科学研究院试验块表面 3 mm 厚 SK 抗冲磨刮涂聚脲侧墙处出现多处鼓包、脱落现象，底板多处被推移质破坏、撕裂，因此该材料同样不适用西霞院反调节水库泄洪流道缺陷修补。

图 4-30　中国水利水电科学研究院试验区域过流运用前

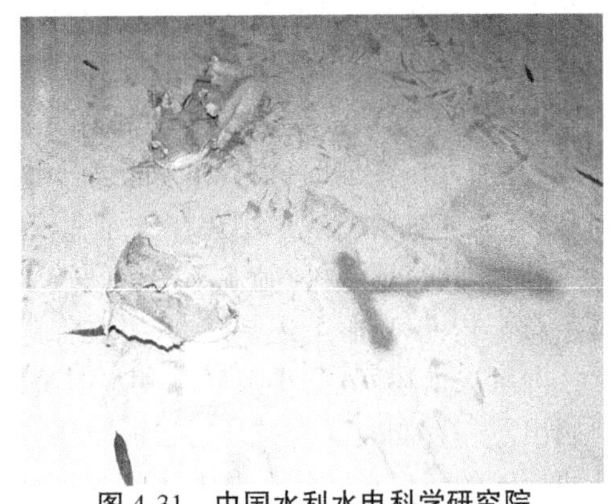

图 4-31　中国水利水电科学研究院试验区域过流运用后底板聚脲撕裂

图 4-32　中国水利水电科学研究院试验区域过流运用后侧墙聚脲脱落

图 4-33　中国水利水电科学研究院试验区域过流运用后侧墙聚脲鼓包

综上所述,本次抗推移质材料试验中只有华东建筑设计研究院有限公司所用的HK-E003-60高强型弹性环氧砂浆满足西霞院反调节水库泄洪流道抗推移质要求,但其价格稍高,且材料试验后只经历了一年泄洪运用考验,后期的防护效果还需进一步观察。

4.4 抗磨蚀新材料研制

4.4.1 研制背景

高速含沙水流对水电站大坝的溢流面、泄洪道等过流表面混凝土的冲磨和气蚀破坏是水电工程建设和运行中常见而又重要的问题,如何提高过流表面混凝土的抗冲磨和抗气蚀能力是解决这一难题的重要途径。绝大部分水利工程的受冲刷部位混凝土需要定期进行修补,以保障工程的安全稳定运行。因此,提高混凝土抗冲磨性能,延长其使用寿命,具有非常重要的意义。

抗冲磨混凝土大多采用高强度等级水泥及较低的水胶比和掺加增强材料的方法来制备,可大幅度提高硬化混凝土的力学性能和抗冲磨强度,但对混凝土的体积稳定性不利,在各大工程实践中强度等级较高的混凝土收缩和开裂问题比较突出。环氧树脂砂浆是一种高强度、抗冲蚀、耐磨损、高黏结力的固结体密封封堵材料,已广泛应用于水工建筑物过流表面破坏后的修复和混凝土建筑物缺陷的修补加固。环氧树脂砂浆是以环氧树脂为主要成分,加入一些辅助材料(如固化剂、增塑剂和稀释剂等)而制成的环氧复合材料。目前,已有的环氧树脂砂浆还存在收缩率较大、脆性大、与基础混凝土结合易开裂及脱空、砂浆黏度大、和易性不好、施工不便等缺点,且价格较高,因此需要研发一种新型环氧砂浆及其生产工艺,以克服上述缺陷,并且在保障防护性能的基础上节省修补成本。

为解决上述问题,小浪底水利水电工程有限公司经过无数次论证、选材、配比、试验,研制出了一种同时具有抗压、抗冲、抗渗、抗海水腐蚀、高强度、低收缩、施工可操作性强、方便运输的环保型环氧砂浆。该环保型环氧砂浆已获得中国发明专利,发明专利授权号为:ZL201410510917.6。

4.4.2 研制过程

新研发的环氧树脂聚合物砂浆采用双酚A型环氧树脂E51和改性环氧树脂以一定的比例混配作为黏结剂,以达到相互改性的效果,以石英砂(或金刚砂)等无机材料为骨料,并加入憎水型膨胀珍珠岩和石墨精粉,使环氧砂浆层具有很好的防水性,石墨精粉能够提高砂浆的和易性,并且能够提高环氧树脂砂浆的强度。砂浆中的石英砂(或金刚砂)等无机骨料起到了填实、抗压的作用,具有良好的抗冲耐磨性能和耐久性,并进一步改善了绝缘性能和防腐性能。同时对骨料中各个成分的粒径进行优化,有效调节环氧砂浆固化物的流动性,增强施工的可操作性。当然,黏结性能优良的固化剂也进一步改善了砂浆聚合物的黏结和抗弯变形性能。

4.4.2.1 材料配比设计

对改性环氧树脂砂浆进行试验研究,并在此基础上研发衍生产品,以克服目前环氧砂浆收缩率大、与基础混凝土一样易开裂及脱空、砂浆黏度大、和易性不好、施工不便等缺点。

本设计所采用的技术方案是：一种环氧树脂聚合物砂浆，按照重量份数由 15～20 份的环氧树脂浆料、2～4 份的活性稀释剂、6～8 份的固化混合物以及 70～80 份的基料混合后搅拌调和得到。

研制的环氧树脂聚合物砂浆的材料配比如下：

(1)按重量百分比取 75%的环氧树脂 E-44、24.5%的 Pluronic 多元醇聚醚以及 0.5%的苄基三乙基氯化铵，将环氧树脂 E-44 加入密闭反应器中，通入惰性气体，加热到 80 ℃，在搅拌状态下滴加由 Pluronic 多元醇聚醚以及 0.5%的苄基三乙基氯化铵配制的混合液，滴加完毕后升温到 120 ℃继续反应 3 h，冷却后得到改性环氧树脂。

(2)按重量百分比取 40%～44%的双酚 A 型环氧树脂 E51、40%～46%的改性环氧树脂、6%～8%的有机膨润土和 8%～10%的邻苯二甲酸二辛酯，混合后搅拌均匀，得到环氧树脂浆料备用。

(3)按照重量百分比取 10%～14%的环氧氯丙烷、45%～55%的脂肪醇、6%～10%的多聚醚酯和 25%～35%的三氯丙烷，混合后搅拌均匀，得到活性稀释剂备用。

(4)按照重量百分比取乙二胺 40%、间苯二胺 30%和硫脲 30%，先将乙二胺、间苯二胺和硫脲混合，于 50 ℃条件下搅拌溶解，然后加热至 130 ℃，回流反应 3 h，反应结束后再降温至 50 ℃，回流反应 1 h，反应结束后，冷却得到硫脲改性胺备用。

(5)按照重量百分比取甲苯二甲胺 40%、硫脲改性胺 34%、长链烷基酚 20%以及多聚甲醛 6%，将甲苯二甲胺、硫脲改性胺和长链烷基酚混合，于 60 ℃条件下边搅拌边分批加入多聚甲醛，加热至 100 ℃，回流反应 3 h，然后冷却、洗涤，得到改性酚醛胺备用。

(6)按照重量百分比 85%的改性酚醛胺、5%的端羟基液体丁腈橡胶、5%的 2-(3,4-环氧环己烷基)乙基三乙氧基硅烷、1%的苯乙酸月桂醇酯和 4%的间苯二酚，混合后搅拌均匀，得到固化混合物备用。

(7)按照重量份数取 20%～30%的钛白粉等掺和料、45%～60%的石英砂、5%～10%的憎水型膨胀珍珠岩、4%～6%的石墨精粉和 5%～10%的绢云母粉以及橡胶耐磨材料，混合后搅拌均匀，得到基料备用。

(8)施工时，按照重量份数取 15～20 份的环氧树脂浆料、2～4 份的活性稀释剂、6～8 份的固化混合物以及 70～80 份的基料混合后搅拌调和得到砂浆。

按上述材料配比范围设计出 3 组试验例，每组试验例详细配比如下：

试验例 1：

(1)按照重量百分比取 44%的双酚 A 型环氧树脂 E51、40%的改性环氧树脂、6%的有机膨润土和 10%的邻苯二甲酸二辛酯，混合后搅拌均匀，得到环氧树脂浆料备用。

(2)按照重量百分比取 14%的环氧氯丙烷、55%的脂肪醇、6%的多聚醚酯和 25%的三氯丙烷，混合后搅拌均匀，得到活性稀释剂备用。

(3)按照重量份数取 20%的钛白粉、60%的石英砂、10%的憎水型膨胀珍珠岩、5%的石墨精粉和 5%的绢云母粉，混合后搅拌均匀，得到基料备用。

(4)施工时，按照重量份数取 15 份的环氧树脂浆料、2 份的活性稀释剂、6 份的固化混合物以及70份的基料混合后搅拌调和得到砂浆。

试验例2：

(1)按照重量百分比取40%的双酚A型环氧树脂E51、46%的改性环氧树脂、8%的有机膨润土和6%的邻苯二甲酸二辛酯，混合后搅拌均匀，得到环氧树脂浆料备用。

(2)按照重量百分比取10%的环氧氯丙烷、50%的脂肪醇、10%的多聚醚酯和30%的三氯丙烷，混合后搅拌均匀，得到活性稀释剂备用。

(3)按照重量份数取30%的普通硅酸盐水泥、45%的石英砂、10%的憎水型膨胀珍珠岩、5%的石墨精粉和10%的绢云母粉，混合后搅拌均匀，得到基料备用。

(4)施工时，按照重量份数取20份的环氧树脂浆料、4份的活性稀释剂、8份的固化混合物以及80份的基料混合后搅拌调和得到砂浆。

试验例3：

(1)按照重量百分比取42%的双酚A型环氧树脂E51、42%的改性环氧树脂、6%的有机膨润土和10%的邻苯二甲酸二辛酯，混合后搅拌均匀，得到环氧树脂浆料备用。

(2)按照重量百分比取12%的环氧氯丙烷、48%的脂肪醇、10%的多聚醚酯和30%的三氯丙烷，混合后搅拌均匀，得到活性稀释剂备用。

(3)按照重量份数取30%的钛白粉等、50%的石英砂、5%的憎水型膨胀珍珠岩、5%的石墨精粉和10%的绢云母粉，混合后搅拌均匀，得到基料备用。

(4)施工时，按照重量份数取16份的环氧树脂浆料、3份的活性稀释剂、7份的固化混合物以及76份的基料混合后搅拌调和得到砂浆。

4.4.2.2 性能检测

将按照配比设计出的3组环氧树脂聚合物砂浆进行性能检测，结果如表4-18所示。

表4-18 不同试验例性能指标

项目	抗冲磨强度/[h/(kg/m^2)]	磨损率/%	抗压强度/MPa	黏结强度/MPa
试验例1	266	0.19	95.5	4.3
试验例2	215	0.22	93.2	3.6
试验例3	243	0.18	95.6	4.5

从表4-18可以看出，本次研制的砂浆在施工后抗冲磨强度均在210 h/(kg/m^2)以上，磨损率很小，在0.22%以下，面抗压强度在93 MPa以上，黏结强度在3.6 MPa以上。试验结果表明，本次研制的环氧树脂聚合物砂浆具有优良的抗压、抗冲、抗渗、抗海水腐蚀等性能。能够很好地应用于水工建筑物过流表面的抗冲磨蚀和气蚀保护及破坏后的修复、混凝土的缺陷修补与补强加固、混凝土结构的冻融及抗碳化保护、冻融及碳化破坏后的修复、建筑结构的抗酸碱盐腐蚀保护等。砂浆不含溶剂，可以减少对环境的污染，能够提高在储存、运输和施工过程中的安全性。

4.4.3 应用效果

本次研制的环氧树脂聚合物砂浆，解决了普通环氧砂浆在材料性能上的许多不足之处,譬如与混凝土的黏结问题、环氧砂浆开裂问题等,该环氧树脂聚合物砂浆施工工艺简单,便于施工,具有很好的抗压、抗冲、抗渗、耐磨等优点,施工表面平整,有利于水工建筑物泄水过流,且该材料不含溶剂,能够极大地减少对环境的污染,提高了在储存、运输和施工过程中的安全性,并经检验,材料检测指标均满足相关指标要求。

2014年5月,在小浪底水利枢纽2号排沙洞开展首次试用。试用部位位于2号排沙洞工作门后出口渐变段,此部位流速快、冲刷力大,最高流速达40 m/s以上,是冲蚀破坏最明显的区域之一。2014年调水调沙冲刷过后,小浪底水利枢纽泄洪流道维修技术人员对试用部位进行了检查。从检查效果得出,本次研制的环氧树脂聚合物砂浆可以同时满足表面平整度和抗冲磨强度的要求,满足小浪底水利枢纽泄洪排沙系统混凝土缺陷修补的各项指标要求。

2015年3—5月,在2014年试用基础上,小浪底水利枢纽1号排沙洞和西霞院反调节水库5号排沙洞开始使用此次研制的环氧砂浆进行修补,经过2015年调水调沙运用后没有发现任何损坏,且表面磨损极少,满足水电站水工建筑物过流表面修复的需要。此后,在小浪底水利枢纽和西霞院反调节水库所有泄洪流道表面缺陷修补中,一直使用本次研制的环氧树脂聚合物砂浆,从多年的使用效果来看,极大地减小了泄洪系统流道的表面磨蚀程度,保证了两个枢纽泄洪流道的安全稳定。该发明可推广应用于国内各类大中型水电站,用于过流表面的磨蚀和气蚀等缺陷修复,还可大面积用于流道表面的保护,可极大地提高水工建筑物的安全稳定和使用寿命,具有较好的推广和应用前景。

第 5 章 磨蚀破坏机制研究

通过前述章节分析,小浪底水利枢纽泄洪流道泥沙以悬移质为主,泥沙颗粒细,但水流流速高,当泥沙含量大时,混凝土表面磨蚀破坏严重。当高水位、小开度泄洪时,掺气的高速水流还会对流道表面造成严重的气蚀破坏;西霞院反调节水库泄洪流道泥沙以推移质为主,大粒径卵石较多,流速低,推移质在流道底板形成冲、磨、砸等多种运动方式,洞身混凝土和已修复的环氧砂浆都出现不同程度的破坏,这些破坏形式的物理机制复杂,影响因素众多,不同运行工况下的破坏机制尚未完全了解。同时,小浪底水利枢纽和西霞院反调节水库泄洪流道投运以来,取得了大量库水位、闸门启闭时间、工作闸门开度、过流流量、过流时长、含沙量等记录数据,但将其与流道磨蚀破坏情况进行全面系统的深入分析,找出其相关性方面做的还不够,还未能有效揭示出这些参数对流道磨蚀破坏影响的相关规律。

本章主要是探讨、揭示泄洪流道磨蚀破坏机制和分析不同因素对泄洪流道磨蚀破坏影响的强弱,以便为泄洪流道的科学运用和高质量维修提供有力支撑。

5.1 概 述

本章主要有以下两个研究重点:

一是通过开展小浪底水利枢纽和西霞院反调节水库泄洪流道磨蚀破坏数学模拟计算分析,结合泄洪流道投运以来的运用情况、破坏情况和修补情况,建立流道不同调度运用条件与破坏程度之间的关系和流道磨蚀破坏数据公式模型,研究总结在不同运行情况下的磨蚀破坏机制及主次影响因素。

二是结合实际调度运用方式和流道磨蚀破坏情况,利用数理统计和无量纲化处理技术,构建并拟合无量纲化磨蚀面积公式,开展磨蚀公式计算结果与实测数据对比,进而分析调度运行对流道破坏的影响,总结流道磨蚀破坏规律。

5.2 磨蚀因素相关性分析

小浪底水利枢纽和西霞院反调节水库投入运行以来,积累了大量运行情况记录和泥沙监测数据,这些记录和数据真实地反映了流道磨蚀破坏潜在影响因素的强弱,将其与流道磨蚀破坏情况历年统计结果进行对比,分析其相关性,是建立相应流道磨蚀模型、揭示其磨蚀破坏机制的重要基础。

本节分别对小浪底水利枢纽和西霞院反调节水库流道磨蚀因素与磨蚀破坏程度相关性进行分析。由于小浪底水利枢纽和西霞院反调节水库历年流道磨蚀面积统计包含了泥沙颗粒磨损和气蚀破坏产生的磨蚀,因此本节同时考虑对磨损和气蚀两类破坏模式进行数据分析。

5.2.1　小浪底水利枢纽排沙洞磨蚀因素相关性分析

小浪底水利枢纽磨蚀破坏主要针对排沙洞、明流洞和孔板洞 3 类流道进行泥沙数据监测,但明流洞内水流以清水为主,磨蚀问题不突出,孔板洞启用较晚、运用时间较短,监测数据尚不系统,很难体现磨蚀规律。因此,本节主要针对小浪底水利枢纽排沙洞磨蚀破坏因素进行相关性分析。

5.2.1.1　磨蚀影响因素分析

1. 影响因素时程

小浪底水利枢纽投入运行以来,记载了各流道闸门启闭时间、工作闸门开度、过流流量、闸门启闭时对应库水位、过流时长等运行情况记录。通过水力学公式将上述记录换算为流道出口处工作闸门开度、流道内水流流速、入口处压强、水流作用持续时间等影响磨蚀的水力条件。同时,在小浪底水利枢纽运行过程中,也对水流含沙量、泥沙颗粒粒径进行了长期监测,为分析泥沙因素对流道磨蚀破坏的影响提供了数据支撑。不同时刻的水力条件和泥沙因素组成了时间历程(时程)数据。

鉴于小浪底水利枢纽 1~3 号排沙洞混凝土强度等级相同,即均为 C40,因此本次研究不包含混凝土强度等级对磨蚀破坏的影响分析,仅将水力条件和泥沙因素作为小浪底水利枢纽流道磨蚀影响因素进行分析。

在分析研究中,考虑到排沙洞工作闸门开度的敏感性,这里只对分析过程与结果进行描述。根据工作闸门开度数据绘出 1~3 号排沙洞闸门每年开度以及 2012 年、2019 年、2022 年工作闸门开度随时间的变化历程(即时程),如图 5-1 所示。

从图 5-1(a)可以看出,小浪底水利枢纽 1~3 号排沙洞闸门每年开度不同,最大相差 15.1%~63.0%,且同一年内工作闸门开度也随时间变化。从图 5-1(b)~(d)可以看出,2012 年、2019 年和 2022 年内,小浪底水利枢纽 1~3 号排沙洞工作闸门开度变化明显,最小开度和最大开度差距较大,最大相差 65.3%~76.4%;但时程数据表现出一定的集中性,大多数时刻工作闸门开度集中分布在特定值处。其余年份,工作闸门开度时程特性与上述年份类似,不再赘述。

流道闸门处水流平均流速按式(5-1)计算:

$$V = \frac{Q}{BH} \tag{5-1}$$

式中:Q 为流量,m^3/s;B 为闸门宽度,m。

同样,对小浪底水利枢纽 1~3 号排沙洞闸门启闭时间和流量记录也只进行统计分析描述,由闸门启闭时间和流量记录数据按照式(5-1)计算水流流速。

不同流道排沙洞闸门在不同时间因调度原因而开度不同,且流量也随时间变化,不同时刻流速不同。假设水流在闸门单次启闭时间范围内保持匀速,小浪底水利枢纽 1~3 号排沙洞各年水流流速以及 2012 年、2019 年、2022 年水流流速随时间变化的历程(即时程)如图 5-2 所示。

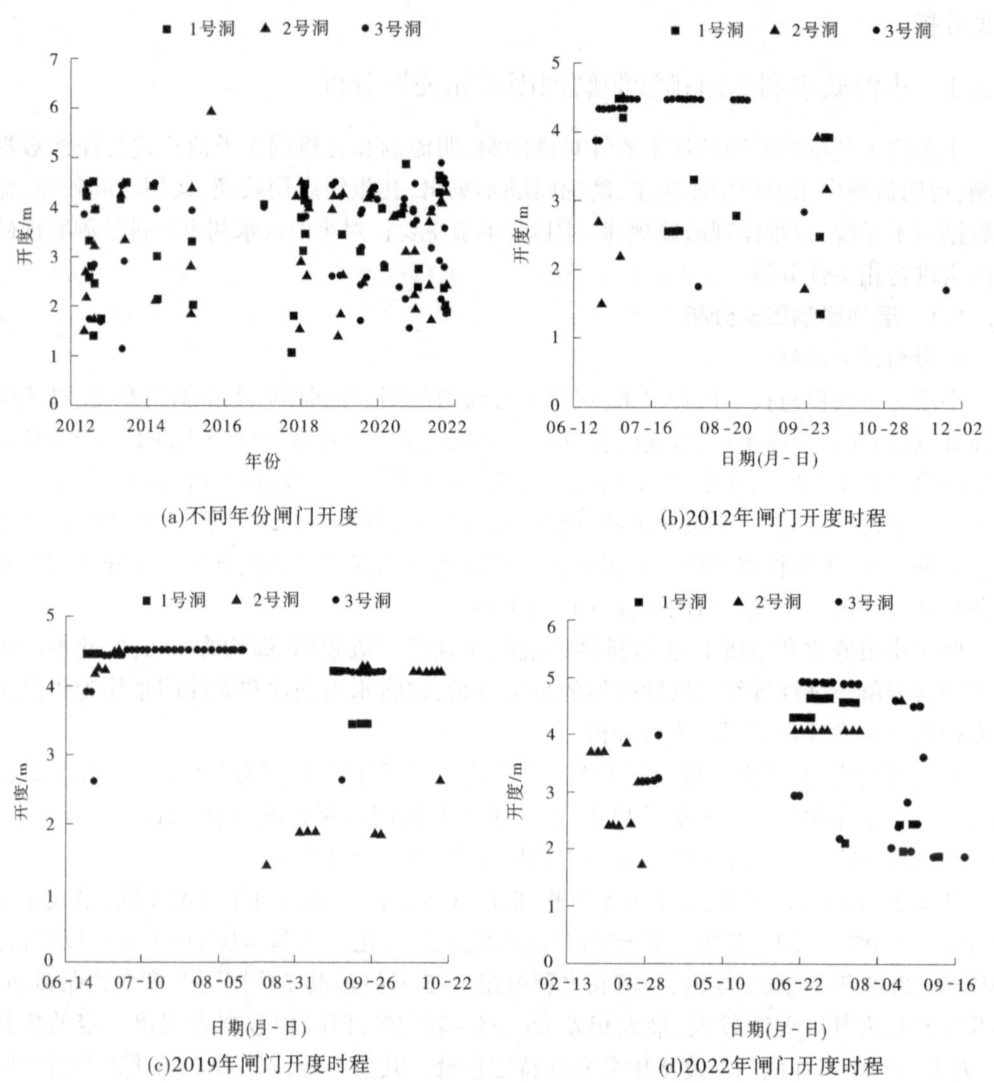

(a)不同年份闸门开度　(b)2012年闸门开度时程

(c)2019年闸门开度时程　(d)2022年闸门开度时程

图 5-1　小浪底水利枢纽排沙洞工作闸门开度

从图 5-2(a)可以看出,小浪底水利枢纽 1~3 号排沙洞每年水流流速不同,最大相差 20.9%~62.3%,且同一年内流速也随时间变化。从图 5-2(b)~(d)可以看出,2012 年、2019 年和 2022 年内,各排沙洞内水流流速变化明显,最小流速和最大流速相差 26.8%~44.9%;时程数据具有一定的离散性,但与时间数据组合成的点集集中分布于特定曲线附近。其余年份水流流速时程特性与上述年份类似,不再赘述。

流道入口处压强可依据闸门启闭前后对应库水位按式(5-2)计算。

$$p = \rho g(h - h_i) \tag{5-2}$$

式中:ρ 为水体密度,kg/m^3;g 为重力加速度,m/s^2;h 为闸门启闭时对应库水位,m;h_i 为流道入口处高程,m。

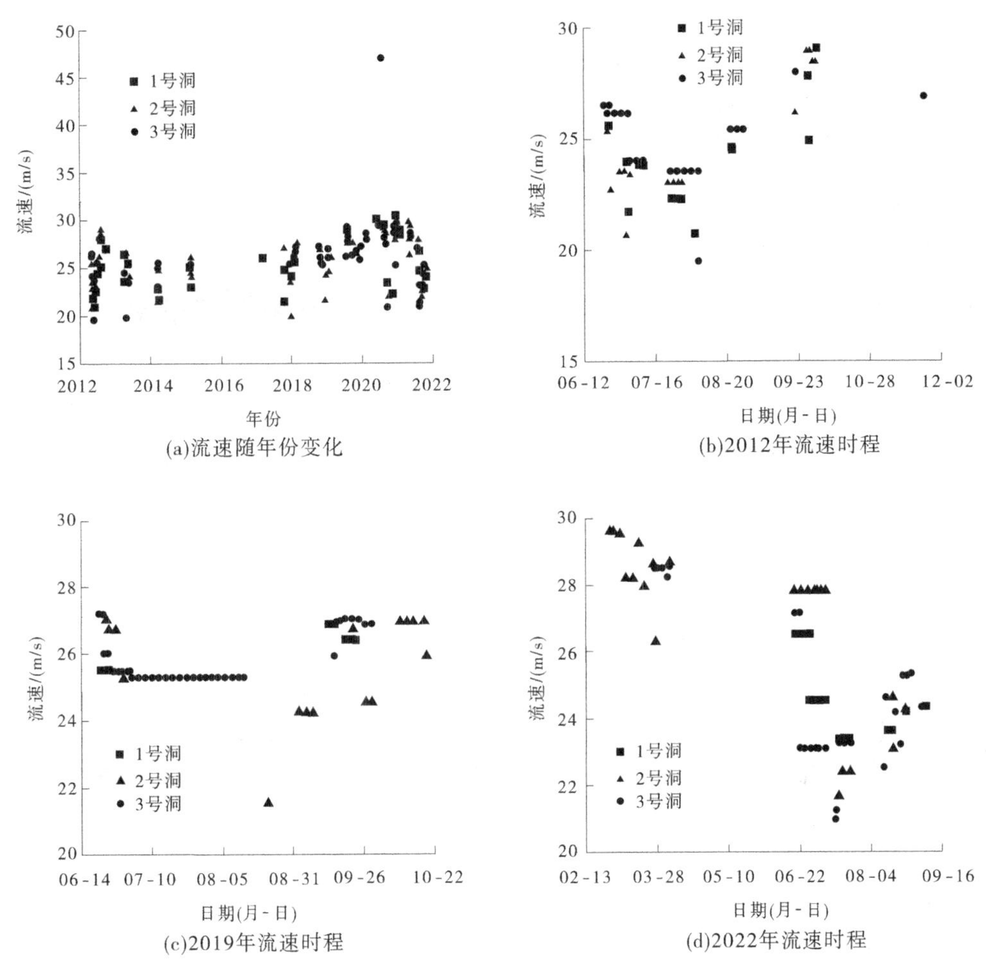

图 5-2　小浪底水利枢纽不同排沙洞水流流速变化过程

同样地，对小浪底水利枢纽 1~3 号排沙洞闸门开启和闭合时对应的库水位也只进行统计分析描述。小浪底水利枢纽排沙洞入口处底板高程为 175.00 m，由闸门启闭时对应的库水位数据，按照式(5-2)分别计算小浪底水利枢纽 1~3 号排沙洞闸门启闭时入口处压强以及闸门关闭后压强变化(正值表示压强下降，负值表示压强上升)。

不同时刻小浪底水利枢纽 1~3 号排沙洞入口处压强不同，绘出不同年份闸门开启时入口处压强、闸门关闭后入口处压强变化如图 5-3 所示。

从图 5-3(a)可以看出，小浪底水利枢纽 1~3 号排沙洞各年入口处压强不同，且同一年内压强也随时间变化，相差 30.7%~35.1%。从图 5-3(b)可以看出，不同时刻闸门关闭时入口处压强可能降低或上升，且不同时刻其变化程度不同。

当假设入口处压强从闸门开启前的值线性地变化至闸门关闭后的值，绘出小浪底水利枢纽 1~3 号排沙洞 2012 年、2014 年、2019 年和 2022 年入口处压强时程如图 5-4 所示。

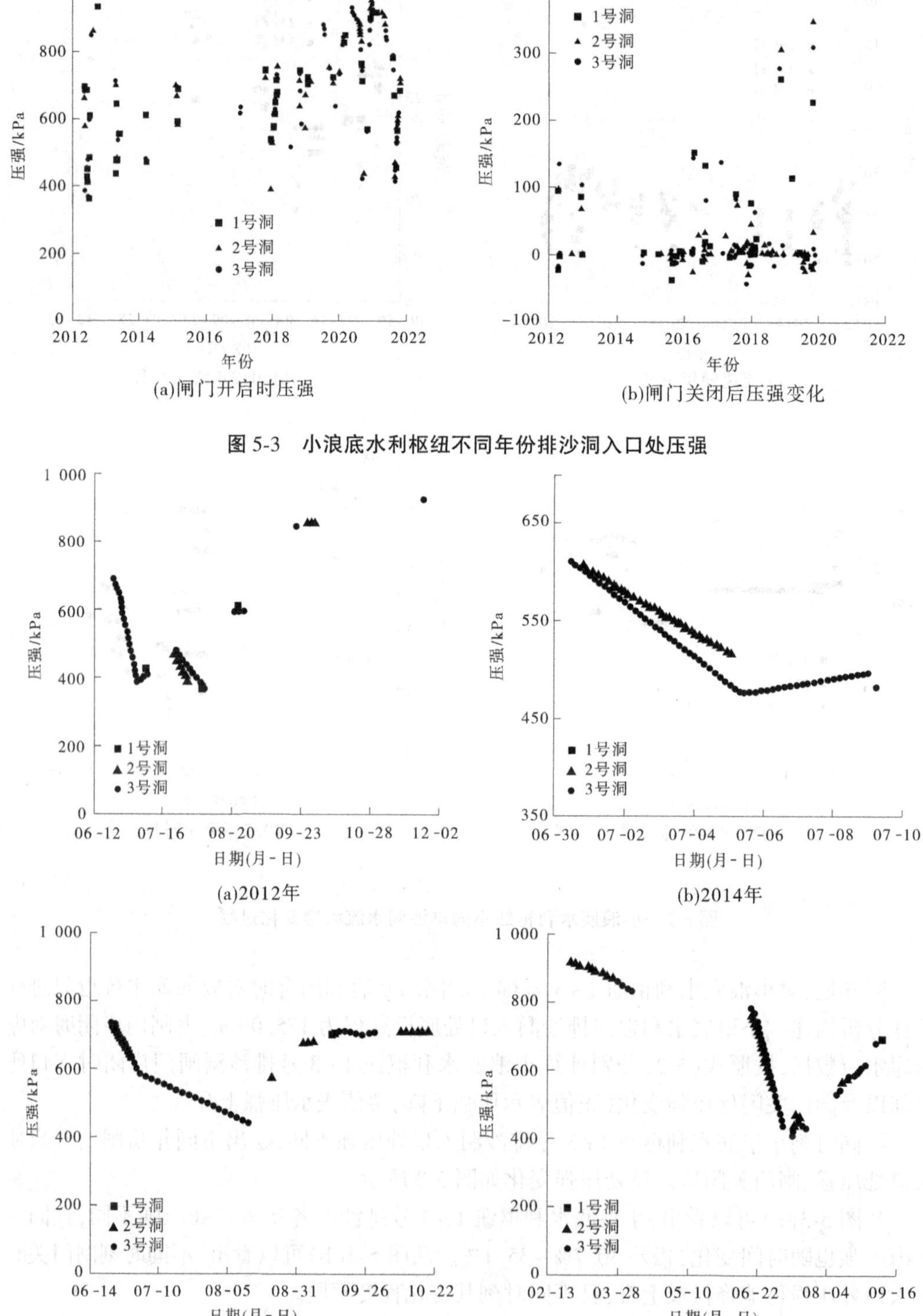

(a)闸门开启时压强

(b)闸门关闭后压强变化

图 5-3　小浪底水利枢纽不同年份排沙洞入口处压强

(a)2012年

(b)2014年

(c)2019年

(d)2022年

图 5-4　小浪底水利枢纽不同年份排沙洞入口处压强时程

从图 5-4 可以看出,小浪底水利枢纽 1～3 号排沙洞入口处压强在 1 年内处于动态变化过程,存在明显峰值和谷值,两者相差 52. 9%～58. 0%。其余年份入口处压强时程与上述年份类似,不再赘述。

挟沙水流磨蚀作用持续时间由流道内水流过流时长表征。根据小浪底水利枢纽 1～3 号排沙洞闸门启闭时间和流量记录,计算其过流时长以确定水流作用持续时间。

绘出小浪底水利枢纽 1～3 号排沙洞运行至今闸门单次开启水流过流时长,如图 5-5 所示。

从图 5-5 可以看出,小浪底水利枢纽 1～3 号排沙洞每年水流过流时长不同,相差 92. 4%～95. 9%,且同一年内过流时长也随时间变化。

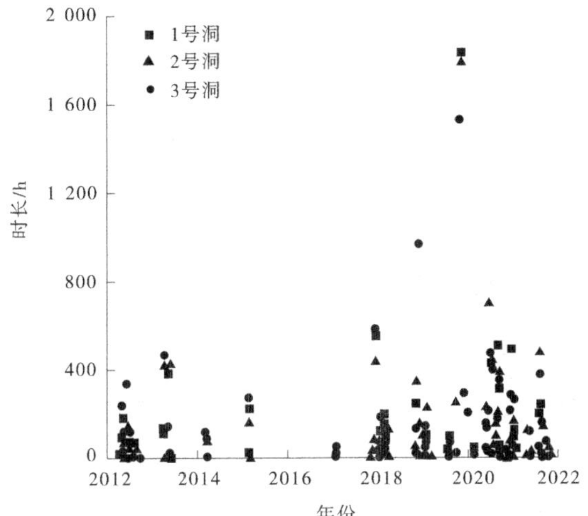

图 5-5 小浪底水利枢纽不同排沙洞内水流过流时长

除了由流道运行情况决定的流道出口处工作闸门开度、水流流速、入口处压强、磨蚀作用持续时间等水力条件外,流道内水流含沙量及泥沙颗粒尺寸也是影响流道混凝土结构磨蚀破坏的潜在因素。

基于监测的不同年份、不同日期流道内水流含沙量,可以分析过流水体含沙量随时间的变化过程。由于本次研究含沙量监测数据较多,小浪底水利枢纽 1～3 号排沙洞共计 185 307 组泥沙监测数据,为节省篇幅,未表列含沙量原始数据,仅以图形形式进行数据表示。图 5-6 绘出了小浪底水利枢纽运行以来以及 2012 年、2019 年、2022 年 1～3 号排沙洞内水流含沙量变化过程。

从图 5-6(a)可以看出,小浪底水利枢纽 1～3 号排沙洞每年水流含沙量不同,相差 90. 8%～97. 4%,且同一年内含沙量也随时间变化。从图 5-6(b)～(d)可以看出,2012 年、2019 年和 2022 年各排沙洞内水流含沙量变化明显,最小含沙量和最大含沙量存在较大差距,最大相差接近 100%;不同排沙洞内水流含沙量时程差异明显。其余年份水流含沙量时程特性与上述年份类似,不再赘述。

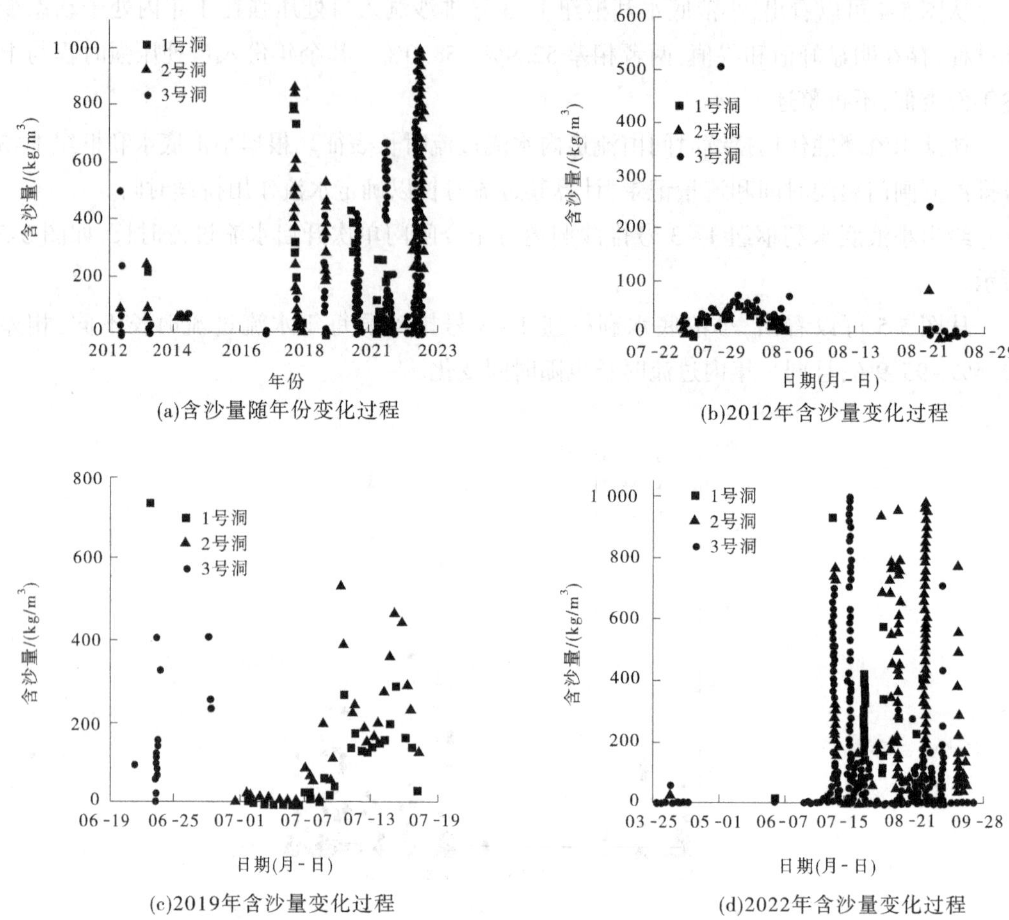

(a)含沙量随年份变化过程

(b)2012年含沙量变化过程

(c)2019年含沙量变化过程

(d)2022年含沙量变化过程

图 5-6 小浪底水利枢纽不同排沙洞内水流含沙量变化过程

根据流道水流泥沙颗分成果确定水流中泥沙颗粒尺寸,可以采用中值粒径 D_{50} 表征泥沙颗粒尺寸。

基于中值粒径数据,图 5-7 绘出了小浪底水利枢纽运行以来以及 2012 年、2014 年、2019 年 1~3 号排沙洞内水流泥沙颗粒中值粒径变化过程。

平均粒径也是表征泥沙颗粒尺寸的重要参数。

基于 1~3 号排沙洞平均粒径数据,图 5-8 绘出了小浪底水利枢纽运行以来以及 2012 年、2014 年、2019 年 1~3 号排沙洞内水流泥沙平均粒径变化过程。

从图 5-7(a)、图 5-8(a)可以看出,小浪底水利枢纽 1~3 号排沙洞每年水流泥沙颗粒尺寸不同,相差 62.2%~78.4%,且同一年内泥沙颗粒尺寸也随时间变化。从图 5-7(b)~(d)和图 5-8(b)~(d)可以看出,2012 年、2014 年和 2019 年各排沙洞内水流泥沙颗粒尺寸变化明显,相差 90.5%~93.8%;不同排沙洞内水流泥沙颗粒尺寸变化过程差异明显。其余年份水流泥沙颗粒尺寸变化过程与上述年份类似,不再赘述。

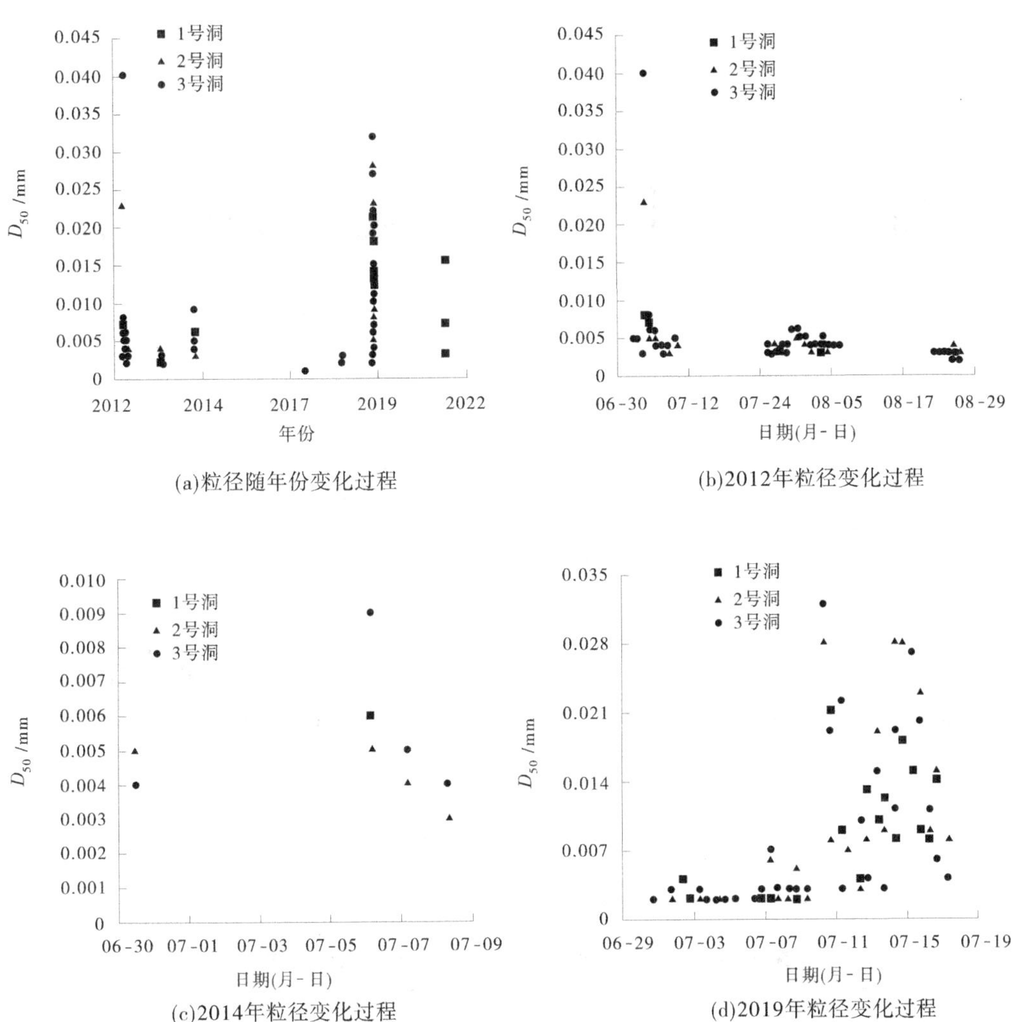

图 5-7　小浪底水利枢纽不同排沙洞水流中泥沙中值粒径变化过程

综上所述,小浪底水利枢纽 1~3 号排沙洞各类磨蚀影响因素随着时间变化,磨蚀影响因素强度各年度间和各年度内的差异均较大。

2. 影响因素年度代表值

小浪底水利枢纽 1~3 号排沙洞历年磨蚀面积已列于表 5-1 中。由于磨蚀情况统计是由每年维修维护时,维修人员和管理人员对维修区域进行测量,用于计算工程量使用的,没有做具体破坏原因分析,因此难以区分具体破坏的模式,表中磨蚀面积为流道壁面混凝土受泥沙颗粒磨损和高速水流气蚀两类破坏作用产生的损伤面积之和。所以,本次研究只能综合考虑磨损和气蚀两类破坏模式分析磨蚀因素,建立磨蚀模型。

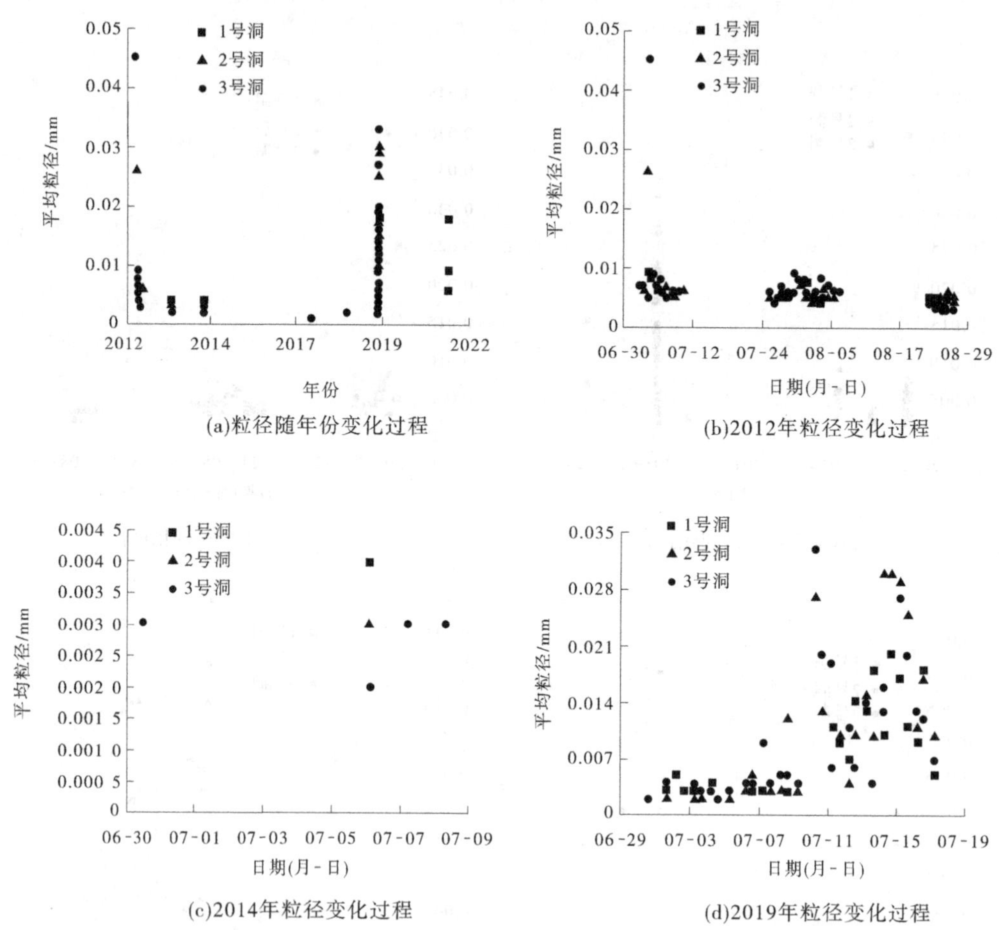

图 5-8 小浪底水利枢纽不同排沙洞水流中泥沙平均粒径变化过程

表 5-1 小浪底水利枢纽 1~3 号排沙洞历年磨蚀面积 单位：m^2

时间范围	1 号洞	2 号洞	3 号洞
2013 年汛后至 2014 年汛前	10.00	4.49	74.88
2014 年汛后至 2015 年汛前	2 418.93	49.92	0
2015 年汛后至 2016 年汛前	0	0	30.83
2016 年汛后至 2017 年汛前	0	0	4.10
2017 年汛后至 2018 年汛前	0	0	0
2018 年汛后至 2019 年汛前	8.80	524.76	589.90
2019 年汛后至 2020 年汛前	1 396.05	2 348.72	1 015.07
2020 年汛后至 2021 年汛前	2 333.56	2 085.51	2 602.05
2021 年汛后至 2022 年汛前	5 934.65	8 180.97	1 150.71
2022 年汛后至 2023 年汛前	1 320.59	1 271.35	14 113.77

同时,每年进行磨蚀破坏情况统计后,会对相应部位进行修补,每年磨蚀破坏发生在与过往年份不同的部位。假设每年都对损伤进行完全修补,该损伤不会传递至下一年度,则表 5-1 中磨蚀破坏情况是本年度磨蚀破坏影响因素累计作用结果。由于影响磨蚀破坏的水力条件和泥沙因素随时间变化,需要分析影响因素时程特性,因此需要给出表征各年度影响因素强度的影响因素代表值。

考虑工作闸门开度、水流流速、入口处压强均为随时间变化的动态变量,这里采用基于时间的加权平均值作为上述影响因素年度代表值。

如忽略闸门启闭过程,假设单次过流过程中工作闸门开度保持不变,每年平均工作闸门开度计算公式为:

$$H_{\mathrm{m}}=\frac{\sum_{t_1<t_i<t_2} H(t_i)T(t_i)}{\sum_{t_1<t_i<t_2} T(t_i)} \tag{5-3}$$

式中:t 为工作闸门开度记录时刻;T 为过流时长,将其视作 t 的函数;t_1 为待计算年度前次磨蚀破坏情况统计时刻;t_2 为待计算年度本次磨蚀破坏情况统计时刻。

由式(5-1)计算所得,流速为单次过流平均流速,将其视作过流时长内保持不变的均值函数,待计算年度平均流速计算公式为:

$$V_{\mathrm{m}}=\frac{\int_{t_1}^{t_2} V\mathrm{d}t}{\sum_{t_1<t_i<t_2} T(t_i)} \tag{5-4}$$

闸门开启时入口处压强平均值为:

$$p_{\mathrm{s}}^{\mathrm{m}}=\frac{\int_{t_1}^{t_2} p_{\mathrm{s}}\mathrm{d}t}{\sum_{t_1<t_i<t_2} T(t_i)}=\frac{\sum_{t_1<t_i<t_2} p_{\mathrm{s}}T(t_i)}{\sum_{t_1<t_i<t_2} T(t_i)} \tag{5-5}$$

式中:p_{s} 为闸门开启时入口处压强,按闸门开启时对应库水位 h_{s} 计算。

闸门关闭时入口处压强平均值为:

$$p_{\mathrm{e}}^{\mathrm{m}}=\frac{\int_{t_1}^{t_2} p_{\mathrm{e}}\mathrm{d}t}{\sum_{t_1<t_i<t_2} T(t_i)}=\frac{\sum_{t_1<t_i<t_2} p_{\mathrm{e}}T(t_i)}{\sum_{t_1<t_i<t_2} T(t_i)} \tag{5-6}$$

式中:p_{e} 为闸门关闭时入口处压强,按闸门关闭时对应库水位 h_{e} 计算。

根据前文所列小浪底水利枢纽 1~3 号排沙洞影响磨蚀的水力条件时程数据,按照式(5-3)~式(5-5)计算影响因素平均值,列于表 5-2~表 5-4。

上述水力条件产生的各影响因素按照总作用持续时间进行平均得到其平均值,为反映磨蚀破坏的累计效应,将总作用持续时间作为反映作用持续时间对磨蚀破坏影响的代表值,其计算公式为:

$$T_{\mathrm{t}}=\sum_{t_1<t_i<t_2} T(t_i) \tag{5-7}$$

表 5-2 小浪底水利枢纽 1 号排沙洞水力条件平均值

时间范围	H_m/m	V_m/(m/s)	p_s^m/kPa	p_e^m/kPa	T_t/h
2014 年汛前至 2015 年汛前	3. 84	24. 31	553. 09	507. 03	189. 40
2015 年汛前至 2019 年汛前	4. 10	25. 77	616. 66	553. 41	1 476. 03
2019 年汛前至 2020 年汛前	1. 61	10. 49	661. 40	511. 70	1 581. 93
2020 年汛前至 2021 年汛前	4. 03	27. 68	795. 73	733. 58	3 384. 08
2021 年汛前至 2022 年汛前	3. 91	27. 84	852. 28	788. 58	1 156. 97
2022 年汛前至 2023 年汛前	4. 34	24. 78	645. 40	530. 03	642. 27

表 5-3 小浪底水利枢纽 2 号排沙洞水力条件平均值

时间范围	H_m/m	V_m/(m/s)	p_s^m/kPa	p_e^m/kPa	T_t/h
2014 年汛前至 2015 年汛前	4. 46	25. 14	554. 70	507. 26	185. 67
2015 年汛前至 2019 年汛前	2. 09	13. 96	559. 57	536. 01	1 155. 87
2019 年汛前至 2020 年汛前	1. 94	13. 98	621. 54	562. 56	1 055. 37
2020 年汛前至 2021 年汛前	4. 08	27. 94	803. 17	765. 69	4 513. 57
2021 年汛前至 2022 年汛前	3. 06	28. 06	866. 62	764. 25	1 183. 52
2022 年汛前至 2023 年汛前	3. 93	26. 07	682. 18	462. 73	759. 00

表 5-4 小浪底水利枢纽 3 号排沙洞水力条件平均值

时间范围	H_m/m	V_m/(m/s)	p_s^m/kPa	p_e^m/kPa	T_t/h
2015 年汛前至 2016 年汛前	3. 94	25. 38	691. 88	588. 10	269. 32
2017 年汛前至 2019 年汛前	4. 34	25. 74	590. 37	517. 20	1 148. 63
2019 年汛前至 2020 年汛前	4. 33	25. 89	642. 04	546. 92	1 544. 50
2020 年汛前至 2021 年汛前	3. 91	29. 85	793. 40	754. 16	3 541. 92
2021 年汛前至 2022 年汛前	3. 91	27. 83	852. 46	784. 15	1 543. 48
2022 年汛前至 2023 年汛前	4. 61	23. 61	651. 11	480. 64	685. 95

与水力条件受过流时长影响不同，监测所得泥沙因素相关结果均为瞬时值，因此其平均值直接按算数平均计算即可。流道内水流平均含沙量计算公式为：

$$C_s^m = \frac{\sum_{i \in \{t_1 < t_i < t_2\}} C_s(t_i)}{n(i)\mid_{i \in \{t_1 < t_i < t_2\}}} \tag{5-8}$$

式中：$C_s(t_i)$ 为 t_i 时刻测得的水流含沙量；$n(i)\mid_{i \in \{t_1 < t_i < t_2\}}$ 为待计算年度前次磨蚀破坏情况

统计时刻至本次磨蚀破坏情况统计时刻内监测数据的个数。

对于水流泥沙颗粒尺寸，既可以通过中值粒径 D_{50} 表征，又可以通过平均粒径表征，小浪底水利枢纽 1~3 号排沙洞监测所得两类数据关系如图 5-9 所示。

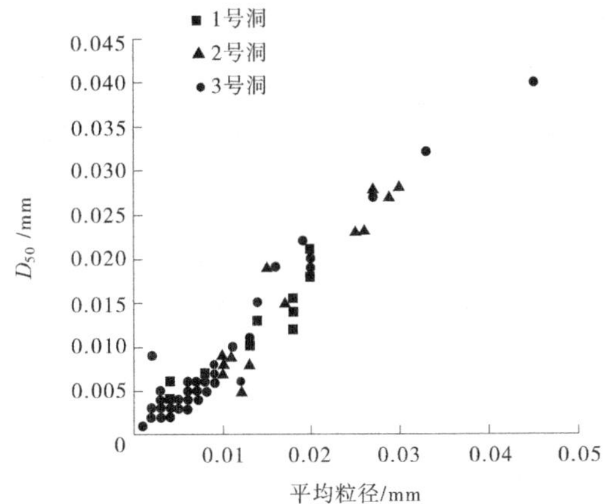

图 5-9　小浪底水利枢纽不同排沙洞水流泥沙中值粒径与平均粒径关系

从图 5-9 可以看出，流道内水流泥沙颗粒中值粒径与平均粒径相关性较强，仅需选取一类作为反映泥沙颗粒尺寸对磨蚀影响的因素，本次研究选取中值粒径。平均中值粒径计算公式为：

$$D_{50}^{\mathrm{m}} = \frac{\sum\limits_{i \in \{t_1 < t_i < t_2\}} D_{50}(t_i)}{n(i) \big|_{i \in \{t_1 < t_i < t_2\}}} \tag{5-9}$$

小浪底水利枢纽 1~3 号排沙洞内水流含沙量和中值粒径监测时间与闸门开启、洞内过流时间并不一致，需要选取代表值表征整个磨蚀面积统计周期内泥沙因素总体情况。泥沙因素为随时间变化的变量，即时变变量，且时程特性复杂难以以解析函数形式表示，因此除平均值外，也将含沙量和泥沙中值粒径的最大值和最小值作为其代表值，以表征磨蚀面积统计时间范围内泥沙因素的总体情况。根据前文所列小浪底水利枢纽 1~3 号排沙洞磨蚀泥沙影响因素时程数据，计算其代表值列于表 5-5~表 5-7。

表 5-5　小浪底水利枢纽 1 号排沙洞泥沙因素代表值

时间范围	C_s^{m}/(kg/m³)	C_s^{min}/(kg/m³)	C_s^{max}/(kg/m³)	D_{50}^{m}/mm	D_{50}^{min}/mm	D_{50}^{max}/mm
2014 年汛前至 2015 年汛前	55.45	53.80	57.10	0.003	0.003	0.006
2015 年汛前至 2019 年汛前	91.15	0.32	788.92	—	—	—
2019 年汛前至 2020 年汛前	79.11	0.70	283.06	0.006	0.002	0.021
2020 年汛前至 2021 年汛前	32.37	0.07	415.40	—	—	—
2021 年汛前至 2022 年汛前	8.34	0.07	196.68	0.009	0.003	0.016
2022 年汛前至 2023 年汛前	12.08	0.37	928.80	0.004	0.003	0.005

表 5-6 小浪底水利枢纽 2 号排沙洞泥沙因素代表值

时间范围	C_s^m/(kg/m³)	C_s^{min}/(kg/m³)	C_s^{max}/(kg/m³)	D_{50}^m/mm	D_{50}^{min}/mm	D_{50}^{max}/mm
2014 年汛前至 2015 年汛前	55. 80	53. 50	58. 10	0. 004	0. 003	0. 005
2015 年汛前至 2019 年汛前	177. 06	1. 04	857. 20	0. 002	0. 001	0. 002
2019 年汛前至 2020 年汛前	149. 99	6. 16	531. 63	0. 008	0. 002	0. 028
2020 年汛前至 2021 年汛前	75. 62	2. 57	413. 30	—	—	—
2021 年汛前至 2022 年汛前	4. 68	0. 08	29. 98	—	—	—
2022 年汛前至 2023 年汛前	22. 44	0. 41	990. 38	0. 003	0. 003	0. 003

表 5-7 小浪底水利枢纽 3 号排沙洞泥沙因素代表值

时间范围	C_s^m/(kg/m³)	C_s^{min}/(kg/m³)	C_s^{max}/(kg/m³)	D_{50}^m/mm	D_{50}^{min}/mm	D_{50}^{max}/mm
2015 年汛前至 2016 年汛前	—	—	—	—	—	—
2017 年汛前至 2019 年汛前	113. 03	1. 49	118. 67	0. 002	0. 001	0. 003
2019 年汛前至 2020 年汛前	182. 55	9. 05	411. 15	0. 008	0. 002	0. 032
2020 年汛前至 2021 年汛前	56. 46	0. 13	411. 43	—	—	—
2021 年汛前至 2022 年汛前	12. 53	0. 06	674. 70	—	—	—
2022 年汛前至 2023 年汛前	24. 38	0. 39	988. 80	—	—	—

5.2.1.2 相关性分析

本节主要开展小浪底水利枢纽排沙洞磨蚀破坏程度与影响因素无量纲化相关性分析。排沙洞流道混凝土在挟沙水流作用下发生磨蚀破坏,其破坏机制复杂,涉及众多水力条件和泥沙因素。针对此类复杂磨蚀破坏问题,为得到磨蚀因素影响普遍规律,揭示磨蚀机制,首先需进行量纲分析,以便对磨蚀破坏面积和影响因素进行无量纲化处理。在此之前,需要先排除各影响因素中由其他影响因素决定的非独立影响因素。图 5-10 为基于小浪底水利枢纽 1~3 号排沙洞运行情况计算所得洞内水流流速和闸门关闭时入口处压强变化。

从图 5-10(a)可以看出,小浪底水利枢纽 1~3 号排沙洞水流流速由闸门开启时入口处压强和工作闸门开度共同决定,闸门开启时入口处压强越大,且工作闸门开度越大,流速越大。从图 5-10(b)可以看出,闸门关闭后压强改变量由闸门开启时入口处压强、工作闸门开度和过流时长共同决定。这主要是由于流道内水流由入口处压强驱动(进口边界条件),同时出口处工作闸门开度决定了水流流出的边界条件,两者共同决定了流道内水流流速;过流时长、流速、出口截面面积(各排沙洞相同)共同决定流量进而决定对应小浪

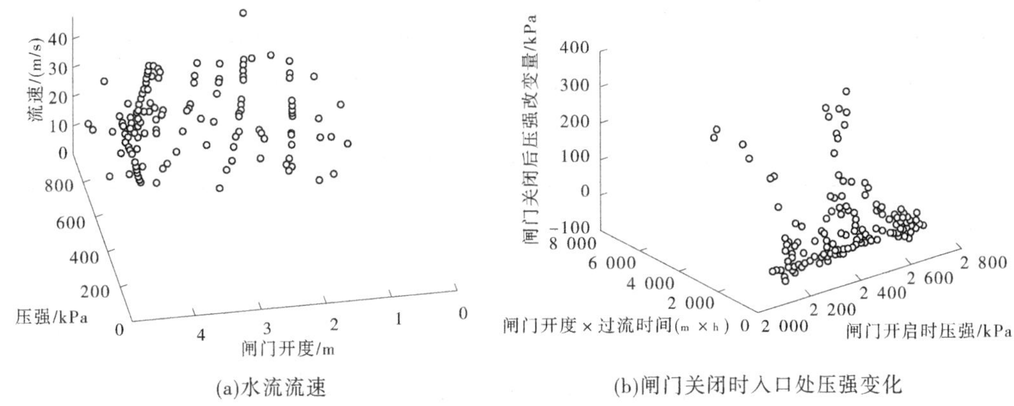

(a)水流流速　　(b)闸门关闭时入口处压强变化

图 5-10　磨蚀泥沙影响因素中的非独立变量

底水利枢纽泄水量,直接影响泄水后水位,最终决定了闸门关闭时入口处压强和压强变化量。因此,可以将水流流速和闸门关闭后入口处压强作为非独立变量,不考虑其对磨蚀的影响。

本研究所涉及磨蚀问题主要为建立磨蚀面积与各类独立影响因素代表值之间的关系,根据上述分析,需构建的函数为:

$$A_{\mathrm{ER}}=f\begin{pmatrix}p_{\mathrm{s}}^{\mathrm{m}},H_{\mathrm{m}},C_{\mathrm{s}}^{\mathrm{m}},C_{\mathrm{s}}^{\min},C_{\mathrm{s}}^{\max},\\ D_{50}^{\mathrm{m}},D_{50}^{\min},D_{50}^{\max},T_{\mathrm{t}}\end{pmatrix} \tag{5-10}$$

式中:A_{ER} 为待计算年度的磨蚀面积。

对磨蚀问题进行量纲分析,式(5-10)中所有物理量的量纲列于表 5-8 中。

表 5-8　磨蚀影响因素量纲

物理量	量纲	物理量	量纲	物理量	量纲
$p_{\mathrm{s}}^{\mathrm{m}}$	$[\mathrm{MT^{-2}L^{-1}}]$	$C_{\mathrm{s}}^{\mathrm{m}}$	$[\mathrm{ML^{-3}}]$	D_{50}^{m}	$[\mathrm{L}]$
H_{m}	$[\mathrm{L}]$	$C_{\mathrm{s}}^{\min}$	$[\mathrm{ML^{-3}}]$	$D_{50}^{\min}$	$[\mathrm{L}]$
T_{t}	$[\mathrm{T}]$	$C_{\mathrm{s}}^{\max}$	$[\mathrm{ML^{-3}}]$	$D_{50}^{\max}$	$[\mathrm{L}]$
A_{ER}	$[\mathrm{L^2}]$				

取 H_{m}、T_{t}、$C_{\mathrm{s}}^{\mathrm{m}}$ 作为基本物理量,对式(5-10)进行无量纲化处理得:

$$\frac{A_{\mathrm{ER}}}{(H_{\mathrm{m}})^2}=g\begin{pmatrix}\dfrac{p_{\mathrm{s}}^{\mathrm{m}}}{C_{\mathrm{s}}^{\mathrm{m}}}\left(\dfrac{T_{\mathrm{t}}}{H_{\mathrm{m}}}\right)^2,\dfrac{C_{\mathrm{s}}^{\min}}{C_{\mathrm{s}}^{\mathrm{m}}},\dfrac{C_{\mathrm{s}}^{\max}}{C_{\mathrm{s}}^{\mathrm{m}}},\\ \dfrac{D_{50}^{\mathrm{m}}}{H_{\mathrm{m}}},\dfrac{D_{50}^{\min}}{H_{\mathrm{m}}},\dfrac{D_{50}^{\max}}{H_{\mathrm{m}}}\end{pmatrix} \tag{5-11}$$

从式(5-11)可以看出,磨蚀面积和各类磨蚀影响因素年度代表值均可以换算为无量纲参数。基于表5-2～表5-4和表5-5～表5-7中数据,对小浪底水利枢纽1～3号排沙洞磨蚀问题相关参数按式(5-11)进行无量纲化,结果列于表5-9,表中算符[ ]表示变量的无量纲化参数。

表5-9　小浪底水利枢纽1～3号排沙洞磨蚀问题无量纲参数

$[p_s^m]$ ($\times10^{16}$)	$[C_s^{min}]$ ($\times10$)	$[C_s^{max}]$	$[D_{50}^m]$ ($\times10^{-7}$)	$[D_{50}^{min}]$ ($\times10^{-7}$)	$[D_{50}^{max}]$ ($\times10^{-7}$)	$[A_{ER}]$
0. 03	9. 70	1. 03	8. 46	7. 81	15. 63	164. 05
10. 50	0. 09	3. 58	35. 59	12. 45	130. 69	540. 69
11. 60	0. 08	23. 58	21. 99	8. 11	39. 65	388. 36
1. 52	0. 31	76. 87	9. 99	6. 91	11. 52	59. 50
0. 02	9. 59	1. 04	9. 52	6. 72	11. 21	2. 51
1. 26	0. 06	4. 84	7. 99	4. 79	9. 59	120. 60
1. 59	0. 41	3. 54	43. 09	10. 32	144. 42	624. 84
1. 47	0. 18	44. 13	7. 63	7. 63	7. 63	82. 17
0. 47	0. 13	1. 05	3. 95	2. 30	6. 91	31. 27
0. 58	0. 50	2. 25	18. 32	4. 62	73. 90	54. 13

从表5-9中可以看出,小浪底水利枢纽1～3号排沙洞磨蚀影响因素6个无量纲参数取值组合中,不存在其中5个参数接近、1个参数不同的两两组合。因此,难以对实测数据计算所得无量纲参数进行磨蚀破坏程度单因素影响分析,需要借助数学方法进行相关性定性分析,并在后续磨蚀模型建立后基于模型预测结果进行单因素影响定量分析。

对小浪底水利枢纽1～3号排沙洞无量纲磨蚀面积与影响因素代表值无量纲参数进行相关性分析,计算各影响因素代表值无量纲参数与无量纲磨蚀面积的相关系数。A、B两组变量相关系数计算公式为:

$$\rho(A,B)=\frac{1}{N-1}\sum_{i=1}^{N}\left[\left(\frac{A_i-\mu_A}{\sigma_A}\right)\left(\frac{B_i-\mu_B}{\sigma_B}\right)\right] \tag{5-12}$$

式中:N为变量A、B的观测值个数;A_i、B_i分别为变量A、B的第i个观测值;μ_A、μ_B分别为变量A、B的均值;σ_A、σ_B分别为变量A、B的标准差。

需要说明的是,式(5-12)计算所得相关系数大小仅能表征两组变量间线性相关程度,无法表征非线性相关程度。

针对小浪底水利枢纽1～3号排沙洞,式(5-12)计算结果列于表5-10。

表 5-10　无量纲磨蚀面积与影响因素代表值无量纲参数相关系数

序号	代表值	相关系数	序号	代表值	相关系数
1	D_{50}^{m}	0. 93	4	p_{s}^{m}	0. 44
2	D_{50}^{max}	0. 86	5	C_{s}^{min}	0. 22
3	D_{50}^{min}	0. 78	6	C_{s}^{max}	0. 09

从表 5-10 可以看出，小浪底水利枢纽 1～3 号排沙洞无量纲磨蚀面积与中值粒径代表值无量纲参数相关系数较大，线性相关性较强；无量纲磨蚀面积与其他影响因素代表值无量纲参数相关系数较小，线性相关性较弱；水流最大含沙量无量纲参数与无量纲磨蚀面积相关性最弱。

5. 2. 2　西霞院反调节水库磨蚀因素相关性分析

由前述可知，西霞院反调节水库 1～6 号排沙洞和 1～3 号排沙底孔受推移质破坏影响较大，此类破坏造成混凝土表面出现明显洼坑，其深度是表征磨蚀破坏程度的重要参数。受调查手段限制，西霞院反调节水库 1～6 号排沙洞和 1～3 号排沙底孔磨蚀破坏情况主要以磨蚀面积表征，仅有 1 次即 2019 年汛前磨蚀深度调查数据。基于已有历年磨蚀面积和其他监测数据，难以分析出磨蚀因素相关性本质规律，因此这里主要基于已有数据对磨蚀因素相关性进行定性分析。

5. 2. 2. 1　排沙洞磨蚀因素相关性分析

西霞院反调节水库 1～6 号排沙洞洞室型式一致，各项参数相同，因此一同进行分析。

1. 影响因素时程

西霞院反调节水库 1～6 号排沙洞已有监测数据主要包括闸门启闭时间、工作闸门开度、过流流量、闸门启闭时对应库水位、过流时长等运行情况记录。考虑过流流量、闸门关闭时对应库水位由工作闸门开度、闸门开启时对应库水位和过流时长决定，为非独立影响因素，因此分析主要针对工作闸门开度、闸门开启时对应库水位、过流时长 3 类水力条件进行。另外，由于西霞院反调节水库 1～6 号排沙洞含沙量和颗粒尺寸监测数据较少，且根据前文所知，其磨蚀受推移质破坏影响较大，因此这里对泥沙因素不予考虑。需要指出的是，西霞院反调节水库 1～6 号排沙洞混凝土强度等级相同，因此亦不考虑混凝土强度等级的影响。

考虑到西霞院反调节水库 1～6 号排沙洞工作闸门开度 H 的记录的敏感性，这里只对分析过程与结果进行描述，由本书第 2 章 2. 2. 3 节工作闸门开度可知，西霞院反调节水库排沙洞在泄洪排沙期间，绝大多数情况采用全开运用。

基于对各项数据的分析，绘出西霞院反调节水库运行以来 1～6 号排沙洞内水力条件时程，如图 5-11 所示。

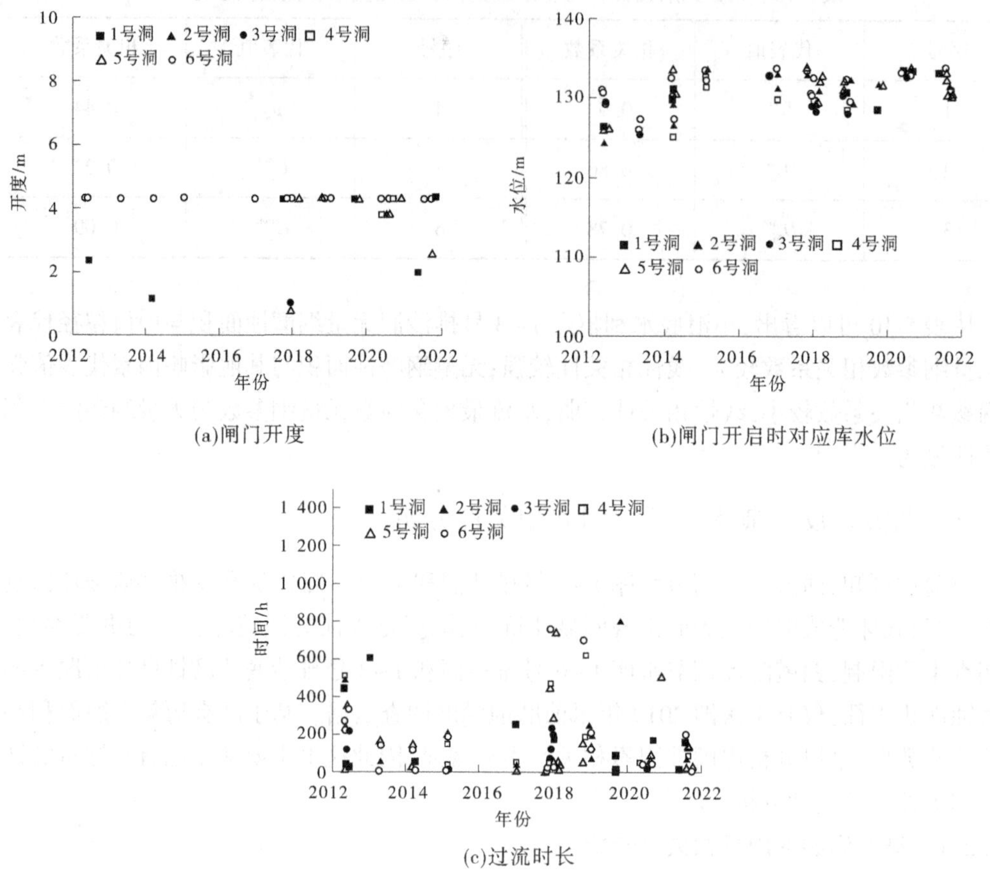

(a)闸门开度

(b)闸门开启时对应库水位

(c)过流时长

图 5-11　西霞院反调节水库不同排沙洞水力条件时程

从图 5-11(a)可以看出,西霞院反调节水库 1~6 号排沙洞闸门开启时,其开度长期维持在 4.3 m,仅个别时刻工作闸门开度较小,最小为 0.81 m,与 4.3 m 相差 81.2%。从图 5-11(b)可以看出,西霞院反调节水库 1~6 号排沙洞闸门开启时对应库水位各年度间相差 5.5%~6.8%,各年度内相差 1.6%~2.4%。闸门开启时库水位差异较小,主要因为排沙底孔一般在泄洪排沙期间运用,其他时间很少参与过流。当小浪底水利枢纽下泄水流含沙量较高时,西霞院反调节水库会提前开始降低库水位。在 2019 年前,未对库水位进行限制,会在高含沙期间将库水位降低至 130 m 以下;在 2019 年对库水位提出要求后,在高含沙水流下泄期间库水位基本稳定在 131 m 左右,因此按照设计水位 134 m 计算时,西霞院反调节水库闸门开度变化较小。若以设计水位为基准考察闸门开启时对应库水位变化的年间和年内差异,则会发现差异较大。从图 5-11(c)可以看出,西霞院反调节水库 1~6 号排沙洞各年度间过流时长相差 36.5%~87.9%。

综上所述,西霞院反调节水库 1~6 号排沙洞各类磨蚀因素随着时间变化,工作闸门开度在各年度间和各年度内基本维持不变,但闸门开启时对应库水位和过流时长在各年度间和各年度内均存在一定差异性。

2. 影响因素年度代表值

西霞院反调节水库 1~6 号排沙洞历年磨蚀面积见表 5-11。由于磨蚀情况统计是由每年维修养护时，维修人员和管理人员对维修区域进行测量，用于计算工程量使用的，没有做具体破坏原因分析，因此难以区分具体破坏模式，表中磨蚀面积包括流道壁面混凝土受推移质颗粒磨损和高速水流气蚀两类破坏作用产生的损伤面积。本研究综合考虑磨损和气蚀两类破坏模式分析磨蚀因素的相关性。

表 5-11　西霞院反调节水库 1~6 号排沙洞历年磨蚀面积　　单位：m^2

时间范围	1 号洞	2 号洞	3 号洞	4 号洞	5 号洞	6 号洞
2013 年汛后至 2014 年汛前	0	0	0	0	0	0
2014 年汛后至 2015 年汛前	0	0	0	340. 26	322. 4	0
2015 年汛后至 2016 年汛前	0	0	0	0	0	0
2016 年汛后至 2017 年汛前	0	0	0	0	0	0
2017 年汛后至 2018 年汛前	0	0	383. 77	0	0	0
2018 年汛后至 2019 年汛前	673. 20	729. 3	59. 47	710. 06	233. 45	708. 13
2019 年汛后至 2020 年汛前	65. 05	0	237. 38	782. 55	0	934. 35
2020 年汛后至 2021 年汛前	0	607. 14	0	0	639. 56	0
2021 年汛后至 2022 年汛前	0	0	622. 91	630. 78	0	0
2022 年汛后至 2023 年汛前	634. 22	25. 89	8. 36	17. 42	324. 31	420. 83

每年进行磨蚀破坏情况统计后，会对相应部位进行修补，每年磨蚀破坏发生在与过往年份不同部位，表 5-11 中磨蚀破坏情况是本年度磨蚀破坏影响因素累计作用的结果。由于影响磨蚀破坏的水力条件随时间变化，需要分析其时程特性，给出各年度表征影响因素强度的影响因素代表值。

与前文中分析小浪底水利枢纽影响因素年度代表值的方法类似，采用按时间加权的平均值作为西霞院反调节水库 1~6 号排沙洞磨蚀破坏水力条件代表值。工作闸门开度平均值按式(5-13)计算，闸门开启时对应库水位平均值计算公式为：

$$h_s^m = \frac{\sum\limits_{t_1 < t_i < t_2} h_s(t_i)T(t_i)}{\sum\limits_{t_1 < t_i < t_2} T(t_i)} \tag{5-13}$$

西霞院反调节水库 1~6 号排沙洞水力条件平均值列于表 5-12~表 5-17。

表 5-12　西霞院反调节水库 1 号排沙洞水力条件平均值

时间范围	H_m/m	h_s^m/m	T_t/h
2012 年汛前至 2019 年汛前	3. 1	130. 0	1 178. 75
2019 年汛前至 2020 年汛前	4. 3	131. 9	805. 92
2020 年汛前至 2023 年汛前	4. 2	132. 4	417. 45

3. 磨蚀破坏程度与磨蚀影响因素相关性分析

按照式(5-12)计算西霞院反调节水库 1～6 号排沙洞工作闸门开度、闸门开启时水位、水流作用持续时间年度代表值与磨蚀面积相关系数,结果列于表 5-18。

表 5-13　西霞院反调节水库 2 号排沙洞水力条件平均值

时间范围	H_m/m	h_s^m/m	T_t/h
2012 年汛前至 2019 年汛前	4. 2	130. 2	1 281. 93
2019 年汛前至 2021 年汛前	4. 3	131. 4	1 597. 50
2021 年汛前至 2023 年汛前	4. 3	132. 2	1 014. 18

表 5-14　西霞院反调节水库 3 号排沙洞水力条件平均值

时间范围	H_m/m	h_s^m/m	T_t/h
2012 年汛前至 2018 年汛前	4. 3	129. 9	1 139. 80
2018 年汛前至 2019 年汛前	4. 0	129. 6	688. 02
2019 年汛前至 2020 年汛前	4. 3	130. 1	809. 60
2020 年汛前至 2022 年汛前	4. 3	132. 8	258. 10
2022 年汛前至 2023 年汛前	4. 3	131. 9	260. 97

表 5-15　西霞院反调节水库 4 号排沙洞水力条件平均值

时间范围	H_m/m	h_s^m/m	T_t/h
2012 年汛前至 2015 年汛前	4. 3	130. 0	1 248. 70
2018 年汛前至 2019 年汛前	2. 7	130. 7	997. 58
2019 年汛前至 2020 年汛前	4. 3	130. 3	802. 83
2020 年汛前至 2022 年汛前	4. 2	133. 3	219. 80
2022 年汛前至 2023 年汛前	4. 3	131. 8	259. 77

表 5-16　西霞院反调节水库 5 号排沙洞水力条件平均值

时间范围	H_m/m	h_s^m/m	T_t/h
2012 年汛前至 2015 年汛前	4.3	130.0	1 331.38
2015 年汛前至 2019 年汛前	3.5	130.1	1 923.98
2019 年汛前至 2021 年汛前	4.3	131.5	1 990.15
2021 年汛前至 2023 年汛前	4.2	132.2	942.95

表 5-17　西霞院反调节水库 6 号排沙洞水力条件平均值

时间范围	H_m/m	h_s^m/m	T_t/h
2012 年汛前至 2019 年汛前	4.3	130.3	2 279.20
2019 年汛前至 2020 年汛前	4.3	131.5	1 026.43
2020 年汛前至 2023 年汛前	4.3	133.5	275.40

表 5-18　影响因素代表值与西霞院反调节水库排沙洞磨蚀面积相关系数

序号	影响因素代表值	相关系数
1	h_s^m	0.14
2	H_m	0.13
3	T_t	0.10

从表 5-18 可以看出，对于西霞院反调节水库 1～6 号排沙洞，工作闸门开度、闸门开启时对应库水位、水流作用持续时间年度代表值与磨蚀面积相关系数均较小，这说明磨蚀因素对磨蚀面积影响较为复杂，呈非线性方式，难以通过已有数据与磨蚀破坏程度拟合得出此类复杂多因素非线性相关函数。所以，本研究仅通过两两对比方式定性分析单因素与磨蚀破坏程度相关性。

从表 5-12～表 5-17 中可以看出，西霞院反调节水库 5 号排沙洞 2019 年汛前至 2021 年汛前、6 号排沙洞 2019 年汛前至 2020 年汛前工作闸门开度平均值均为 4.3 m，对应时间段内 5 号和 6 号排沙洞闸门开启时对应库水位平均值均为 131.5 m，水流总作用持续时间分别为 1 990.15 h 和 1 026.43 h，磨蚀面积分别为 639.56 m^2 和 934.35 m^2。对应时间段内 5 号和 6 号排沙洞工作闸门开度、闸门开启时对应库水位平均值均相同，5 号排沙洞水流总作用持续时间比 6 号排沙洞大 93.9%，但磨蚀面积却比 6 号排沙洞小 31.6%。

西霞院反调节水库 1～6 号排沙洞存在水流作用持续时间越大、磨蚀面积越小的情况，这是因为上述流道磨蚀主要受推移质破坏影响较大，其磨蚀深度是表征磨蚀破坏程度大小的重要参数，仅以磨蚀面积是无法完全反映磨蚀破坏程度的。

5.2.2.2 排沙底孔磨蚀因素相关性分析

西霞院反调节水库1~3号排沙底孔洞室型式一致,各项参数相同,因此一同进行分析。

1. 影响因素时程

西霞院反调节水库1~3号排沙底孔已有监测数据主要包括闸门启闭时间、闸门开度、过流流量、闸门启闭时对应库水位、过流时长等运行情况记录。考虑过流流量、闸门关闭时对应库水位由闸门开度、闸门开启时对应库水位和过流时长决定,为非独立影响因素,因此这里主要针对闸门开度、闸门开启时对应库水位、过流时长3类水力条件进行分析。

另外,由于西霞院反调节水库1~3号排沙底孔含沙量和泥沙颗粒尺寸监测数据较少,且根据前文所述,排沙底孔磨蚀主要受推移质破坏影响,因此对泥沙因素不予考虑。需要指出的是,西霞院反调节水库1~3号排沙底孔混凝土强度等级相同,这里亦不考虑混凝土强度等级的影响。

考虑到西霞院反调节水库1~3号排沙底孔闸门开度H的记录的敏感性,这里只对分析过程与结果进行描述。由前述第2章2.2.3节工作闸门开度可知,西霞院反调节水库排沙底孔在泄洪排沙期间,绝大多数情况采用全开运用。

基于对各项数据的分析,绘出西霞院反调节水库运行以来1~3号排沙底孔内水力条件时程,如图5-12所示。

从图5-12(a)可以看出,西霞院反调节水库1~3号排沙底孔闸门开启时,其开度长期维持在5.3 m,仅个别时刻闸门开度较小,最小为1.65 m,与5.3 m相差68.9%。

从图5-12(b)可以看出,西霞院反调节水库1~3号排沙底孔闸门开启时对应库水位各年度间相差5.2%~5.5%,各年度内相差1.2%~2.9%。闸门开启时库水位差异较小,主要是因为排沙底孔一般在泄洪排沙期间运用,其他时间很少参与过流。当小浪底水利枢纽下泄水流含沙量较高时,西霞院反调节水库会提前开始降低库水位,在2019年前(即未对库水位进行限制前)会在高含沙期间将库水位降低至130 m以下;在2019年对库水位提出要求后,在高含沙水流下泄期间,库水位基本稳定在131 m左右,因此按照设计水位134 m计算时,西霞院反调节水库闸门开度变化较小。若以设计水位为基准考察闸门开启时对应库水位变化的年间和年内差异,则会发现差异较大。

从图5-12(c)可以看出,西霞院反调节水库1~3号排沙底孔各年度间过流时长相差57.0%~89.0%。

综上所述,西霞院反调节水库1~3号排沙底孔各类磨蚀因素随着时间变化,闸门开度在各年度间和各年度内基本维持不变,但闸门开启时对应库水位和过流时长在各年度间和各年度内均存在一定差异性。

2. 影响因素年度代表值

西霞院反调节水库1~3号排沙底孔历年磨蚀面积列于表5-19。由于磨蚀情况统计难以区分具体破坏模式,表中磨蚀面积包括流道壁面混凝土受推移质颗粒磨损和高速水流气蚀两类破坏作用产生的损伤面积。本研究综合考虑磨损和气蚀两类破坏模式以分析磨蚀因素相关性。

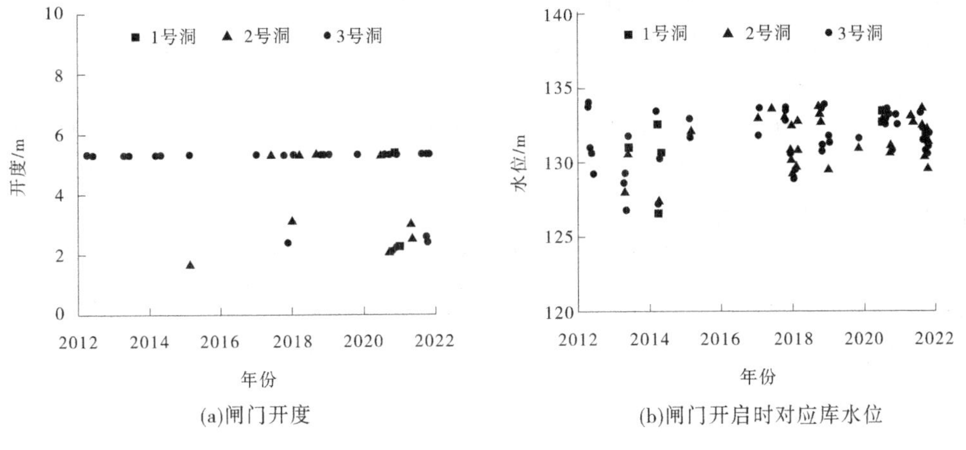

(a)闸门开度　　(b)闸门开启时对应库水位

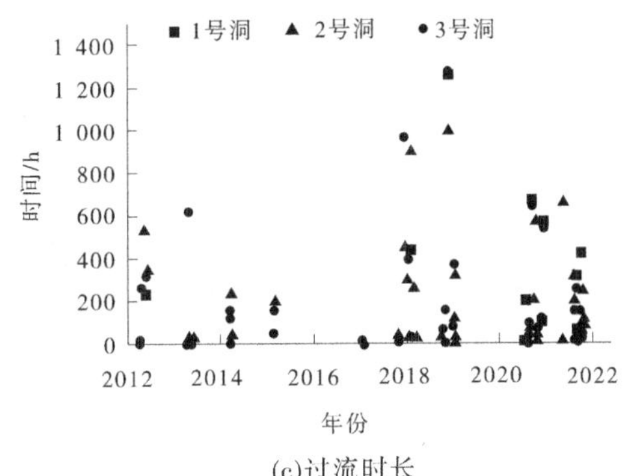

(c)过流时长

图 5-12　西霞院反调节水库不同排沙底孔水力条件时程

表 5-19　西霞院反调节水库 1~3 号排沙底孔历年磨蚀面积　　单位:m^2

时间范围	1 号排沙底孔	2 号排沙底孔	3 号排沙底孔
2013 年汛后至 2014 年汛前	0	0	0
2014 年汛后至 2015 年汛前	0	0	0
2015 年汛后至 2016 年汛前	0	0	362. 69
2016 年汛后至 2017 年汛前	387. 13	0	0
2017 年汛后至 2018 年汛前	0	0	0
2018 年汛后至 2019 年汛前	1 216. 56	1 218. 79	998. 40
2019 年汛后至 2020 年汛前	395. 50	589. 55	592. 91
2020 年汛后至 2021 年汛前	296. 72	96. 91	266. 12
2021 年汛后至 2022 年汛前	12. 72	6. 35	6. 70
2022 年汛后至 2023 年汛前	90. 42	8. 47	39. 12

每年进行磨蚀破坏情况统计后，会对相应部位进行修补，每年磨蚀破坏发生在与过往年份不同部位，表 5-19 中磨蚀破坏情况是本年度磨蚀破坏影响因素累计作用的结果。由于影响磨蚀破坏的水力条件随时间变化，需要分析其时程特性，现给出各年度表征影响因素强度的影响因素代表值。

与小浪底水利枢纽类似，采用按时间加权的平均值作为西霞院反调节水库 1~3 号排沙底孔磨蚀破坏水力条件代表值。西霞院反调节水库 1~3 号排沙底孔闸门开度和闸门开启时对应库水位平均值列于表 5-20~表 5-22。

表 5-20　西霞院反调节水库 1 号排沙底孔水力条件平均值

时间范围	H_m/m	h_s/m	T_t/h
2012 年汛前至 2017 年汛前	5.0	129.4	2 076.98
2017 年汛前至 2019 年汛前	5.3	129.7	560.83
2019 年汛前至 2020 年汛前	5.3	133.2	1 714.25
2020 年汛前至 2021 年汛前	5.3	131.9	2 146.52
2021 年汛前至 2022 年汛前	3.9	132.8	1 393.27
2022 年汛前至 2023 年汛前	5.3	131.3	1 072.73

表 5-21　西霞院反调节水库 2 号排沙底孔水力条件平均值

时间范围	H_m/m	h_s/m	T_t/h
2012 年汛前至 2019 年汛前	5.2	132.3	11 224.47
2019 年汛前至 2020 年汛前	5.3	132.9	1 622.27
2020 年汛前至 2021 年汛前	5.3	131.2	1 999.90
2021 年汛前至 2022 年汛前	2.8	132.2	1 531.98
2022 年汛前至 2023 年汛前	5.3	131.6	1 231.82

表 5-22　西霞院反调节水库 3 号排沙底孔水力条件平均值

时间范围	H_m/m	h_s/m	T_t/h
2012 年汛前至 2016 年汛前	5.3	129.5	2 022.08
2016 年汛前至 2019 年汛前	3.4	130.3	1 491.08
2019 年汛前至 2020 年汛前	5.3	133.0	1 888.32
2020 年汛前至 2021 年汛前	5.3	131.7	1 813.15
2021 年汛前至 2022 年汛前	4.9	132.8	1 399.97
2022 年汛前至 2023 年汛前	4.6	131.4	869.87

3. 磨蚀破坏程度与磨蚀影响因素相关性分析

按照式(5-12)计算西霞院反调节水库1~3号排沙底孔闸门开度、闸门开启时水位、水流作用持续时间年度代表值与磨蚀面积相关系数，结果列于表5-23。

表5-23　影响因素代表值与西霞院反调节水库排沙底孔磨蚀面积相关系数

序号	影响因素代表值	相关系数
1	T_t	0.49
2	h_s	0.26
3	H_m	0.13

从表5-23可以看出，对于西霞院反调节水库1~3号排沙底孔，闸门开度、闸门开启时对应库水位、水流作用持续时间年度代表值与磨蚀面积相关系数均较小，这说明磨蚀因素对磨蚀面积影响较为复杂，呈非线性方式，已有数据难以反映磨蚀破坏程度，难以拟合出此类复杂多因素非线性相关函数。因此，本研究仅通过两两对比方式定性分析单因素与磨蚀破坏程度相关性。

从表5-20~表5-22中可以看出，西霞院反调节水库1号排沙底孔2017年汛前至2019年汛前、3号排沙底孔2012年汛前至2016年汛前闸门开度平均值均为5.3 m，对应时间段内1号和3号排沙底孔闸门开启时对应库水位平均值分别为129.7 m和129.5 m，水流总作用持续时间分别为560.83 h和2 022.08 h，磨蚀面积分别为1 216.56 m^2和362.69 m^2。对应时间段内1号和3号排沙底孔闸门开度平均值相同，闸门开启时对应库水位平均值接近(1号排沙底孔大0.2%)，3号排沙底孔水流总作用持续时间比1号排沙底孔大2.6倍，但磨蚀面积却比1号排沙底孔小70.2%。

西霞院反调节水库1~3号排沙底孔存在水流作用持续时间越大，磨蚀面积越小的情况，这是因为上述流道磨蚀受推移质破坏影响较大，其磨蚀深度是表征磨蚀破坏程度大小的重要参数，仅以磨蚀面积是无法完全反映磨蚀破坏程度的。

5.3　磨蚀模型建立

通过前述的数据收集和分析，已经大致说明了小浪底水利枢纽和西霞院反调节水库流道磨蚀破坏情况和磨蚀影响因素，虽然在此基础上已经能够初步分析各影响因素对磨蚀破坏的影响规律，但受限于小浪底水利枢纽和西霞院反调节水库投运时间较短、早期数据收集手段有限等原因，目前收集到的数据仍然是有限的，难以更详细地分析磨蚀因素影响规律，因此有必要建立磨蚀模型。西霞院反调节水库排沙洞、排沙底孔流道磨蚀受推移质破坏影响较大，磨蚀深度是表征其破坏程度大小的重要参数，受限于采集数据技术手段不足，未收集到相关数据，且推移质相关参数监测数据也较少，因而无法建立相应磨蚀模型。

因此，本节仅基于小浪底水利枢纽排沙洞监测数据建立相应的磨蚀模型。

本节首先基于小浪底水利枢纽磨蚀因素无量纲化参数与无量纲化磨蚀面积相关性分析结果和磨蚀因素监测数据,构建并拟合了计算无量纲磨蚀面积的公式,然后引入最大磨蚀速率限值,在无量纲磨蚀面积公式基础上建立了磨蚀模型,并对比了所建立磨蚀模型预测结果与实测数据。

5.3.1 磨蚀模型无量纲化公式

流道磨蚀破坏影响因素众多,破坏机制复杂,难以根据单一磨蚀因素强度计算磨蚀破坏程度,且已有多组监测数据中各磨蚀因素强度值组间差异均较大;基于某一影响因素强度和破坏程度关系,拟合计算破坏程度的一元函数以建立破坏模型不适用于本研究所涉及流道磨蚀模型的建立。因此,本研究考虑多组流道磨蚀破坏影响因素,构建磨蚀面积多元函数,进行多元函数回归分析拟合待定系数,得到计算磨蚀面积的多元函数以建立磨蚀模型。

从表 5-10 中相关系数可以看出,小浪底水利枢纽 1~3 号排沙洞内水流最大含沙量无量纲参数与无量纲磨蚀面积相关系数较小(小于 0.1),将其排除于式(5-11)自变量之外;无量纲磨蚀面积与中值粒径代表值无量纲参数线性相关性较强,将其构造为线性项,并考虑其与其他影响因素无量纲参数耦合;无量纲磨蚀面积与最小含沙量无量纲参数线性相关性较弱,引入其非线性项;为防止公式参数拟合时出现奇异矩阵,在各无量纲自变量前乘以一定系数,以保证各项值在同一数量级水平;为使公式与运行调度情况联系更加紧密,压强项采用按水位直接计算的压强。将各年度闸门开度、入口处压强平均值以及总持续时间视作单次启闭闸门时的水力条件参数,构造闸门单次启闭时磨蚀模型无量纲化公式为:

$$
\begin{aligned}
\frac{A_{\mathrm{ER}}}{H^2} = & 10^6\left(k_1\frac{D_{50}^{\mathrm{m}}}{H} + k_2\frac{D_{50}^{\min}}{H} + k_3\frac{D_{50}^{\max}}{H}\right) + \\
& 10^{-10}\frac{\widetilde{p}_{\mathrm{s}}}{C_{\mathrm{s}}^{\mathrm{m}}}\left(\frac{T}{H}\right)^2\left(k_4\frac{D_{50}^{\mathrm{m}}}{H} + k_5\frac{D_{50}^{\min}}{H} + k_6\frac{D_{50}^{\max}}{H}\right) + \\
& k_7\left(10\frac{C_{\mathrm{s}}^{\min}}{C_{\mathrm{s}}^{\mathrm{m}}}\right)^{10^6\frac{D_{50}^{\mathrm{m}}}{H}} + 10^7\frac{C_{\mathrm{s}}^{\min}}{C_{\mathrm{s}}^{\mathrm{m}}}\left(k_8\frac{D_{50}^{\min}}{H} + k_9\frac{D_{50}^{\max}}{H}\right) + \\
& k_{10}10^{-15}\frac{C_{\mathrm{s}}^{\min}}{C_{\mathrm{s}}^{\mathrm{m}}}\frac{\widetilde{p}_{\mathrm{s}}}{C_{\mathrm{s}}^{\mathrm{m}}}\left(\frac{T}{H}\right)^2
\end{aligned}
\tag{5-14}
$$

式中:$\widetilde{p}_{\mathrm{s}}$ 为直接按照闸门开启时对应库水位计算的压强,其表达式如下:

$$
\widetilde{p}_{\mathrm{s}} = \rho g h_{\mathrm{s}} \tag{5-15}
$$

对式(5-14)进行变换可得:

$$
10^6\frac{D_{50}^{\mathrm{m}}}{H}k_1 + 10^6\frac{D_{50}^{\min}}{H}k_2 + 10^6\frac{D_{50}^{\max}}{H}k_3 + 10^{-10}\frac{\widetilde{p}_{\mathrm{s}}}{C_{\mathrm{s}}^{\mathrm{m}}}\left(\frac{T}{H}\right)^2\frac{D_{50}^{\mathrm{m}}}{H}k_4 +
$$

$$10^{-10}\frac{\tilde{p}_s}{C_s^m}\left(\frac{T}{H}\right)^2\frac{D_{50}^{min}}{H}k_5+10^{-10}\frac{\tilde{p}_s}{C_s^m}\left(\frac{T}{H}\right)^2\frac{D_{50}^{max}}{H}k_6+\left(10\frac{C_s^{min}}{C_s^m}\right)^{10^{6\frac{D_{50}^m}{H}}}k_7+$$

$$10^7\frac{C_s^{min}}{C_s^m}\frac{D_{50}^{min}}{H}k_8+10^7\frac{C_s^{min}}{C_s^m}\frac{D_{50}^{max}}{H}k_9+10^{-15}\frac{C_s^{min}}{C_s^m}\frac{\tilde{p}_s}{C_s^m}\left(\frac{T}{H}\right)^2k_{10}=\frac{A_{ER}}{H^2} \tag{5-16}$$

式(5-16)为关于待定系数的多元线性方程,将多组流道监测数据代入即可得到关于待定系数的线性方程组,其矩阵形式为:

$$[a_{ij}|_{i=1,2,\cdots,m;j=1,2,\cdots,n}]\{k_j|_{j=1,2,\cdots,n}\}=\{b_i|_{i=1,2,\cdots,m}\} \tag{5-17}$$

式中:a_{ij} 为线性方程组系数矩阵第 i 行、第 j 列元素,按式(5-17)等号左边各项系数表达式计算;m 为监测数据组数;n 为待定系数个数,取 10;k_j 为第 j 个待定系数;b_i 为第 i 组监测数据对应的无量纲磨蚀面积 A_{ER}/H^2(按表 5-9 最后一列取值)。

根据表 5-16 中小浪底水利枢纽 1~3 号排沙洞各磨蚀因素年度代表值无量纲化参数计算式(5-17)中系数矩阵各元素,结果列于表 5-24。

表 5-24　待定系数线性方程组系数矩阵元素

行列号	1	2	3	4	5	6	7	8	9	10
1	8.46	7.81	15.63	1.09	1.01	2.02	2.25×10^{8}	75.80	151.61	1.25
2	35.59	12.45	130.69	1 342.97	469.67	4 931.58	3.31×10^{-38}	1.10	11.56	3.34
3	21.99	8.11	39.65	768.63	283.59	1 385.75	6.23×10^{-25}	0.64	3.15	2.77
4	9.99	6.91	11.52	55.41	38.36	63.94	7.19×10^{-6}	2.11	3.52	1.70
5	9.52	6.72	11.21	0.87	0.61	1.02	2.24×10^{9}	64.46	107.44	0.88
6	7.99	4.79	9.59	40.84	24.51	49.01	1.49×10^{-10}	0.28	0.56	0.30
7	43.09	10.32	144.42	257.79	61.71	863.94	2.21×10^{-17}	4.24	59.31	2.46
8	7.63	7.63	7.63	39.31	39.31	39.31	2.23×10^{-6}	1.38	1.38	0.94
9	3.95	2.30	6.91	7.30	4.26	12.77	3.37×10^{-4}	0.30	0.91	0.24
10	18.32	4.62	73.90	39.01	9.83	157.29	2.62×10^{-6}	2.29	36.64	1.06

从表 5-24 可以看出,小浪底水利枢纽 1~3 号排沙洞磨蚀面积、运行情况、泥沙监测结果组成监测数据组,其数量等于待定系数数量,均为 10。因此,可以采用直接求解法求解待定系数、拟合式(5-14),结果列于表 5-25。

表 5-25　磨蚀模型无量纲化公式待定系数计算结果

k_1	k_2	k_3	k_4	k_5	k_6	k_7	k_8	k_9	k_{10}
28.46	266.91	-99.07	16.46	-49.04	1.71	1.5×10^{-6}	-335.70	161.43	42.48

将表 5-25 中系数代入式(5-14)中,可得磨蚀模型无量纲化公式:

$$G = \frac{A_{ER}}{H^2} = \left[\begin{array}{l} 10^6\left(28.46\frac{D_{50}^{m}}{H} + 266.91\frac{D_{50}^{min}}{H} \pm 99.07\frac{D_{50}^{max}}{H}\right) + \\ 10^{-10}\frac{\tilde{p}_s}{C_s^m}\left(\frac{T}{H}\right)^2\left(16.46\frac{D_{50}^{m}}{H} - 49.04\frac{D_{50}^{min}}{H} + 1.71\frac{D_{50}^{max}}{H}\right) + \\ 1.5\times10^{-6}\left(10\frac{C_s^{min}}{C_s^m}\right)^{10^6\frac{D_{50}^m}{H}} + 10^7\frac{C_s^{min}}{C_s^m}\left(-335.70\frac{D_{50}^{min}}{H} + 161.43\frac{D_{50}^{max}}{H}\right) + \\ 42.48\times10^{-15}\frac{C_s^{min}}{C_s^m}\frac{\tilde{p}_s}{C_s^m}\left(\frac{T}{H}\right)^2 \end{array}\right] \tag{5-18}$$

根据式(5-18)即可计算小浪底水利枢纽排沙洞不同运行情况下无量纲磨蚀面积。

5.3.2 磨蚀模型

为了更好地获得磨蚀破坏规律,根据式(5-18)开展磨蚀模型建立。式(5-18)基于小浪底水利枢纽排沙洞实际监测数据,给出了计算无量纲化磨蚀面积 G 的公式,将其乘以相关变量参数即可得到实际磨蚀面积。但是,本次模型建立还存在以下两个问题:一是由于小浪底水利枢纽投入运行时间较短,积累数据较少,而流道磨蚀物理机制复杂,影响因素众多,其模型公式待拟合系数较多,在模型建立过程中公式拟合所用数据相对较少,拟合所得公式适用范围较窄;二是即使在悬移质磨蚀破坏作用影响较大情况下,流道壁面磨蚀深度对于表征由各类磨蚀因素引起的磨蚀破坏程度也具有一定意义,因此文中拟合公式在应用时可能出现一定误差。为了防止应用拟合公式时出现计算结果严重违背工程常识的情况,建立磨蚀模型时对拟合公式进行了修正,通过引入磨蚀速率阈值来控制磨蚀速率值域。初始磨蚀速率计算公式为:

$$R_{ER,0} = \frac{GH^2}{T} \tag{5-19}$$

通过以上方法修正后磨蚀速率计算公式为:

$$R_{ER} = \frac{R_{ER,0}}{[1 + e^{-(R_{ER,u} - R_{ER,0})}](1 + e^{-R_{ER,0}})} + \frac{R_{ER,u}}{1 + e^{-(R_{ER,0} - R_{ER,u})}} \tag{5-20}$$

式中:$R_{ER,u}$ 为磨蚀速率上限。

考虑磨蚀速率修正的磨蚀面积为:

$$A_{ER} = R_{ER}T \tag{5-21}$$

在本章 5.4.1 节中,式(5-22)计算结果最小值为 0,保证了磨蚀模型的物理意义;计算结果最大值为 $R_{ER,u}T$,本研究分析小浪底水利枢纽磨蚀破坏情况,取 $R_{ER,u}$ 为 0.1 m²/s。

将小浪底水利枢纽 1~3 号排沙洞运行情况记录、泥沙监测数据代入本次建立的磨蚀模型,利用式(5-22)计算磨蚀面积,将模型计算结果与实测值对比,如图 5-13 所示。

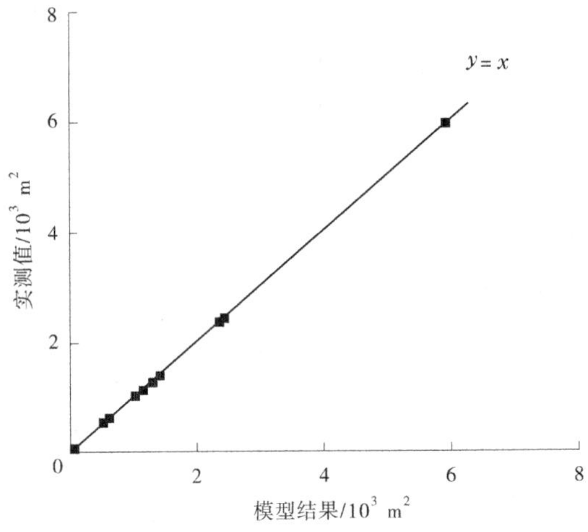

图 5-13　磨蚀模型结果与实测值对比

从图 5-13 可以看出,这里开展的磨蚀破坏机制研究中所建立的磨蚀模型计算结果与小浪底水利枢纽 1~3 号排沙洞实测值吻合较好,近似相等。鉴于已有监测数据较少,模型公式待拟合的系数个数,与拟合所用小浪底水利枢纽 1~3 号排沙洞可用数据组数一致。

因此,所得拟合结果完全适用于小浪底水利枢纽 1~3 号排沙洞往年可用监测数据。

5.4　流道混凝土破坏机制

经过对不同流道磨蚀情况进行统计分析发现,小浪底水利枢纽和西霞院反调节水库投入运行以来已发生一定程度磨蚀破坏,破坏现场发现多种破坏模式。本章主要分析不同磨蚀破坏模式的机制,以及不同破坏模式下磨蚀因素影响规律,为小浪底水利枢纽和西霞院反调节水库运行调度优化提供理论基础。

小浪底水利枢纽和西霞院反调节水库流道混凝土磨蚀破坏主要包括磨损破坏和气蚀破坏两类破坏模式,不同模式破坏过程和机制不同。对于小浪底水利枢纽排沙洞,基于所建立磨蚀模型定量地分析各磨蚀因素对磨蚀破坏程度影响规律,并结合不同破坏模式的机制分析磨蚀因素影响机制。对于西霞院反调节水库排沙洞和排沙底孔,基于已有监测数据,定性地分析不同磨蚀因素对磨蚀破坏程度影响规律,并结合不同破坏模式的机制分析不同磨蚀因素影响机制。

5.4.1　磨蚀破坏机制

水流中泥沙颗粒可分为悬移质和推移质。悬移质颗粒尺寸较小,紊流使之远离流道底面在水中呈悬浮方式;推移质颗粒尺寸较大,在水流中沿流道底面滚动、滑动、跳跃。小浪底水利枢纽流道磨损破坏受悬移质影响较大,西霞院反调节水库流道磨损破坏受推移质影响较大。

悬移质对流道混凝土磨损破坏的机制为微切削机制，即悬移质冲击混凝土壁面角度较小，主要产生滑动磨损。悬移质颗粒冲击材料壁面产生微小坑洞，有细微材料碎片部分脱落，与流道混凝土主体连接薄弱，此部分材料易完全脱落，后续颗粒的冲击和切削使其完全脱落后导致磨损破坏。

推移质对流道混凝土产生滑动摩擦、滚动摩擦和跳跃式冲击磨损，其中，跳跃式冲击磨损产生的破坏最严重，形成较深冲击坑槽及线性沟槽，此类破坏模式机制为冲击磨损机制。推移质颗粒冲击脆性材料表面形成初始裂纹，后续其他颗粒冲击使裂纹不断扩展，最终导致细小颗粒从流道混凝土主体脱落，导致磨损破坏。

为了反映微切削和冲击磨损两类破坏机制下颗粒速度和冲击角度对混凝土磨损破坏程度的影响，西南交通大学叶凌志在《携砂水流对桥墩冲蚀磨损的试验和数值模拟研究》一文中给出了混凝土磨损破坏程度与泥沙颗粒运动状态参数的关系：

$$I=\begin{cases}\dfrac{1}{2\varepsilon}(V_s\sin\alpha-K)^2+\dfrac{1}{2\varphi}V_s^2\cos^2\alpha\sin(n\alpha) & (0°\leqslant\alpha<\alpha_0)\\ \dfrac{1}{2\varepsilon}(V_s\sin\alpha-K)^2+\dfrac{1}{2\varphi}V_s^2\cos^2\alpha & (\alpha_0\leqslant\alpha<90°)\end{cases}\tag{5-22}$$

式中：I 为磨损率；V_s 为颗粒速度；α 为冲击角度；K 为临界颗粒速度；α_0 为临界冲击角度；ε 为冲击磨损耗能因子；φ 为微切削磨损耗能因子。

临界冲击角度计算表达式为：

$$\alpha_0=\frac{\pi}{2n}\tag{5-23}$$

从式(5-23)可以看出，水流中悬移质和推移质颗粒冲击混凝土壁面速度和角度越大，挟沙水流对流道混凝土材料磨损破坏越严重。

5.4.2 气蚀破坏机制

挟沙水流导致混凝土气蚀破坏机制复杂，涉及水流、水蒸气、泥沙颗粒（悬移质和推移质）和混凝土壁面组成的液-气-固三相系统动力相互作用。

水流中泥沙颗粒作为疏水性颗粒，其缝隙内寄存气核。流道混凝土壁面存在不同尺度凹凸部位，并非绝对平整，非平整部位易产生较大速度梯度变化和紊流，导致部分区域压强下降。当局部低压区压强下降至小于运行温度下流道水体饱和蒸汽压时，气核生长形成空泡，多个空泡组成空泡群。空泡随水流运动，可能会经过压强较大区域，例如，已有研究发现，多数空泡依附于水流中，颗粒趋向壁面运动时将使周围水流产生极高压强，在高压作用下空泡溃灭。溃灭空泡将形成指向混凝土壁面的微射流和微激波。试验表明，由于上述微激波和微射流效应，溃灭空泡群将在混凝土壁面产生高频、持续、非恒定脉冲荷载，脉冲荷载压强可达 400~800 kPa。

另外，由于混凝土表面不平整，易引起挑流和涡流，形成一定范围的负压区域，负压区域混凝土材料受较大吸附作用力。

在溃灭空泡群产生的高压脉动荷载和负压区产生的吸附力联合作用下，混凝土气蚀破坏过程如下：

首先,由于应力集中作用,混凝土凝固形成的表面孔隙处应力水平较高,该处水泥砂浆发生疲劳或强度破坏,形成初始洼坑,导致表面粗糙度增大,加剧了溃灭空泡群脉动荷载作用。

其次,在较大脉动荷载作用下,混凝土表面砂浆洼坑数量增多、逐渐连通,形成残余的砂浆骨架。

再次,随着损伤进一步加剧,砂浆骨架中细骨料不断剥离流道混凝土主体,形成较大坑洞并不断连通,粗骨料暴露。

最后,在粗骨料暴露后,气蚀破坏继续发展,气蚀边界区域稳定扩展。

从上述混凝土气蚀破坏过程可以看出,此类模式下,破坏主要为混凝土各组分间剥离脆性破坏。

需要指出的是,悬移质对混凝土磨损破坏将造成其表面更加平整,推移质对混凝土磨损破坏将造成其表面更加凹凸不平。因此,在推移质破坏下,混凝土表面微凸起更加明显,促进了空泡形成,加剧了气蚀破坏。

5.5　各因素影响磨蚀的机制及认识

为了更好地认识和理解流道磨蚀的深层次影响因素,以及各影响因素产生磨蚀破坏的机制,更好地指导小浪底水利枢纽和西霞院反调节水库泄洪孔洞运用方式,在确保防汛安全的前提下,尽可能减少对泄洪排沙系统流道的破坏。根据本章第 5.2 节所述,影响小浪底水利枢纽排沙洞流道磨蚀的因素有流道过流时长、流道过流时的库水位(即流道入口压强)、闸门开度、流道过流时的泥沙中值粒径和水体含沙量,因此对以上 5 种因素分别探究其影响磨蚀的机制。对于西霞院反调节水库排沙洞、排沙底孔,流道磨蚀的破坏方式为推移质破坏,因此只对闸门开度、流道过流时的库水位(即流道入口压强)两种破坏因素的机制进行探究。

5.5.1　小浪底水利枢纽

对于小浪底水利枢纽,基于前文所建立的磨蚀模型,预测不同运行情况下排沙洞磨蚀破坏程度,分析各因素对磨蚀破坏的影响。如前文所述,对流道磨蚀破坏影响较大的独立水力条件因素主要有过流时长、闸门开启时流道入口处压强和闸门开度,考虑入口处压强由闸门开启时对应库水位决定,本节以对应库水位的形式表征压强大小;泥沙因素主要有水流含沙量和泥沙颗粒尺寸,本节以水流含沙量和泥沙颗粒中值粒径平均值表征相关泥沙因素的影响。

5.5.1.1　流道过流时长

本节分析过流时长对小浪底水利枢纽排沙洞磨蚀破坏程度影响规律。基于前文所建立的磨蚀模型,按式(5-20)、式(5-21)计算不同运行情况下小浪底水利枢纽排沙洞磨蚀面积与过流时长的关系,分析过流时长对磨蚀破坏的影响。

计算结果列于表 5-26。

表 5-26　不同运行情况下小浪底水利枢纽排沙洞磨蚀面积与过流时长关系

T	A_{ER}(h_s=262.0, H=2.1, C_s=183, D_{50}=0.009)	A_{ER}(h_s=231.4, H=2.1, C_s=183, D_{50}=0.006)	A_{ER}(h_s=262.0, H=3.8, C_s=183, D_{50}=0.009)	A_{ER}(h_s=262.0, H=2.1, C_s=150, D_{50}=0.009)
10.00	7.08	2.06	11.29	4.76
10.56	7.24	2.38	11.40	4.96
11.11	7.42	2.72	11.52	5.16
11.67	7.61	3.08	11.64	5.38
12.22	7.80	3.45	11.77	5.61
12.78	8.01	3.84	11.90	5.84
13.33	8.22	4.25	12.05	6.09
13.89	8.44	4.67	12.19	6.35
14.44	8.68	5.12	12.35	6.62
15.00	8.92	5.58	12.51	6.90

注：过流时长 T 单位为 100 h；闸门开启时对应库水位 h_s 单位为 m；闸门开度 H 单位为 m；含沙量 C_s 单位为 kg/m^3；中值粒径 D_{50} 单位为 mm；磨蚀面积 A_{ER} 单位为 1 000 m^2，下同。

从表 5-26 可以看出，根据前文所建立的磨蚀模型预测结果，在闸门开启时对应库水位分别为 262.0 m、231.4 m、262.0 m、262.0 m，开度分别为 2.1 m、2.1 m、3.8 m、2.1 m，泥沙颗粒中值粒径分别为 0.009 mm、0.006 mm、0.009 mm、0.009 mm，含沙量分别为 183 kg/m^3、183 kg/m^3、183 kg/m^3、150 kg/m^3 时，水流总作用持续时间越大，小浪底水利枢纽排沙洞磨蚀面积越大，磨蚀破坏越严重，两者关系呈非线性。当闸门开启时对应库水位为 262.0 m、闸门开度为 2.1 m、泥沙颗粒中值粒径为 0.009 mm、水流泥沙含沙量为 183 kg/m^3 时，若总作用持续时间从 10.00×10^2 h 增大至 12.22×10^2 h（增大 22.2%）时，根据本研究磨蚀模型预测结果，小浪底水利枢纽排沙洞磨蚀面积由 7.08×10^3 m^2 增大至 7.80×10^3 m^2（增大 10.3%）；若总作用持续时间从 12.22×10^2 h 增大至 14.44×10^2 h（增大 18.2%）时，根据本研究磨蚀模型预测结果，小浪底水利枢纽排沙洞磨蚀面积由 7.80×10^3 m^2 增大至 8.68×10^3 m^2（增大 11.2%）。当闸门开启时对应库水位为 231.4 m、闸门开度为 2.1 m、泥沙颗粒中值粒径为 0.006 mm、水流泥沙含沙量为 183 kg/m^3 时，若总作用持续时间从 10.00×10^2 h 增大至 12.22×10^2 h（增大 22.2%）时，根据本研究磨蚀模型预测结果，小浪底水利枢纽排沙洞磨蚀面积由 2.06×10^3 m^2 增大至 3.45×10^3 m^2（增大 67.2%）；若总作用持续时间从 12.22×10^2 h 增大至 14.44×10^2 h（增大 18.2%）时，根据本研究磨蚀模型预测结果，小浪底水利枢纽排沙洞磨蚀面积由 3.45×10^3 m^2 增大至 5.12×10^3 m^2（增大 48.2%）。当闸门开启时对应库水位为 262.0 m、闸门开度为 3.8 m、泥沙颗粒中值粒径为 0.009 mm、水流泥沙含沙量为 183 kg/m^3 时，若总作用持续时间从 10.00×10^2 h 增大至

12.22×10^2 h(增大 22.2%)时,根据本研究磨蚀模型预测结果,小浪底水利枢纽排沙洞磨蚀面积由 11.29×10^3 m^2 增大至 11.77×10^3 m^2(增大 4.27%);若总作用持续时间从 12.22×10^2 h 增大至 14.44×10^2 h(增大 18.2%)时,根据本研究磨蚀模型预测结果,小浪底水利枢纽排沙洞磨蚀面积由 11.77×10^3 m^2 增大至 12.35×10^3 m^2(增大 4.92%)。当闸门开启时对应库水位为 262.0 m、闸门开度为 2.1 m、泥沙颗粒中值粒径为 0.009 mm、水流泥沙含沙量为 150 kg/m^3 时,若总作用持续时间从 10.00×10^2 h 增大至 12.22×10^2 h(增大 22.2%)时,根据本研究磨蚀模型预测结果,小浪底水利枢纽排沙洞磨蚀面积由 4.76×10^3 m^2 增大至 5.61×10^3 m^2(增大 17.8%);若总作用持续时间从 12.22×10^2 h 增大至 14.44×10^2 h(增大 18.2%)时,根据本研究磨蚀模型预测结果,小浪底水利枢纽排沙洞磨蚀面积由 5.61×10^3 m^2 增大至 6.62×10^3 m^2(增大 18.1%)。

将表 5-26 中模型预测结果绘制于图 5-14,以便更直观地反映不同运行情况下过流时长对小浪底水利枢纽排沙洞磨蚀破坏的影响规律。

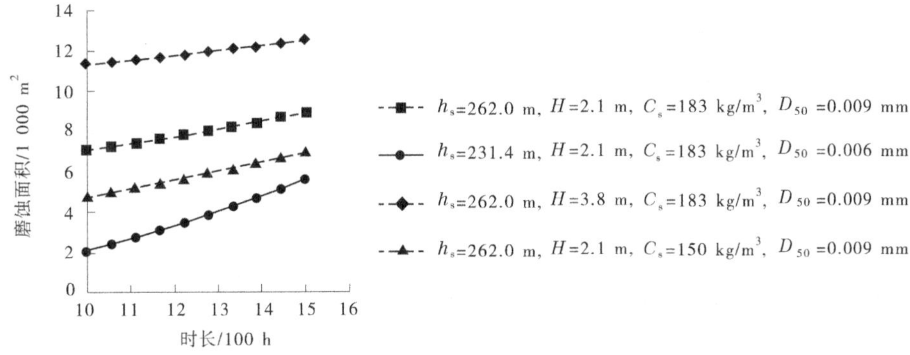

图 5-14　过流时长对小浪底水利枢纽排沙洞磨蚀破坏程度影响预测

从图 5-14 可以看出,根据本研究磨蚀模型,在不同运行情况下,均有过流时间越长,磨蚀面积越大,磨蚀破坏越严重的规律。

下面分析产生上述过流时长对磨蚀破坏影响规律的机制。

1. 磨损破坏

此类破坏模式由大量泥沙颗粒不断磨损流道混凝土壁面导致。混凝土材料存在初始缺陷,其损伤累计效应较明显;泥沙颗粒单次磨损造成的磨蚀破坏较轻微,过流时间越长,磨损混凝土壁面的推移质和悬移质总数越大,由磨损造成的混凝土材料累计损伤越严重,进而磨损破坏越严重。

2. 气蚀破坏

此类破坏模式由空泡群溃灭产生的荷载以及负压区吸附荷载对流道壁面混凝土材料损伤造成,过流时长越大,水流中累计形成的空泡群和负压区数量越多,相应荷载作用在混凝土材料的次数越多,造成的混凝土材料累计损伤越严重。因此,过流时长越长,小浪底排沙洞流道混凝土气蚀破坏也越大。

5.5.1.2　流道过流时的库水位

本节分析闸门开启时对应库水位对小浪底水利枢纽排沙洞磨蚀破坏程度影响规律。基于前文所建立的磨蚀模型,按式(5-20)、式(5-21)计算不同运行情况下,小浪底水利枢纽排沙洞水流作用 1 000 h 时磨蚀面积与闸门开启时库水位关系,将磨蚀面积除以过流时长得到平均磨蚀速率,以表征磨蚀破坏程度。计算结果列于表 5-27。

表 5-27　不同运行情况下磨蚀速率与对应库水位关系模型预测结果

h_s	$V_{ER}(H=1.6,\ C_s=183,\ D_{50}=0.006)$	$V_{ER}(H=2.1,\ C_s=183,\ D_{50}=0.008)$	$V_{ER}(H=1.6,\ C_s=150,\ D_{50}=0.008)$
222.2	2.83	3.00	1.48
226.8	2.90	3.14	1.70
231.4	2.97	3.28	1.91
236.0	3.04	3.42	2.13
240.5	3.11	3.56	2.35
245.1	3.18	3.70	2.57
249.7	3.25	3.84	2.78
254.3	3.32	3.98	3.00
258.9	3.39	4.12	3.22
263.4	3.46	4.26	3.44

注:磨蚀速率 V_{ER} 单位为 m^2/h,其他物理量单位与前文一致,下同。

从表 5-27 可以看出,根据前文所建立的磨蚀模型预测结果,在闸门开度分别为 1.6 m、2.1 m、1.6 m,含沙量分别为 183 kg/m³、183 kg/m³、150 kg/m³,泥沙颗粒中值粒径分别为 0.006 mm、0.008 mm、0.008 mm 时,闸门开启时对应库水位越高,小浪底水利枢纽排沙洞磨蚀速率越大,磨蚀破坏越严重,两者线性相关性越强。当闸门开度为 1.6 m、含沙量为 183 kg/m³、泥沙颗粒中值粒径为 0.006 mm 时,若闸门开启时对应库水位从 222.2 m 增大至 263.4 m(增大 18.5%)时,根据本研究磨蚀模型预测结果,小浪底水利枢纽排沙洞磨蚀速率由 2.83 m²/h 增大至 3.46 m²/h(增大 22.3%)。当闸门开度为 2.1 m、含沙量为 183 kg/m³、泥沙颗粒中值粒径为 0.008 mm 时,若闸门开启时对应库水位从 222.2 m 增大至 263.4 m(增大 18.5%)时,根据本研究磨蚀模型预测结果,小浪底水利枢纽排沙洞磨蚀速率由 3.00 m²/h 增大至 4.26 m²/h(增大 42%)。当闸门开度为 1.6 m、含沙量为 150 kg/m³、泥沙颗粒中值粒径为 0.008 mm 时,若闸门开启时对应库水位从 222.2 m 增大至 263.4 m(增大 18.5%)时,根据本研究磨蚀模型预测结果,小浪底水利枢纽排沙洞磨蚀速率由 1.48 m²/h 增大至 3.44 m²/h(增大 1.3 倍)。

将表 5-27 中模型预测结果绘制于图 5-15,以便更直观地反映不同运行情况下闸门开启时对应库水位对小浪底水利枢纽排沙洞磨蚀破坏的影响规律。

从图 5-15 可以看出,根据本研究磨蚀模型,不同运行情况下,均有闸门开启时对应库水位越高,磨蚀速率越大,磨蚀破坏越严重的规律。

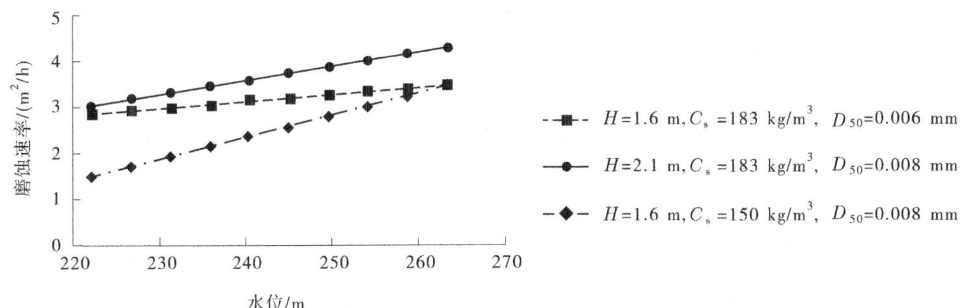

图 5-15　库水位对小浪底水利枢纽排沙洞磨蚀破坏影响预测

下面分析产生上述闸门开启时库水位对磨蚀破坏影响规律的机制。

1. 磨损破坏

根据伯努利公式，总水头为：

$$H = z + \frac{p}{\rho g} + \frac{V^2}{2g} \tag{5-24}$$

式中：z 为位置水头。

实际上，式(5-24)反映了流道内水体的机械能守恒。由于流道入口和出口高程相差较小，由位置水头差异产生的势能变化较小；但流道入口处压强较大时，当水流流至压强较小的出口时，由压强水头产生的压能转化为水体动能，式中流速 V 较大。因此，流道入口处压强越大，出口附近水流流速越大。

水流中泥沙颗粒的动力方程为：

$$m_s \frac{dV_s}{dt} = F_D + m_s \frac{g(\rho_s - \rho)}{\rho_s} + \widehat{F} \tag{5-25}$$

式中：m_s 为泥沙颗粒质量；F_D 为水流对泥沙颗粒的拖曳力；ρ_s 为泥沙颗粒的密度；$\widehat{F}$ 为虚拟质量力、压力梯度力等其他力。

根据中国矿业大学韩雨的论文《裂隙水沙两相流试验与数值模拟研究》，水流对泥沙的拖曳力公式为：

$$F_D = m_s \frac{18\mu}{\rho_s (D_s)^2} \frac{C_D Re_s}{24} (V - V_s) \tag{5-26}$$

式中：D_s 为泥沙颗粒直径；μ 为黏滞系数；C_D 为拖曳力系数；Re_s 为泥沙颗粒雷诺数。

从式(5-26)可以看出，当水流流速大于泥沙颗粒速度时，水流流速越大，水流对泥沙颗粒的驱动力越大，泥沙颗粒加速度和速度越大，磨损破坏越严重。

流道中水体的雷诺数为：

$$Re = \frac{\rho V d}{\mu} \tag{5-27}$$

式中：d 为流道特征长度。

从式(5-27)可以看出，流道中水流流速越大，其雷诺数越大。当雷诺数较大时，流体状态为紊流，对于流道内水流，其流动方向不再是完全顺流道，而是有较大沿流道壁面法向的速度分量,这导致受水流驱动的泥沙颗粒冲击流道混凝土壁面角度较大。因此,闸门开启时对应库水位越高,小浪底水利枢纽排沙洞磨损破坏越严重。

2. 气蚀破坏

上述对磨损破坏机制的分析已表明,闸门开启时对应库水位越高,流道内水流流速越大。董志勇等在《沙粒粒径对混凝土表面高速水流空蚀的影响》一文中报道了其试验结果,试验结果表明,水流流速越大,气蚀破坏发生概率越大,这应与高流速下水流经过壁面凸起时易产生低压区形成空泡,以及高流速水体中泥沙颗粒趋向壁面运动速度更大、在空泡附近产生的高压更大有关。

另外,闸门开启时对应库水位越高,流道入口处压强越大。气蚀破坏与水流空化数 σ 有关,空化数计算公式为:

$$\sigma = 2\frac{p - p_{\mathrm{v}}}{\rho V^2} \tag{5-28}$$

从式(5-28)可以看出,水流压强越大,空化数越大,这意味着发生气蚀破坏的可能性越大。因此,闸门开启时对应库水位越高,小浪底水利枢纽排沙洞发生气蚀破坏的可能性也就越大。

5.5.1.3 闸门开度

本节分析闸门开度对小浪底水利枢纽排沙洞磨蚀破坏程度影响规律。基于本研究所建立磨蚀模型,按式(5-20)、式(5-21)计算不同运行情况下小浪底水利枢纽排沙洞水流作用 1 000 h 时磨蚀速率与闸门开度的关系。计算结果列于表 5-28,表中物理量单位与上文一致。

表 5-28 不同运行情况下磨蚀速率与闸门开度关系模型预测结果

H	$V_{\mathrm{ER}}(h_s=262.0, C_s=183, D_{50}=0.006)$	$V_{\mathrm{ER}}(h_s=231.6, C_s=183, D_{50}=0.002)$	$V_{\mathrm{ER}}(h_s=231.6, C_s=150, D_{50}=0.002)$
1.8	2.98	0.59	0.05
2.0	2.51	0.99	0.46
2.3	2.11	1.34	0.82
2.5	1.78	1.68	1.14
2.8	1.49	1.99	1.44
3.0	1.23	2.29	1.73
3.3	1.00	2.58	2.00
3.5	0.79	2.86	2.26
3.8	0.60	3.13	2.51
4.0	0.41	3.39	2.75

注:磨蚀速率 V_{ER} 单位为 m^2/h,其他物理量单位与前文一致,下同。

从表 5-28 可以看出,根据前文所建立的磨蚀模型预测结果,在闸门开启时对应库水位为 262.0 m、含沙量为 183 kg/m^3、泥沙颗粒中值粒径为 0.006 mm 时,闸门开度越大,小浪底水利枢纽排沙洞磨蚀速率越小,磨蚀破坏越轻微;在闸门开启时对应库水位均为 231.6 m,含沙量分别为 183 kg/m^3、150 kg/m^3,泥沙颗粒中值粒径均为 0.002 mm 时,闸门开度越大,小浪底水利枢纽排沙洞磨蚀速率越大,磨蚀破坏越严重;磨蚀速率与闸门开度呈明显非线性相关,闸门开度越大,磨蚀速率变化越缓慢。当闸门开启时,对应库水位为 262.0 m、水流泥沙含沙量为 183 kg/m^3、泥沙颗粒中值粒径为 0.006 mm 时,若闸门开度从 1.8 m 增大至 2.8 m(增大 55.6%)时,根据本研究磨蚀模型预测结果,小浪底水利枢纽排沙洞磨蚀速率由 2.98 m^2/h 减小至 1.49 m^2/h(减小 50.0%);若闸门开度从 2.8 m 增大至 3.8 m(增大 35.7%)时,根据本研究磨蚀模型预测结果,小浪底水利枢纽排沙洞磨蚀速率由 1.49 m^2/h 减小至 0.60 m^2/h(减小 60.1%)。当闸门开启时,对应库水位为 231.6 m、水流泥沙含沙量为 183 kg/m^3、泥沙颗粒中值粒径为 0.002 mm 时,若闸门开度从 1.8 m 增大至 2.8 m(增大 55.6%)时,根据本研究磨蚀模型预测结果,小浪底水利枢纽排沙洞磨蚀速率由 0.59 m^2/h 增大至 1.99 m^2/h(增大 2.4 倍);若闸门开度从 2.8 m 增大至 3.8 m(增大 35.7%)时,根据本研究磨蚀模型预测结果,小浪底水利枢纽排沙洞磨蚀速率由 1.99 m^2/h 增大至 3.13 m^2/h(增大 57.3%)。当闸门开启时,对应库水位为 231.6 m、水流泥沙含沙量为 150 kg/m^3、泥沙颗粒中值粒径为 0.002 mm 时,若闸门开度从 1.8 m 增大至 2.8 m(增大 55.6%)时,根据本研究磨蚀模型预测结果,小浪底水利枢纽排沙洞磨蚀速率由 0.05 m^2/h 增大至 1.44 m^2/h(增大 25.3 倍);若闸门开度从 2.8 m 增大至 3.8 m(增大 35.7%)时,根据本研究磨蚀模型预测结果,小浪底水利枢纽排沙洞磨蚀速率由 1.44 m^2/h 增大至 2.51 m^2/h(增大 74.3%)。

将表 5-28 中模型预测结果绘制于图 5-16,以便更直观地反映在不同运行情况下,闸门开度对小浪底水利枢纽排沙洞磨蚀破坏的影响规律。

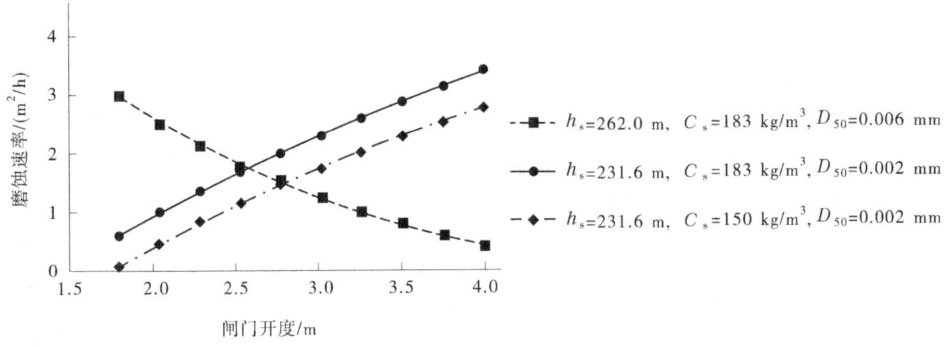

图 5-16　闸门开度对小浪底水利枢纽排沙洞磨蚀破坏规律影响预测

从图 5-16 可以看出,根据前文磨蚀模型,当闸门开启时对应库水位较高、水流中泥沙颗粒粒径较大时,闸门开度越大,小浪底水利枢纽排沙洞磨蚀破坏越轻微;当闸门开启时对应库水位较低、水流中泥沙颗粒粒径较小时,闸门开度越大,小浪底水利枢纽排沙洞磨蚀破坏越严重。表 5-2、表 5-3、表 5-5 和表 5-6 中,小浪底水利枢纽 1 号、2 号排沙洞 2014 年汛前至 2015 年汛前闸门开度平均值分别为 3. 84 m、4. 46 m,闸门开启时入口处压强平均值分别为 2 268. 09 kPa、2 269. 70 kPa,泥沙颗粒中值粒径平均值分别为 0. 003 mm、0. 004 mm,水流含沙量平均值分别为 55. 45 kg/m^3、55. 80 kg/m^3,水流总作用持续时间分别为 189. 40 h、185. 67 h,磨蚀面积分别为 2 418. 93 m^2、49. 92 m^2。可以看出,该年度 1 号、2 号排沙洞闸门开启时入口处压强平均值、水流含沙量平均值、水流总作用持续时间相近(分别相差 0. 1%、0. 6%、2. 0%),泥沙颗粒中值粒径平均值也较为接近(相差 0. 001 mm),2 号排沙洞闸门开度平均值比 1 号排沙洞闸门开度平均值大 16. 1%,但是其磨蚀面积却比 1 号排沙洞小 97. 9%。由此可见,实测数据也反映出了可能存在闸门开度越大、磨蚀破坏越轻微的情况。

下面分析产生上述闸门开度对磨蚀破坏影响规律的机制。

1. 磨损破坏

当闸门开启时对应库水位较高、水流中泥沙颗粒粒径较大时,流道内水体由于入口处压强驱动作用较强,其流速较大,且较大泥沙颗粒使得紊流在磨损破坏过程中影响较大,而较大水流流速进一步加剧紊流,导致泥沙颗粒对流道壁面的冲击速度和角度均较大,磨损破坏较严重。闸门对其上游水流具有一定壅塞作用,导致水流泄出时流速较大,闸门开度越大,闸门对水流壅塞越小,流速越小。因此,对于闸门开启时对应库水位较高、水流中泥沙颗粒粒径较大工况,闸门开度越大,小浪底水利枢纽排沙洞磨损破坏越轻微。

当闸门开启时对应库水位较低、水流中泥沙颗粒粒径较小时,流道入口处驱动水流的压强较小、紊流状态不明显,水流流速对磨损破坏影响有限,磨损破坏主要受水流中冲击流道壁面的泥沙颗粒数量影响,闸门开度越大,单位时间内随水流经闸门泄出的泥沙颗粒数量越大,撞击流道壁面的泥沙颗粒越多。因此,对于闸门开启时对应库水位较低、水流中泥沙颗粒粒径较小工况,闸门开度越大,小浪底水利枢纽排沙洞磨损破坏越严重。

2. 气蚀破坏

当闸门开启时对应库水位较高时,流道内水体由于入口处压强驱动作用较强,其流速较大,趋向流道壁面运动的空泡群附近压强也较大;董志勇等在《沙粒粒径对混凝土表面高速水流空蚀的影响》中指出,试验结果表明,较大粒径颗粒掺入水流中会使空化区压强较小,空泡群更易受高压区压强影响溃灭,这意味着水流中泥沙颗粒粒径较大时高流速水流产生的高压更易使空泡群溃灭。因此,此类工况下,水流流速对气蚀破坏发生概率有较大影响。闸门对其上游水流具有一定壅塞作用,导致水流泄出时流速较大,闸门开度越大,闸门对水流壅塞越小,流速越小。因此,对于闸门开启时对应库水位较高、水流中泥沙颗粒粒径较大工况,闸门开度越大,小浪底水利枢纽排沙洞发生气蚀破坏的可能性越小。

当闸门开启时对应库水位较低、水流中泥沙颗粒粒径较小时,流道入口处驱动水流的压强较小、流速较小,空化区压强较大,空泡群不易受高压区影响溃灭。因此,此类工况下,水流流速对气蚀破坏发生概率影响有限,气蚀破坏主要受水流中溃灭空泡数量影响,其与水流中初始气核数量正相关。闸门开度越大,单位时间内经闸门泄出水量越大,水中初始气核生长形成的空泡数越多。因此,对于闸门开启时对应库水位较低、水流中泥沙颗粒粒径较小的工况,闸门开度越大,小浪底水利枢纽排沙洞发生气蚀破坏的可能性越大。

5.5.1.4 流道过流时的泥沙中值粒径

本节分析水流中泥沙中值粒径对小浪底水利枢纽排沙洞磨蚀破坏程度的影响规律。基于前文所建立磨蚀模型,按式(5-20)、式(5-21)计算不同运行情况下小浪底水利枢纽排沙洞水流作用1 000 h时磨蚀速率与泥沙颗粒中值粒径关系。计算结果列于表5-29。

表5-29 不同运行情况下磨蚀速率与中值粒径关系模型预测结果

D_{50}	V_{ER}(h_s=231.4, H=1.6, C_s=183)	V_{ER}(h_s=262.0, H=3.9, C_s=183)	V_{ER}(h_s=262.0, H=3.9, C_s=8.34)
0.001	1.01	1.15	1.64
0.002	1.53	1.75	1.87
0.003	2.06	2.35	2.10
0.003	2.58	2.94	2.33
0.004	3.10	3.54	2.56
0.005	3.62	4.14	2.79
0.006	4.14	4.73	3.02
0.006	4.67	5.33	3.25
0.007	5.19	5.93	3.48
0.008	5.71	6.52	3.71

注:磨蚀速率V_{ER}单位为m^2/h,其他物理量单位与前文一致,下同。

从表5-29可以看出,根据前文所建立磨蚀模型预测结果,在闸门开启时对应库水位分别为231.4 m、262.0 m、262.0 m,闸门开度分别为1.6 m、3.9 m、3.9 m,含沙量分别为183 kg/m^3、183 kg/m^3、8.34 kg/m^{3}时,水流中泥沙颗粒中值粒径越大,小浪底水利枢纽排沙洞磨蚀速率越大,磨蚀破坏越严重,两者线性相关性越强。当闸门开启时对应库水位为231.4 m、闸门开度为1.6 m、含沙量为183 kg/m^{3}时,若泥沙颗粒中值粒径从0.001 mm增大至0.008 mm(增大7.0倍)时,根据本研究磨蚀模型预测结果,小浪底水利枢纽排沙洞磨蚀速率由1.01 m^2/h增大至5.71 m^2/h(增大4.7倍)。当闸门开启时对应库水位为262.0 m、闸门开度为3.9 m、含沙量为183 kg/m^{3}时,若泥沙颗粒中值粒径从0.001 mm增大至0.008 mm(增大7.0倍)时,根据本研究磨蚀模型预测结果,小浪底水利枢纽排沙洞磨蚀速率由1.15 m^2/h增大至6.52 m^2/h(增大4.7倍)。当闸门开启时对应库水位为262.0 m、闸门开度为3.9 m、含沙量为8.34 kg/m^{3}时,若泥沙颗粒中值粒径从0.001 mm增大至0.008 mm(增大7.0倍)时,根据本研究磨蚀模型预测结果,小浪底水利枢纽排沙洞磨蚀速率由 1.64 m^2/h 增大至 3.71 m^2/h(增大 1.3 倍)。

将表 5-29 中模型预测结果绘制于图 5-17,以便更直观地反映不同运行情况下泥沙颗粒中值粒径对小浪底水利枢纽排沙洞磨蚀破坏的影响规律。

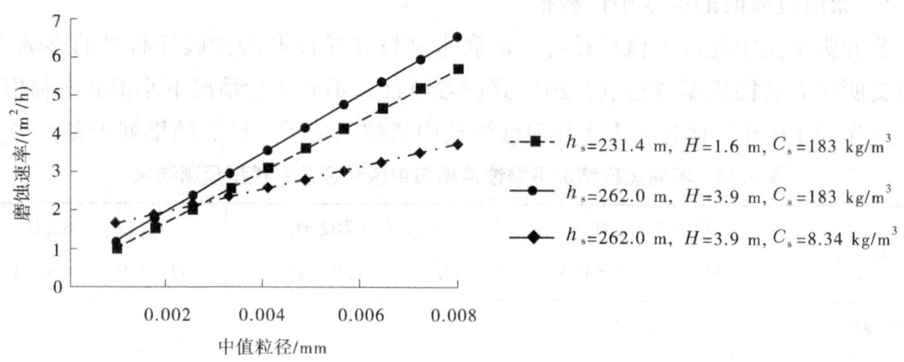

图 5-17　中值粒径对小浪底水利枢纽排沙洞磨蚀破坏影响预测

从图 5-17 可以看出,根据本研究磨蚀模型,不同运行情况下,均有水流中泥沙颗粒中值粒径越大、磨蚀速率越大、磨蚀破坏越严重的规律。

下面分析产生上述泥沙颗粒中值粒径对磨蚀破坏影响规律的机制。

1. 磨损破坏

根据中国矿业大学韩雨的论文《裂隙水沙两相流试验与数值模拟研究》,泥沙颗粒的雷诺数为:

$$Re_s = \frac{\rho D_s \mid V - V_s \mid}{\mu} \tag{5-29}$$

从式(5-29)可以看出,泥沙颗粒尺寸越大,其雷诺数越大,水沙两相流紊流状态越明显,泥沙颗粒冲击混凝土壁面角度越大。因此,泥沙颗粒尺寸越大,小浪底水利枢纽排沙洞流道混凝土磨损破坏越严重。

2. 气蚀破坏

董志勇等在论文《沙粒粒径对混凝土表面高速水流空蚀的影响》中指出,水流中颗粒粒径越小,其黏性越大,较大黏性将延缓水流中空泡溃灭进程,进而导致空泡溃灭产生的微激波、微射流作用在流道壁面的动态压力荷载强度减小,减轻气蚀破坏;反之,水流中颗粒粒径越大,水流空化区压力越小,更易形成空泡群,且空泡群更易溃灭,进而加剧了气蚀破坏。因此,泥沙颗粒尺寸越大,小浪底水利枢纽排沙洞流道混凝土发生气蚀破坏的可能性越大。

5.5.1.5　流道过流时的水体含沙量

本节分析水流含沙量对小浪底水利枢纽排沙洞磨蚀破坏程度影响规律。基于本研究所建立磨蚀模型,按式(5-20)、式(5-21)计算不同运行情况下小浪底水利枢纽排沙洞水流作用 1 000 h 时磨蚀速率与含沙量关系。计算结果列于表 5-30。

表 5-30　不同运行情况下磨蚀速率与含沙量关系模型预测结果

C_s	$V_{ER}(h_s=262.0, H=3.8, D_{50}=0.002)$	$V_{ER}(h_s=231.6, H=2.1, D_{50}=0.002)$	$V_{ER}(h_s=262.0, H=3.8, D_{50}=0.004)$
100.00	3.07	0.05	9.38
177.78	3.64	1.07	11.81
255.56	3.86	1.46	12.76
333.33	3.98	1.68	13.26
411.11	4.05	1.81	13.58
488.89	4.10	1.90	13.79
566.67	4.14	1.96	13.95
644.44	4.16	2.01	14.07
722.22	4.18	2.05	14.16
800.00	4.20	2.08	14.23

注：磨蚀速率 V_{ER} 单位为 m^2/h，其他物理量单位与前文一致，下同。

从表 5-30 可以看出，根据前文所建立磨蚀模型预测结果，在闸门开启时对应库水位分别为 262.0 m、231.6 m、262.0 m，闸门开度分别为 3.8 m、2.1 m、3.8 m，泥沙颗粒中值粒径分别为 0.002 mm、0.002 mm、0.004 mm 时，水流含沙量越大，小浪底水利枢纽排沙洞磨蚀速率越大，磨蚀破坏越严重；磨蚀速率与水流含沙量呈明显非线性相关，含沙量越大，磨蚀速率变化越缓慢。当闸门开启时对应库水位为 262.0 m、闸门开度为 3.8 m、泥沙颗粒中值粒径为 0.002 mm 时，若水流含沙量从 100.00 kg/m^3 增大至 411.11 kg/m^3（增大 3.1 倍）时，根据本研究磨蚀模型预测结果，小浪底水利枢纽排沙洞磨蚀速率由 3.07 m^2/h 增大至 4.05 m^2/h（增大 31.9%）；若水流含沙量从 411.11 kg/m^3 增大至 722.22 kg/m^3（增大 75.7%）时，根据本研究磨蚀模型预测结果，小浪底水利枢纽排沙洞磨蚀速率由 4.05 m^2/h 增大至 4.18 m^2/h（增大 3.2%）。当闸门开启时对应库水位为 231.6 m、闸门开度为 2.1 m、泥沙颗粒中值粒径为 0.002 mm 时，若水流含沙量从 100.00 kg/m^3 增大至 411.11 kg/m^3（增大 3.1 倍）时，根据本研究磨蚀模型预测结果，小浪底水利枢纽排沙洞磨蚀速率由 0.05 m^2/h 增大至 1.81 m^2/h（增大 38.2 倍）；若水流含沙量从 411.11 kg/m^3 增大至 722.22 kg/m^3（增大 75.7%）时，根据本研究磨蚀模型预测结果，小浪底水利枢纽排沙洞磨蚀速率由 1.81 m^2/h 增大至 2.05 m^2/h（增大 13.3%）。当闸门开启时对应库水位为 262.0 m、闸门开度为 3.8 m、泥沙颗粒中值粒径为 0.004 mm 时，若水流含沙量从 100.00 kg/m^3 增大至 411.11 kg/m^3（增大 3.1 倍）时，根据本研究磨蚀模型预测结果，小浪底水利枢纽排沙洞磨蚀速率由 9.38 m^2/h 增大至 13.58 m^2/h（增大 4.8%）；若水流含沙量从411.11 kg/m³增大至722.22 kg/m³(增大75.7%)时,根据本研究磨蚀模型预测结果,小浪底水利枢纽排沙洞磨蚀速率由13.58 m²/h增大至14.16 m²/h(增大4.4%)。

将式(5-28)中模型预测结果绘制于图5-18,以便更直观地反映不同运行情况下水流含沙量对小浪底水利枢纽排沙洞磨蚀破坏的影响规律。

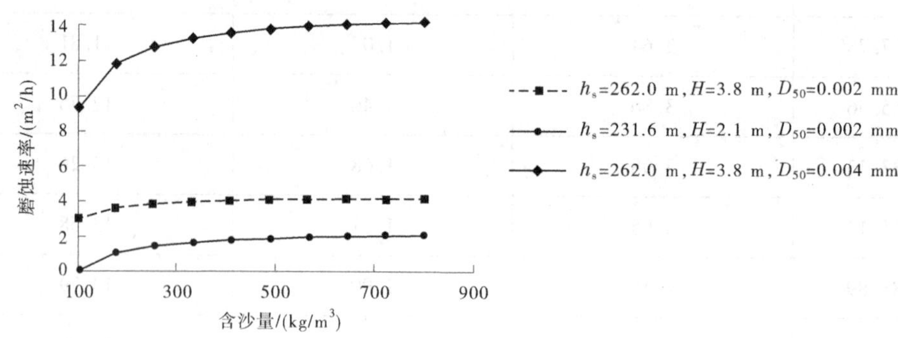

图5-18 含沙量对小浪底水利枢纽排沙洞磨蚀破坏影响预测

从图5-18可以看出,根据本研究磨蚀模型,不同运行情况下,均有水流含沙量越大、磨蚀速率越大、磨蚀破坏越严重的规律。

下面分析产生上述含沙量对磨蚀破坏影响规律的机制。

1. 磨损破坏

磨损破坏为水流中单个泥沙颗粒冲击磨损损伤的累积,水流泥沙含沙量越大,冲击流道壁面的泥沙颗粒数量越多,磨损造成的流道壁面混凝土材料累计损伤越严重,进而磨损破坏越严重。因此,水流含沙量越大,小浪底水利枢纽排沙洞流道混凝土磨损破坏越严重。

2. 气蚀破坏

一方面,气蚀破坏由气核生长成的空泡溃灭引起,一般认为挟沙水流中气核寄存于疏水性的泥沙颗粒缝隙中,水流含沙量越大,水流中气核数越多;另一方面,如赵伟国等在论文《沙粒粒径与含量对喷嘴空化的影响》中所做分析,水流中运动的泥沙颗粒由于与水体密度不同,其运动状态与周围流体不同,在绕流、尾流等作用下,泥沙颗粒一侧压强较低,若其处于低压区,则该侧压强相对更低。因此,水流含沙量越高,越易产生空泡。董志勇等在《含沙量对高速水流空蚀影响的试验研究》一文中报道的试验结果也表明,水流含沙量越大,空化数越大,越易产生空泡。

另外,已有试验证明,水流含沙量越大,水流中压强越大,越易使得经过高压区的空泡溃灭。

因此,水流含沙量越大,可能溃灭并产生作用于流道壁面微激波、微射流的空泡数量越多,小浪底水利枢纽排沙洞流道混凝土发生气蚀破坏的可能性越大。

需要指出的是,上述过流时长、闸门开启时对应库水位、闸门开度、泥沙颗粒中值粒径、水流含沙量等因素对小浪底水利枢纽排沙洞磨蚀破坏影响规律分析基于本研究所建立磨蚀模型，该模型基于已有小浪底水利枢纽 1~3 号排沙洞运行情况记录、泥沙监测数据和磨蚀调查统计结果建立。由于泄水建筑物磨蚀物理机制、破坏影响因素十分复杂，其模型公式待拟合系数较多，而小浪底水利枢纽投入运行时间较短，积累数据较少，本研究公式拟合所用数据较少；另外，根据以往研究成果，磨蚀破坏主要表现结果为流道混凝土磨蚀深度加剧和磨蚀面积增加，由于小浪底水利枢纽监测数据没有磨蚀深度记录，其模型公式仅是影响因素与磨蚀面积的相关性拟合。因此，本研究拟合所得模型公式适用范围较窄，磨蚀模型分析结果与实际运行破坏情况可能会存在一定差异，上述定量和定性分析结论是否具有更广泛适用性，有待根据小浪底水利枢纽今后的运行情况、收集更多的运行数据做进一步论证。建议在今后小浪底水利枢纽运行过程中，继续进行闸门开启时对应库水位、闸门开度的监测以及磨蚀面积统计，并加强磨蚀深度变化、水流含沙量、泥沙颗粒中值粒径的监测，以便进一步完善本研究所建立磨蚀模型并指导工程应用。

5.5.1.6　各因素影响磨蚀的规律性认识

分析表 5-26~表 5-30 中数据，可以计算出各磨蚀因素改变 10%时，小浪底水利枢纽排沙洞磨蚀破坏程度的改变。根据前文磨蚀模型预测结果，当水流总作用持续时间、闸门开启时对应库水位、泥沙颗粒中值粒径、闸门开度、水流含沙量分别改变 10%，小浪底水利枢纽排沙洞磨蚀破坏程度分别增大 28.0%、71.4%、9.4%、548.2 倍、284.7 倍，即闸门开度和水流含沙量对磨蚀破坏影响较大。同时，比较表中数据可以发现，水流含沙量超过 200 kg/m^3 时，磨蚀速率已超过 12.0 m^2/h，与表中其他运行情况相比较大。

上述分析表明，水流含沙量对小浪底水利枢纽排沙洞磨蚀破坏有较大影响，仅次于闸门开度，且水流含沙量较大时出现了较严重磨蚀破坏。图 5-19 为小浪底水利枢纽排沙洞内水流含沙量与库水位关系。

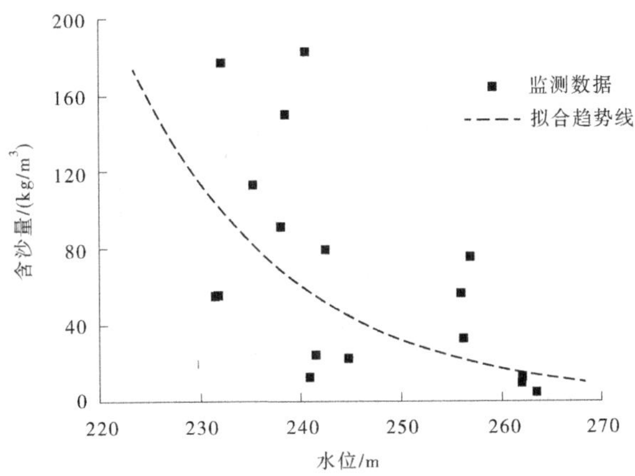

图 5-19　小浪底水利枢纽排沙洞内水流含沙量与闸门开启时对应库水位关系

从图 5-19 可以看出，闸门开启时对应库水位越低，小浪底水利枢纽排沙洞内水流含沙量越大。小浪底水利枢纽排沙洞闸门开启时水位较低主要由小浪底水利枢纽超低水位运用引起。

根据本次研究总结小浪底水利枢纽排沙洞磨蚀因素影响规律,在此基础上提出更有利于枢纽运行的规律性认识如下:

一是在小浪底水利枢纽调度运用过程中,需要注意对水流含沙量的监测,同时采用一定调度策略尽量避免排沙洞内水流含沙量过大。特别是要尽量减小小浪底水利枢纽超低水位运行时间和频率,以避免水流含沙量过大造成流道严重磨蚀破坏。

二是在小浪底水利枢纽调度运用过程中,需要根据对应库水位合理选择闸门开度。当闸门开启时对应库水位较高的情况下,应避免闸门长期保持较小开度,防止挟沙水流对小浪底水利枢纽流道出口处闸门附近局部区域造成严重磨蚀。

5.5.2 西霞院反调节水库

西霞院反调节水库主要涉及排沙洞和排沙底孔两类流道,受推移质破坏影响较大。由于磨蚀深度是表征此类磨蚀破坏程度的重要参数,相关数据较少,难以建立该工程流道磨蚀模型以进行磨蚀因素的影响规律预测,因此需要基于实际运行情况监测数据进行相关性分析。考虑到西霞院反调节水库投入运行时间较短,积累数据较少,文中主要基于已有监测数据对磨蚀因素影响规律进行定性分析,并基于已有理论分析相关影响机制。

5.5.2.1 闸门开度

从表 5-11~表 5-17 中可以看出,西霞院反调节水库 1 号排沙洞 2012 年汛前至 2019 年汛前、4 号排沙洞 2012 年汛前至 2015 年汛前闸门开度平均值分别为 3. 1 m 和 4. 3 m,对应时间段内 1 号和 4 号排沙洞闸门开启时对应库水位平均值均为 130. 0 m,水流总作用持续时间分别为 1 178. 75 h 和 1 248. 70 h,磨蚀面积分别为 673. 20 m^2 和 340. 26 m^2。对应时间段内 1 号和 4 号排沙洞闸门开启时对应库水位平均值相同,水流总作用持续时间接近(4 号排沙洞大 5. 9%),4 号排沙洞闸门开度平均值比 1 号排沙洞大 38. 7%,但磨蚀面积却比 1 号排沙洞小 49. 5%。

从表 5-19~表 5-22 中可以看出,西霞院反调节水库 1 号、3 号排沙底孔 2021 年汛前至 2022 年汛前,闸门开度平均值分别为 3. 9 m 和 4. 9 m,对应时间段内 1 号和 3 号排沙底孔闸门开启时对应库水位平均值均为 132. 8 m,水流总作用持续时间分别为 1 393. 27 h 和 1 399. 90 h,磨蚀面积分别为 12. 72 m^2 和 6. 70 m^2。对应时间段内 1 号和 3 号排沙底孔闸门开启时对应库水位平均值相同,水流总作用持续时间接近(3 号排沙底孔大 0. 5%),3 号排沙底孔闸门开度平均值比 1 号排沙底孔大 25. 6%,但磨蚀面积却比 1 号排沙底孔小 47. 3%。

综上所述,西霞院反调节水库 1~6 号排沙洞、1~3 号排沙底孔存在闸门开度越大、磨蚀面积越小的情况。

下面分析产生上述闸门开度对磨蚀破坏影响规律的机制。

1. 磨损破坏

西霞院反调节水库 1~6 号排沙洞和 1~3 号排沙底孔受推移质磨损破坏影响较大,此类破坏模式中,跳跃式冲击磨损产生的破坏最严重。在一定水力条件下,闸门对其上游水流具有一定壅塞作用,导致水流泄出时流速较大,闸门开度越大,闸门对水流壅塞越小,流速越小,其紊流状态越不明显,水体运动越趋向于沿流道纵向的层流,越难以激起推移质颗粒跳跃运动，即颗粒对流道壁面的冲击角度越小。因此，闸门开度越大，西霞院反调节水库排沙洞和排沙底孔推移质磨损破坏可能越轻微。

2. 气蚀破坏

由于流道内水流流速越大，趋向流道壁面运动的空泡群附近压强越大，空泡群越易受高压区压强影响溃灭，即流速越大、气蚀破坏发生概率越大。闸门对其上游水流具有一定壅塞作用，导致水流泄出时流速较大，闸门开度越大，闸门对水流壅塞越小，流速越小。当在一定水力条件下，水流流速对气蚀破坏发生概率影响较大时，可能出现闸门开度越大，西霞院反调节水库排沙洞和排沙底孔发生气蚀破坏的可能性越小的情况。

5.5.2.2　流道过流时的库水位

从表 5-11～表 5-17 中可以看出，西霞院反调节水库 1 号排沙洞 2019 年汛前至 2020 年汛前、6 号排沙洞 2012 年汛前至 2019 年汛前闸门开度平均值均为 4.3 m，对应时间段内 1 号和 6 号排沙洞闸门开启时对应库水位平均值分别为 131.9 m 和 130.3 m，水流总作用持续时间分别为 805.92 h 和 2 279.20 h，磨蚀面积分别为 65.05 m^2 和 934.35 m^2。对应时间段内 1 号和 6 号排沙洞闸门开度平均值相同，水流总作用持续时间接近（1 号排沙洞大 0.4%），1 号排沙洞闸门开启时对应库水位平均值比 6 号排沙洞大 1.2%，但磨蚀面积却比 6 号排沙洞小 91.7%。

从表 5-19～表 5-22 中可以看出，西霞院反调节水库 1 号排沙底孔 2020 年汛前至 2021 年汛前、3 号排沙底孔 2012 年汛前至 2016 年汛前，闸门开度平均值均为 5.3 m，对应时间段内 1 号和 3 号排沙底孔闸门开启时对应库水位平均值分别为 131.9 m 和 129.5 m，水流总作用持续时间分别为 2 146.52 h 和 2 022.08 h，磨蚀面积分别为 296.72 m^2 和 362.69 m^2。对应时间段内 1 号和 3 号排沙底孔闸门开度平均值相同，水流总作用持续时间接近（1 号排沙底孔大 6.2%），1 号排沙底孔闸门开启时对应库水位平均值比 3 号排沙底孔大 1.8%，但磨蚀面积却比 3 号排沙底孔小 18.2%。

综上所述，西霞院反调节水库 1～6 号排沙洞、1～3 号排沙底孔存在闸门开启时对应库水位越高、磨蚀面积越小的情况。

下面分析产生上述闸门开启时对应库水位对磨蚀破坏影响规律的机制。

1. 磨损破坏

西霞院反调节水库 1～6 号排沙洞和 1～3 号排沙底孔受推移质磨损破坏影响较大。对于推移质对流道混凝土的滑动摩擦、滚动摩擦和跳跃式冲击磨损 3 种典型破坏作用，单个推移质颗粒单次作用造成的损伤均较小，流道混凝土材料损伤累积效应有限；多个颗粒多次作用形成较大损伤累计，才能导致较明显磨损。已有西霞院反调节水库运行经验表明，在超低水位运行频率较大、运行时长较久情况下，水体内推移质颗粒淤积较多。这说明，闸门开启时对应库水位越高，水体内推移质颗粒反而越少。因此，作用于流道壁面混凝土的推移质颗粒越少，西霞院反调节水库排沙洞和排沙底孔磨损破坏越轻微。

2. 气蚀破坏

流道底部推移质颗粒缝隙寄存有气核，且推移质颗粒与水体密度不同，其滑动、滚动或跳跃过程中，在绕流、尾流等作用下一侧压强较低，若其处于低压区，则该侧压强相对更低。因此，水体中推移质淤积越多，越易产生空泡，进而增大气蚀破坏发生概率;反之,推移质较少会减小气蚀破坏发生概率。由于闸门开启时对应库水位越高,水体内淤积推移质颗粒越少,因此西霞院反调节水库排沙洞和排沙底孔发生气蚀破坏的可能性越小。

5.5.2.3 各因素影响磨蚀的规律性认识

图5-20和图5-21分别为西霞院反调节水库排沙洞和排沙底孔闸门开启时对应库水位对磨蚀面积的影响。

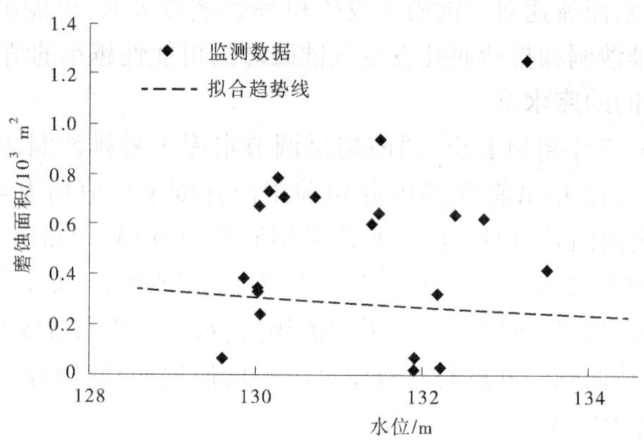

图5-20 西霞院反调节水库排沙洞闸门开启时对应库水位对磨蚀面积的影响

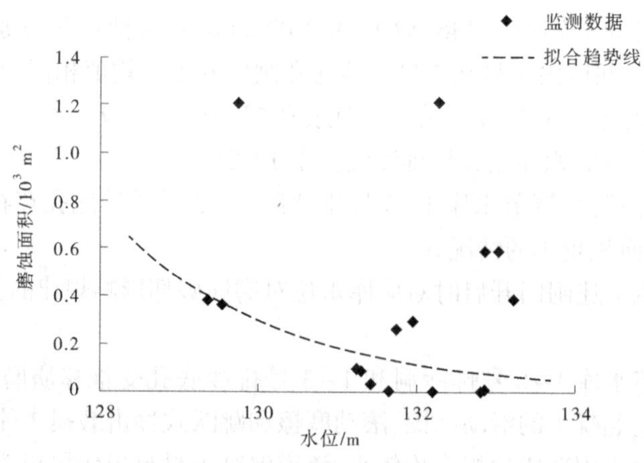

图5-21 西霞院反调节水库排沙底孔闸门开启时对应库水位对磨蚀面积的影响

从图5-20和图5-21可以看出,西霞院反调节水库排沙洞和排沙底孔闸门开启时对应库水位越低,其对磨蚀面积的影响越严重。这是由于西霞院反调节水库流道闸门开启时对应库水位较低时,超低水位运行将导致水体裹挟大量推移质经过流道,进而加剧流道磨蚀破坏的缘故。

结合上述分析,根据本次研究总结西霞院反调节水库排沙洞和排沙底孔磨蚀因素影响规律,在此基础上提出更有利于孔洞运行的规律性认识如下:

一是在西霞院反调节水库调度运用过程中，应尽量减少超低水位运行时间和频率，以避免推移质加剧流道磨蚀破坏。

二是在西霞院反调节水库调度运用过程中，需要合理选择闸门开度。当闸门开启对应库水位较高时，应避免闸门长期保持较小开度，防止西霞院反调节水库流道出口处闸门附近局部区域磨蚀破坏严重。

三是加强对西霞院反调节水库排沙洞和排沙底孔磨蚀深度监测，进一步分析其磨蚀因素相关性，特别是闸门开启时对应库水位、闸门开度和磨蚀破坏程度三者间关系。

第 6 章 国内工程维修养护情况

泄洪流道是水利枢纽的核心建筑物,其结构安全直接关乎整个水利枢纽能否安全稳定运行。泄洪流道在汛期需要频繁运用,含沙水流势必会对过流表面造成磨蚀、气蚀以及推移质等破坏,需要在汛后或者停用间隙及时开展缺陷部位的检查与维修。前述第 4 章和第 5 章分别对小浪底水利枢纽和西霞院反调节水库泄洪流道历年维修养护情况及磨蚀破坏规律做了分析和总结,初步得出了一些经验和成果,但目前小浪底水利枢纽和西霞院反调节水库泄洪流道检查维修工作量依旧很庞大,加之国内外抗磨蚀新材料研究不断,是否存在更适用于两站水利枢纽泄洪流道的修补新材料及施工工艺还需进一步探寻,在此情况下,本书编委会有关同志对国内有关工程维修养护情况开展了调研。

本章通过调研国内其他工程泄洪流道维修养护情况,总结其他工程维修养护经验和抗磨蚀新材料应用效果,以期为小浪底水利枢纽和西霞院反调节水库泄洪流道今后的维修养护工作提供参考。

6.1 新安江水库

6.1.1 总体概况

6.1.1.1 工程概况

新安江水电厂大坝位于浙江省建德市铜官峡谷的新安江上,坝址以上控制流域面积 10 442 km^2,占新安江流域面积(11 850 km^2)的 88%,约占钱塘江流域面积(41 800 km^2)的 25%。电厂以发电为主,兼顾防洪、航运、养殖、旅游等综合利用要求,在华东电网中担负调频、调峰、事故备用等任务,对电网的安全、稳定运行起着重要作用。在防洪方面,对减轻下游河道的洪涝灾害有显著的作用。新安江水电厂于 1957 年 4 月主体工程开工,1959 年 9 月下闸蓄水,1960 年 4 月第一台机组并网发电。1959 年后对工程进行设计校核及施工复查,并进行了大规模的补强加固和填平补齐完善工程,工程于 1965 年竣工,新安江水库全貌见图 6-1。

本工程主要建筑物原设计标准为 I 等,设计、校核洪水标准为千年一遇和万年一遇加安全保证值,设计洪水位为 111. 0 m,校核洪水位为 114. 0 m。水库的正常蓄水位为 108. 0 m,汛期防洪限制水位为 106. 5 m,死水位为 86. 0 m。正常蓄水位 108. 0 m 时的库容为 178. 4 亿 m^3,校核洪水位 114. 0 m 时的总库容为 216. 26 亿 m^3。机组采用混凝土宽缝重力坝、坝后式厂房、厂房顶溢流式布置。拦河坝坝顶全长 466. 5 m,最大坝高 105 m,坝顶

图6-1　新安江水库全貌

高程115 m,防浪墙项高程116.2 m。大坝从右至左共分26个坝段,坝轴线呈折线,两岸折向上游。右岸0~6号坝段为挡水坝段,河床7~16号坝段为溢流坝段,左岸17~25号坝段为挡水坝段。除个别坝段外,坝段宽度一般为20 m,宽缝约占宽缝坝段的40%,0~3号以及24~25号坝段为实体重力坝,4号与23号坝段只有一侧有宽缝。

泄洪设施为9孔开敞式溢洪道,每孔净宽13 m,堰项高程99.0 m,泄洪方式为厂房顶溢流,挑流消能。溢洪道共设有9扇工作闸门并共用1扇事故检修闸门,均为平板钢闸门。孔口尺寸方面,工作闸门为13.0 m×10.5 m(宽×高),事故检修闸门为13.0 m×10.85 m(宽×高)。水电站7~16号溢流坝段采用厂房顶溢流结构,除反弧段、挑坎段以外,厂房顶部的溢流面平面面积3 860 m^2。

电厂装有9台水轮发电机组,设计总装机容量为662.5 MW,多年平均发电量为18.6亿kW·h。自1999年起对原有机组进行全面更新增容改造,至2021年,全部9台机组更新改造完毕,每台机组装机容量95 MW,电厂总装机容量实际已达到855 MW,多年平均发电量也有所增加。

6.1.1.2　泄洪流道概况

1.溢流面设计情况

溢流面总宽173 m,共设9孔,从右至左编号,单孔宽13.0 m,9孔净宽117.0 m。各溢洪进口用7.0 m宽闸墩分割,机组的进水口设在闸墩内。溢流堰顶高程为99.0 m,头部为非真空曲线“三次抛物线”,溢流坝面斜直段为1∶0.75,下接椭圆形曲线反弧段,反弧末端与长20.86 m、高程52.25 m的厂房顶水平段相接,厂房顶末端设有矩形差动式挑流鼻坎,其高低差1.6 m,高坎宽2.5 m,射角30″,低坎宽2.5 m,射角12°17′18″,高坎两侧设ϕ28~30 cm的L形补气孔。

为了减少入水的单宽流量,并尽量使挑流水舌封堵河床,避免两侧回流淘刷,溢流道两边墙呈扩散状,右导墙扩散角3°35′,左导墙扩散角0°50′。

2. 溢洪道施工情况

1) 溢流面永久处理加浇混凝土工程

原溢流面混凝土表面粗糙,高差较大。加浇一层不低于 30 cm 厚的混凝土,工程在两个枯水期内施工,1963 年 11 月 15 日至 1964 年 3 月 12 日完成 7~11 号坝段,1964 年 10 月 21 日至 1965 年 1 月 27 日完成 12~16 号坝段。处理范围为坝左桩号 0+003.00 m 至坝左桩号 0+176.00 m,坝上桩号 0+003.394 m 至坝下桩号 0+062.193 m,高程 52.25~99.00 m。对老混凝土溢流面裂缝加设骑缝钢筋,新老混凝土面通过插筋方式连接。混凝土表面平整度控制在 8 mm 以内,局部缺陷凿除后用环氧砂浆修补。施工结束即发现较多的混凝土表面温度裂缝。

2) 厂房顶部环氧砂浆处理

新安江水电站厂房过水面原设计为真空作业混凝土,由于施工质量不高,浇筑的混凝土表面凹凸不平,不能满足过水要求,为此中国水利水电第一工程局有限公司于 1963 年邀请各方面专家到现场研究商定修补方案,最后决定采用新材料即环氧树脂砂浆进行修补。工程在 1964 年 3 月 27 日至 1964 年 8 月 31 日进行,处理面积 3 860 m^2,环氧树脂砂浆厚度 2~3 cm。采用的环氧树脂是 634 号和不饱和聚脂树脂 304 号。开始是跳仓施工,后期整块涂抹。施工时就发现有裂缝,裂缝附近有脱空现象,严重的部位挖除后重新修补。

3. 溢流面运行情况

依据结构部位不同,统一简化命名,后续无特别说明时,内容均为简称:厂房和大坝之间的纵向伸缩缝称厂坝缝,主厂房和副厂房之间纵向的伸缩缝称主副缝,主副缝上游坝段间的横向伸缩缝为横缝,主副缝下游厂房顶横向伸缩分缝为机组缝。溢流曲线头部至反弧段末端称大坝溢流面,水平段至挑流鼻坎称厂房顶溢流面。

大坝溢流面自电站施工末期进行加高后,没有进行过处理。2016 年大坝第四次定检时提出溢流面裂缝较多,经查阅历史资料,是溢流面加高浇筑混凝土期间就出现的加高层温度裂缝。大坝第四次定检期间检测的强度很高,碳化深度也不大,运行至今 60 多年,经历多次泄洪没有新的缺陷产生,仅表层有轻微起砂现象。厂坝缝自运行以来没有损坏。2020 年完成大坝溢流段的处理。

厂房顶溢流面水平段最早为环氧砂浆材料,由于水平段洪水的流速较快,每次泄洪都能产生新的缺陷,缺陷集中在主副缝两侧和反弧段混凝土交接缝的不平整或已脱空处。2011 年和 2020 年泄洪后,缺陷集中在主副缝附近及下游侧,缺陷在次年汛期前都进行了修补。从 20 世纪 90 年代起,一直围绕溢流面水平段做材料试验和缺陷修补工作,2018 年至 2019 年开展科技项目《新安江电厂溢流面混凝土表面防护方案试验研究与应用》,主要研究适合的水平段表面防护材料,2020 年 12 月至 2021 年 4 月对泄洪后水毁的环氧砂浆进行修补。

不同于厂坝缝的没有缺陷,主副缝每次泄洪都能冲毁部分表面的钢板。2000 年,主副缝压缝钢板更换为不锈钢并铆接,但运行仍不理想,泄洪后产生较多的损坏,非泄洪期间也存在部分地段铆钉拔断、钢板翘起、钢板脱空现象。目前主副缝有 3 种不同的结构,一段未被泄洪损毁的不锈钢板保留,一段为中国水利水电科学研究院修补的高弹砂浆,一段为中国水利水电第十一工程局有限公司修补的环氧砂浆。

挑流鼻坎自电站建设末期低坎加高和补气孔增设后,一直没有大规模修补过。虽然鼻坎段流速大,但未产生较大缺陷,泄洪会磨蚀混凝土表面和补气孔附近,致使混凝土骨料裸露。2020 年 12 月至 2021 年 4 月已完成单组分聚脲的涂刷。

第四次定检以来,新安江水库仅 2020 年 7 月泄洪过一次。新安江水库于 2020 年 7 月 7 日上午 10 时开闸泄洪,7 月 14 日 15 时关闸停止泄洪,泄洪历时 173 h。本次泄洪开闸水位 107.30 m,关闸水位 106.34 m,最高库水位达到 108.39 m。其间降水 168.4 mm,发电 1.41 亿 kW·h,最大实测洪峰流量 22 100 m^3/s,最大出库流量 7 680 m^3/s,溢洪道累计泄洪水量 23.46 亿 m^3,加上发电累计出库水量 30.98 亿 m^3。第四次定检以来,溢洪道泄洪运行情况见表 6-1。新安江水库泄洪期间主要特征值见表 6-2。

表 6-1　2020 年溢洪道泄洪运行情况统计

年份	项目	泄水建筑物(溢洪道)
2020 年	开启次数	1
	最大开度/m	全开
	最大出库流量/(m^3/s)	7 680
	泄洪历时/h	173
	泄量/亿 m^3	23.46

表 6-2　新安江水库 2020 年泄洪主要特征值

日期(月-日)	开闸时间	关闸时间	闸孔号	开闸孔号	开闸孔数	库水位/m
07-07	10:00	—	3、5、7	3、5、7	3	107.30
07-07	12:00	—	1、9	1、3、5、7、9	5	107.52
07-07	16:00	—	4、6	1、3、4、5、6、7、9	7	107.86
07-08	9:00	—	2、8	1、2、3、4、5、6、7、8、9	9	108.39
07-09	—	19:00	2、8	1、3、4、5、6、7、9	7	108.11
07-12	—	9:00	4、6	1、3、5、7、9	5	106.89
07-12	—	15:00	1、9	3、5、7	3	106.79
07-13	—	13:00	3、7	5	1	106.51
07-14	—	15:00	5	—	0	106.34

6.1.2　泄洪流道运行维修养护情况

6.1.2.1　2016 年第四次定检以前

2003—2004 年,在厂房顶溢流面的 7 号和 8 号坝段采用弹性环氧砂浆进行过 3 次试验,试验面积为 120 m^2。前两次试验弹性环氧砂浆出现了夏季高温起包问题,分析应该是混凝土内水的汽化形成,后经过室内试验、室外模拟试验和原因分析,于 2004 年 10 月底在新安江水力发电厂厂房顶溢流面完成了弹性环氧砂浆涂层的试验任务。这次试验环氧明显不饱和,有利于气体散发,没有出现鼓包现象。从完成试验工作至2008年期间,弹性环氧砂浆未出现防护层开裂、脱空等质量问题。

从2008—2010年3年间,中国水利水电科学研究院对11号坝段至16号坝段老化的环氧砂浆进行了置换,置换为2004年试验的弹性环氧砂浆,总计置换老化环氧砂浆涂层2 480 m^2。

2011年6月泄洪开3号、5号和7号孔,泄洪后检查发现9号坝段和10号坝段为老化环氧砂浆(1964年的环氧砂浆,泄洪前尚未更新),未见异常;11~14号坝段溢流面环氧砂浆共施工约1 645 m^2,泄洪造成14处不同程度的损坏,破坏面积约为267 m^2,占总施工面积的16.2%;7号、8号、15号、16号坝段溢流面未受水流直接冲刷,尚不能检验抗冲效果。从现场检查情况看,受泄洪水流冲刷的11~14号坝段,表面的弹性环氧砂浆防护层破坏较多。中国水利水电科学研究院于2011年9月22日至11月14日,完成老化环氧砂浆涂层的全部置换及修补工作,9号、10号坝段是置换工作,11~14号坝段是泄洪损坏的修补工作,其余是零星修补和聚脲层喷涂工作,采用的是高增韧型环氧砂浆作为弹性环氧砂浆涂层的置换材料。

6.1.2.2 2016年第四次定检以来

2020年7月,泄洪流道9孔泄洪闸全开进行泄洪运用,共运用173 h,部分溢流面产生冲蚀缺陷。此外,在水电站第四次定检中,专家也提出溢流面裂缝较多问题。针对上述情况,在2020年9月至2021年4月,对溢流面集中进行了2次维修,即中国水利水电第十一工程局有限公司施工的大坝溢流面修补工程和中国水利水电科学研究院施工的厂房顶溢流面和挑流鼻坎修补工程。

1. 大坝溢流面缺陷修补加固工程

在2020年9月14日至2021年1月18日,国网新源新安江电厂大坝溢流面缺陷修补加固工程由中国水利水电第十一工程局有限公司进行施工,图6-2是本书编委会部分同志在大坝溢流面查看时的情况,本次修补加固的主要施工内容如下:

(1)大坝溢流面整体防护。溢流面9孔溢洪道采用涂刷2.8 mm厚抗冲磨型单组分手刮聚脲并复合胎基布进行抗冲磨防护,表面涂刷0.2 mm厚的抗紫外线保护层,实际完成工程量9 794.7 m^2。

(2)溢流面混凝土裂缝缝宽大于0.5 mm处理。缝宽大于0.5 mm施工工艺为:沿混凝土裂缝两侧及缝面打磨处理、埋设灌浆嘴、化学灌浆、封孔及混凝土基面处理、涂刷单组分聚脲界面剂、涂刷第一层SK抗冲磨型单组分手刮聚脲。

(3)溢流面混凝土裂缝缝宽小于0.5 mm处理。缝宽小于0.5 mm施工工艺为:沿混凝土裂缝两侧打磨处理、涂刷单组分聚脲界面剂、涂刷第一层SK抗冲磨型单组分手刮聚脲、粘贴复合胎基布、涂刷第二层和第三层SK抗冲磨型单组分手刮聚脲。

(4)施工冷缝处理。施工冷缝处理采用化学灌浆、嵌填高弹性聚脲砂浆、涂刷单组分聚脲界面剂、涂刷第一层SK抗冲磨型单组分手刮聚脲、粘贴复合胎基布、涂刷第二层和第三层SK抗冲磨型单组分手刮聚脲的施工方法。

图 6-2　本书编委会部分同志在大坝溢流面查看时的情况

2. 厂房顶溢流面和挑流鼻坎修补工程

2021 年 1 月 15 日至 2021 年 4 月 9 日，国网新源新安江电厂厂房顶溢流面缺陷修补加固工程由北京中水科海利工程技术有限公司进行施工，厂房顶溢流面修补后情况见图 6-3，主要施工内容如下：

图 6-3　厂房顶溢流面修补后情况

（1）厂房顶溢流面防护。2020 年泄洪 15 号、16 号坝段破坏面积合计 73 m²，占溢流面总破坏面积的 64%，此次施工主要对 15 号、16 号坝段进行整体防护，其余坝段只对损坏的地方进行置换处理，抗冲磨防护采用高强聚合物砂浆，施工工程量 792.18 m²。

（2）主副厂房伸缩缝处理。厂房顶溢流面主副厂房伸缩缝原来采用不锈钢压板，这次 15 号、16 号坝段主副缝采用回填高弹性聚脲砂浆+SK 手刮聚脲抗冲磨防护层的处理方式进行处理。

(3)挑流鼻坎整体防护。采用混凝土面整体涂刷抗冲磨型 SK 手刮聚脲复合胎基布防护处理方案,涂层厚度 3.0 mm,SK 手刮聚脲防护涂层表面涂刷 0.2 mm 厚的抗紫外线保护层,施工工程量 2 774.12 m^2。

6.1.3　抗磨蚀新材料试验与应用效果

6.1.3.1　抗磨蚀新材料试验

新安江水电站处于南方温暖地区,日光照射强烈,夏季厂房顶溢流面最高温度达到 50 ℃以上,特别是厂房顶长年积水,高韧性环氧砂浆长期在湿热的水中浸泡。2016 年对厂房顶溢流面检测发现,厂房顶高韧性环氧砂浆存在本体抗拉强度降低的老化现象,同时局部区域存在脱空剥落、龟裂以及顺水流向裂缝等缺陷。其原因是由于环氧砂浆本质上属于高分子聚合物材料,对温度比较敏感,长期在湿热环境下对环氧砂浆本体强度及耐久性影响较大。第四次定检时专家也给出了溢流面混凝土存在不少裂缝,且部分裂缝存在渗水析钙现象,建议系统研究溢流面混凝土裂缝处理的必要性及处理方案。鉴于上述问题并结合专家建议,新安江电厂针对溢流面防护开展了大量试验,详细情况如下:

2018 年 11 月 13 日至 2018 年 12 月 3 日,中国水利水电科学研究院在新安江大坝厂房顶溢流面 11 号和 12 号坝段主副缝下游侧开展了溢流面防护材料研究试验。针对新安江水电站厂房顶溢流面高温、高湿、振动、高速水流冲蚀等运行环境,在前期室内试验的基础上,选择了高弹性抗冲磨砂浆、高强聚合物砂浆和 PVA 纤维超高韧性水泥基复合砂浆(PVA-ECC)3 种材料进行现场试验。现场试验区域面积 408 m^2,其中,高强聚合物砂浆试验区域 222 m^2,高弹性抗冲磨砂浆试验区域 30 m^2,PVA 纤维超高韧性水泥基复合砂浆试验区域 156 m^2。

1. 室内试验

针对新安江电站厂房顶溢流面环氧砂浆防护层现状,考虑工程现场复杂的外界环境条件如高温、高湿、振动、高速水流冲蚀等,通过材料室内性能试验研究和现场试验,比选提出满足工程运行要求的防护措施方案,为电站溢流面的后续修补加固处理提供科学依据。试验选择了高弹性抗冲磨砂浆、高强聚合物砂浆和 PVA 纤维超高韧性水泥基复合砂浆(PVA-ECC)3 种材料按照相关规范标准方法进行室内材料专项试验,主要包括耐湿热试验、抗基层开裂性能试验、抗高速水流冲磨试验,之后在电站厂房顶溢流面选定合适场地,对推荐的技术防护方案进行现场工艺性试验,以验证防护材料的现场适应性和施工工艺。

1)高弹性抗冲磨砂浆

高弹性抗冲磨砂浆是以 SK 手刮聚脲为胶结材料,通过添加玻璃纱进行配合比设计,砂浆比例可以选用 2:1或 3:1,优选制备而成的高弹性砂浆材料。室内对高弹性抗冲磨砂浆进行了抗拉伸试验、抗压试验、超低温抗拉伸试验、抗冲击试验、抗折试验、抗冲磨试验、耐水性等材料性能测试。通过试验数据可知,高弹性抗冲磨砂浆材料本体轴向抗拉强度在 2.0~4.0 MPa,极限拉伸率在 10%~30%,抗压强度在 15 MPa 以上,与混凝土的黏结强度在 2.5 MPa 以上,在-40 ℃环境下依然有很好的柔性,可以在寒冷地区应用。

2)高强聚合物砂浆

不管是标准养护还是泡水养护,高强聚合物砂浆28 d抗压强度都能超过64 MPa,28 d抗折强度都能等于或大于9.9 MPa,28 d材料本体拉伸强度都能超过4.6 MPa,强度性能能够满足工程需要。通过试验结果对比,60 ℃水浴恒温养护对于聚合物砂浆强度没有负面影响,相反能促进中期强度增长。高强聚合物砂浆抗渗性能、抗冻性能优良,28 d抗渗性能大于W10,28 d抗冻性能达到F300,能够满足工程需要。高强聚合物砂浆90 d抗冲磨强度为25.7 h/(kg/m^2)(水下钢球法)。高强聚合物砂浆28 d干缩率为-375×10^{-6},50 d干缩率为-431×10^{-6}。改性环氧界面剂B和聚合物界面剂都能达到2.0 MPa以上。

3)PVA纤维超高韧性水泥基复合砂浆

PVA纤维超高韧性水泥基复合砂浆是由水泥、粉煤灰、石英砂、PVA专用聚乙烯醇纤维,外加减水剂、增稠剂和膨胀剂等不同外加剂所组成的复合材料。

(1)采用普通硅酸盐水泥制备的PVA-ECC,试件的28 d龄期极限拉伸应变可达到2.61%,28 d拉伸强度为3.75 MPa,28 d和90 d抗压强度分别为29.1 MPa和44.9 MPa,28 d抗折强度为12.3 MPa;采用中热硅酸盐水泥制备的PVA-ECC,试件的28 d龄期极限拉伸应变较普通硅酸盐水泥略低,28 d拉伸强度略高,但抗折强度和抗压强度均略低。

(2)在掺加1.0%或2.0%膨胀剂后,标准养护试件的极限拉伸应变分别为1.93%和1.05%。表明随着膨胀剂的加入,PVA-ECC的延性有所下降,极限拉伸应变的下降幅度分别为26%和60%。掺加膨胀剂后PVA-ECC的拉伸强度基本上相当,胶砂抗压强度和抗折强度略有增加。

(3)由标准养护、14 d标准养护+60 ℃养护两种条件下试件的拉伸试验结果可知,经高温养护后试件的极限拉伸应变均有不同程度的下降,表明养护温度升高,膨胀剂掺量对PVA-ECC的极限拉伸应变影响越大。高温养护条件下试件的拉伸强度、抗压强度和抗折强度均有大幅度提高。

(4)PVA-ECC的干缩率在28 d时为$(1\ 486\sim1\ 523)\times10^{-6}$,90 d龄期时为$(1\ 633\sim1\ 689)\times10^{-6}$。掺1.0%膨胀剂的PVA-ECC其各龄期的干缩率较不掺膨胀剂试件略低,而掺2.0%膨胀剂的PVA-ECC其7 d前各龄期的干缩率较不掺膨胀剂试件略低。

(5)抗冻性和抗渗性试验结果表明,PVA-ECC具有良好的耐久性,抗冻等级可达F1000以上,抗渗等级可达W20以上。

(6)PVA-ECC的冲磨试验表明,PVA-ECC试件120 d龄期时的抗冲磨强度为7.0 h/(kg/m^2),具有良好的抗冲磨性能。

(7)建议现场试验可采用普通硅酸盐42.5水泥或中热42.5水泥和Ⅰ级粉煤灰,减水剂和增稠剂掺量需根据现场拌和物的流动性决定,膨胀剂掺量不超过1.0%。

2. 现场试验

在电站厂房顶溢流面选定11号和12号坝段主副缝下游侧作为现场试验区域,现场试验区域面积408 m^2,其中高强聚合物砂浆试验区域222 m^2,高弹性抗冲磨砂浆试验区域30 m^2,PVA纤维超高韧性水泥基复合砂浆试验区域156 m^2。

1)高强聚合物砂浆试验

现场施工工艺流程为:

(1)清理混凝土表层的环氧砂浆及其他残留物,直到露出混凝土坚硬的基质部分。

(2)对混凝土进行凿毛处理,凿毛深度因混凝土质量而异,控制在1~3 mm内。

(3)对凿毛后的混凝土表面进行清理和清洗。

(4)在主副缝下游侧5 m范围内打孔,孔深5 cm,间距50 cm间隔布置,进行插筋处理,插筋顶部外露1~2 cm。

(5)涂刷界面剂后尽快浇筑聚合物砂浆,避免界面剂表干。现场试验划定两种试验区域,分别涂刷水泥基底和环氧基底界面剂。

(6)现场采用放线标注高度,一次性整体浇筑聚合物砂浆至原设计标高,砂浆振捣压实并表面抹平,待5~6 h后进行砂浆表面收光。

(7)后期进行洒水养护2周以上。

2)高弹性抗冲磨砂浆试验

现场施工工艺流程为:

(1)凿除湿凝土表面环氧砂浆至混凝土面。

(2)清洗、干燥后涂刷聚脲专用界面剂。

(3)界面剂表干后涂刷一薄层SK手刮聚脲。

(4)摊铺高弹性抗冲磨砂浆至原设计标高。

(5)养护3 d后再在高弹性抗冲磨砂浆表面涂刷2 mm厚的SK手刮聚脲进行防护。

3)PVA纤维超高韧性水泥基复合砂浆试验

现场施工工艺流程为:

(1)基体混凝土表面准备。清除待修补表面的残留物、油脂、污迹、油性物等,清除疏松的混凝土层直到露出混凝土坚硬的基质部分,以保证修补材料与混凝土表面的黏结强度。对于光滑的表面,需进行凿毛处理,凿毛深度因混凝土质量而异,应控制在1~3 mm。采用手持角磨机、喷砂、混凝土表面铣刨机等方式打毛。当基面未清理干净时,易造成空鼓或脱落,影响界面黏结强度。

(2)修补施工。在主副缝下游侧5 m范围内打孔,孔深5 cm,间距50 cm间隔布置,进行插筋处理,插筋顶部外露1~2 cm。在清理完毕的混凝土表面刷界面剂,分别涂刷水泥基底和环氧基底界面剂,界面剂表面用手触摸干燥后即可施工PVA纤维超高韧性水泥基复合材料。将搅拌均匀的纤维超高韧性水泥基复合浆体摊铺在试验区域,用镘刀摊平,或用平板振捣器摊平,然后拍打、抹光。

在浆体初凝前进行二次抹面,以便获得致密、光洁平整的表面。抹面时,材料表面禁止洒水。由于该材料表面用手触摸干燥后固化时间8~9 h,为了能够达到最好的收光效果,现场采用了跳仓间隔浇筑的施工方案。

4)结论及建议

(1)高强聚合物砂浆90 d龄期的本体抗压强度大于40 MPa,与基础混凝上之间的黏结强度大于2.5 MPa,破坏都是在拉拔头黏结面,当界面剂选用改性环氧界面剂,黏结强度更高,且表面用手触摸干燥后固化时间较短,可大面积一次性整体浇筑,减少了施工冷缝,砂浆平整度较好。

(2)高弹性抗冲磨砂浆位于伸缩缝部位,能适应伸缩缝的变形,通过对施工工艺的改进,高弹性抗冲磨砂浆抗拉强度可以大于 2.0 MPa。后续施工中,建议分层摊铺施工,一次摊铺厚度不宜超过 2 cm,间隔 1 d 以后再进行上部施工,待高弹砂浆材料充分固化后,再进行表面聚脲封闭。

(3)PVA-ECC 早期强度较低,但后期强度增长较快,与室内试验结果基本相当。240 d 的抗压强度可以达到 43.2 MPa,满足抗高速水流冲刷的要求,但是 PVA-ECC 水灰比较高,其表面用手触摸干燥后固化时间较长,不利于现场抹面收光,同时由于纤维含量较高,抹面及收光的难度较大。另外,搅拌过程中加入纤维增加了设备故障的次数和停机的时间,如果后续大面积应用,应对现场搅拌设备或材料配比加以改进。

6.1.3.2　应用效果

2019 年 7 月 30 日至 8 月 2 日,通过对新安江电站厂房顶溢流面进行检查,从现场检查情况看,高弹性抗冲磨砂浆位于伸缩缝部位,未出现裂缝、鼓包等现象,高弹性抗冲磨砂浆与两侧水泥砂浆结合良好;高强聚合物砂浆表面平整,无脱空、龟裂及破损现象;PVA-ECC 表现情况良好,无裂纹,施工条带之间无裂缝。

2020 年 7 月 14 日泄洪结束后,对厂房顶溢流面进行了检查。检查发现 4 号、5 号机组缝铺设的高弹性抗冲磨砂浆修补材料局部被掀起,破坏区域长 1 m、宽 1 m,通过现场破坏情形可以看出,高弹性抗冲磨砂浆破坏形式为表层聚脲保护层破坏,方向为顺水流方向。高弹性抗冲磨砂浆与混凝土黏结没有问题,不是伸缩缝拉裂或者冲刷破坏形成的,分析原因应该是该部位经过多次修复,局部凿除的深度超过 8 cm,试验时一次浇筑 8 cm 的高弹性砂浆太厚,影响材料固化,导致内部有气体,泄洪时由于气蚀导致聚脲保护层开裂,其他试验材料未见异常。

溢流面经过电站水工人员和科研单位多年来的不懈努力,取得了表面防护材料试验的成功,并经过 9 孔泄洪的考验,解决了厂房顶水平段存在的历史遗留问题。目前,水平段水毁缺陷已修复,大坝溢流面和挑流鼻坎也进行了防护,可保证新安江水电站的行洪安全。

大坝溢流面在历次泄洪中未产生缺陷,说明原设计和施工质量可靠,本次大坝溢流面抗磨蚀新材料修补后,可保护混凝土面不受风化影响并阻止钢筋层的锈蚀。由于聚脲的致密性,可能会在局部形成鼓包,只影响美观,不影响行洪安全。

厂房顶溢流面水毁部分已修补完毕,使用的高强聚合物砂浆材料经过泄洪考验,其强度、黏结力都能满足设计要求,材料和工艺研究是成功的。水平段大部分还是原环氧砂浆层,建议尽早全部更换,总的来说,厂房顶溢流面还是可靠的。

挑流鼻坎运行多年,其安全性已得到高水位 9 孔全开泄洪的考验。挑流鼻坎涂刮聚脲保护混凝土表层,有利无害。即使泄洪中聚脲被冲走也不影响正常运行。

6.2　三门峡水利枢纽

6.2.1　工程概况

6.2.1.1　总体概况

三门峡水利枢纽是新中国成立后黄河干流上修建的第一座大型水利工程,位于河南省三门峡市(右岸)和山西省平陆县(左岸)交界处,控制流域面积 68.84 万 km^2,控制全河水量的 89%、沙量的 98%,控制了河口镇至龙门区间和龙门至三门峡区间两大洪水来源区的洪水。

工程于 1957 年 4 月动工兴建,1958 年 11 月截流,1960 年 9 月下闸蓄水。三门峡水利枢纽全貌参见图 6-4,枢纽工程主要由大坝、泄水建筑物和水电站组成。大坝分为主坝和副坝,主坝为混凝土重力坝,坝长 713.2 m,最大坝高 106.0 m;副坝为混凝土双铰心墙土坝,长 144 m,最大坝高 24 m。电站厂房为坝后式,全长 223.9 m,宽 26.2 m。水库设计最高水位 340 m,防洪运用水位 335 m,相应库容约 60 亿 m^3。

图 6-4　三门峡水利枢纽全貌

三门峡水利枢纽是黄河下游防洪减灾体系和水沙调控体系的重要组成部分,原规划开发任务是防洪、防凌、灌溉、供水、减淤、发电等综合利用。小浪底水库建成后,主要任务调整为防洪、防凌、调水调沙和发电等。

6.2.1.2　改建情况

1960 年 9 月水库投运初期,水库按蓄水拦沙运用,最高运用水位 332.58 m(1961 年 2 月 9 日),回水超过潼关断面,造成库区泥沙淤积严重,潼关河床大幅度抬升,1962 年 3 月比 1960 年 4 月抬高了 4.8 m,渭河行洪不畅,威胁到渭河下游防洪和西安市安全。1962 年 3 月,水库运用方式改为滞洪排沙运用。库区淤积有所减缓,但仍在发展。

泄流规模小,致使 60% 入库泥沙淤在库内,特别是遇到 1964 年丰水丰沙年,当年来水量 699.3 亿 m^3,来沙量 24.5 亿 t,较设计来沙量 15.8 亿 t 偏大,渭河下游淤积继续发展。

(1)第一次改建(1965 年 1 月至 1968 年 8 月):增建两条泄流隧洞和改建 4 条发电引水钢管为泄流排沙管道,简称“两洞四管”。库水位 315 m 泄流能力由 3 084 m^3/s 增至 6 102 m^3/s,潼关以下库区开始从淤积转为冲刷,但潼关以上库区及渭河下游仍继续淤积,泄流排沙能力仍显不足,需进一步改建。

(2)第二次改建(1969 年 12 月至 1978 年 12 月):根据 1969 年“四省会议”(河南、陕西、山西、山东)确定的原则,枢纽工程进行了二次改建。主要改建项目包括打开 1~8 号施工导流底孔;降低 1~5 号发电引水钢管进口,安装 5 台单机 5 万 kW 发电机组。库水位 315 m 的泄流能力由 6 102 m^3/s 增至 9 059 m^3/s,泄流能力大大增加,水库由淤积变为冲刷,335 m 高程以下库容恢复到近 60 亿 m^3,潼关高程下降 1.8 m 左右。

(3)第三次改建:1984 年以后,为解决泄流排沙底孔磨蚀以及工程遗留问题,对枢纽泄流工程进行第三次改建,逐步打开 9~12 号底孔、2 对双层孔(6 号、7 号底孔,3 号、4 号深孔),增设一门一机,扩装 6 号、7 号发电机组。2000 年汛前 12 个底孔全部打开。315 m 水位下不含机组的泄流能力达 9 701 m^3/s。

综上,三门峡水利枢纽经 3 次改建后,泄水建筑物共包含 27 个泄水孔洞,即 12 个底孔、12 个深孔、2 条隧洞和 1 条钢管。三门峡水利枢纽泄水建筑物主要指标见表 6-3。

表 6-3　三门峡水利枢纽泄水建筑物主要指标

<table>
<tr><th colspan="2" rowspan="2">泄水建筑物</th><th rowspan="2">数量</th><th rowspan="2">编号</th><th rowspan="2">进口高程/m</th><th colspan="2">单孔泄量/(m^3/s)</th><th rowspan="2">315 m 时总泄量/(m^3/s)</th><th rowspan="2">投入运用时间/年</th></tr>
<tr><th>水位 300 m</th><th>水位 315 m</th></tr>
<tr><td colspan="2">底孔</td><td>3 个</td><td>1~3 号</td><td>280</td><td>250.5</td><td>382.4</td><td>1 147.2</td><td>1970</td></tr>
<tr><td colspan="2">深孔</td><td>3 个</td><td>10~12 号</td><td>300</td><td>8.5</td><td>279.6</td><td>838.8</td><td>1960</td></tr>
<tr><td rowspan="2">双层孔</td><td>深孔</td><td rowspan="2">9(对)</td><td>1~9 号</td><td>280</td><td rowspan="2">6 号底孔
266.3</td><td rowspan="2">6 号底孔
642.1</td><td rowspan="2">5 741.3</td><td>1960</td></tr>
<tr><td>底孔</td><td>4~12 号</td><td>300</td><td>1971
1990
2000
2001</td></tr>
<tr><td colspan="2">隧洞</td><td>2 条</td><td>1~2 号</td><td>290</td><td>424.5</td><td>1 065.3</td><td>2 130.6</td><td></td></tr>
<tr><td colspan="2">排沙钢管</td><td>1 条</td><td>8 号</td><td>300</td><td>0</td><td>230.8</td><td>230.8</td><td></td></tr>
<tr><td colspan="2">合计</td><td></td><td></td><td></td><td></td><td></td><td>10 088.7</td><td></td></tr>
</table>

6.2.2　泄洪流道运行维修养护情况

6.2.2.1　泄洪流道运行情况

1. 运用方式

三门峡工程兴建后,在原建的基础上,枢纽工程经过增建、改建,水库运用方式经历了蓄水拦沙、滞洪排沙及蓄清排浑控制运用 3 个时期。

(1)蓄水拦沙控制运用期(1960 年 9 月至 1962 年 3 月):三门峡水库于 1960 年 9 月下闸蓄水运用以来,至 1962 年 3 月为蓄水拦沙运用期,这一时期,水库基本上采取高水位运用,库水位在 330 m 以上的时间年均达 200 d,最高蓄水位 332.58 m,汛期平均水位 324 m 左右。库内共淤泥沙约 15 亿 m^3,占入库沙量的 92.9%。

(2)滞洪排沙控制运用期(1962 年 3 月至 1973 年 10 月):1962 年 3 月,经国务院批准,三门峡水库改为滞洪排沙运用,汛前水库尽量泄空,汛期敞泄排沙,拦洪水位控制在335 m。水库改变运用方式后,库区淤积有所减缓,但由于泄流规模不足,当发生大洪水时,水库仍以壅水排沙为主,造成泥沙淤积,期间累计淤积泥沙21.2亿m^3。

(3)蓄清排浑控制运用期(1973年11月至今):三门峡水库于1973年底开始采用蓄清排浑控制运用,即在来沙少的非汛期蓄水防凌、春灌、发电(防凌水位326 m、春灌水位324 m),汛期降低水位防洪排沙。蓄清排浑运用充分利用了水库非汛期流量小、含沙量小,汛期洪水多、流量大、含沙量大、泥沙集中于洪水期的水沙特性,对不同时段、不同特性的来水区别利用,是多沙河流水库综合利用的科学运用方法。

水库蓄清排浑运用以来,库区冲淤基本平衡,水库防洪库容长期保持在60亿m^3左右,潼关高程基本稳定在328 m左右。2003年,三门峡水库开始按照原型试验方式运用,非汛期控制运用水位一般不超过318 m,汛期按305 m控制运用。10月上旬水位开始向非汛期水位过渡。

2. 水沙情况

1960—2022年,三门峡水库平均入库水量为319.9亿m^3,平均来沙量为7.75亿t。最大年来水量为699.3亿m^3(1964年),最大年来沙量为24.50亿t(1964年);最小年来水量为149.40亿m^3(1997年),最小年来沙量为0.55亿t(2015年)。

三门峡水利枢纽自运用以来,来水来沙量呈减少趋势,显著的变化开始于1986年以后,如表6-4所示。

表6-4 三门峡水利枢纽年均来水来沙量

项目	1960—1973年	1974—1985年	1986—2002年	2003—2022年
年平均入库水量/亿m^3	407.21	400.98	247.01	275.6
年平均来沙量/亿t	14.07	10.42	7.06	2.2

来水来沙量减少主要表现在汛期(见表6-5)。

表6-5 三门峡水利枢纽汛期平均来水来沙量

项目	1960—1973年	1974—1985年	1986—2002年	2003—2022年
汛期平均入库水量/亿m^3	232.12	236.24	112.75	139.89
汛期平均来沙量/亿t	11.80	8.85	5.34	1.77

近年来,随着黄河中游多沙粗沙区治理力度的加大,黄河流域的产流产沙环境发生了较大变化,干流的水沙显著减少。以潼关站为例,蓄清排浑运用后的1973年11月至2002年10月,年均径流量为311.5亿m^3,年均输沙量为8.47亿t,平均含沙量为27 kg/m^3。实施原型试验后2003—2022年,三门峡水库入库年均径流量为275.6亿m^3、年均输沙量为2.2亿t,潼关站实测年均径流量和年均输沙量与之相比分别减少35.9亿m^3和6.27亿t,减幅分别为11.5%和74.0%,平均含沙量减小为7.98 kg/m^3。相较于来水量的减少,来沙量减幅更大,有利于水库减淤。

6.2.2.2　泄洪流道维修养护情况

经过对三门峡水利枢纽来沙情况进行分析，泥沙含量大的主要原因有三方面：一是黄河本身的泥沙含量居世界首位；二是枢纽运用方式造成全年泄洪排沙主要在 7 月、8 月、9 月、10 月这 4 个月，非常集中；三是枢纽上游龙羊峡、万家寨水库建立后，汛期的调蓄运用减少了三门峡水利枢纽的汛期来水量，加剧了水流的含沙量。所以，高含沙水流在汛期的集中冲刷导致泄洪流道磨蚀严重，为了保障流道结构安全，每年须对缺陷部位进行维修。

三门峡水利枢纽泄洪流道在 20 世纪 90 年代初期，侧墙和底板进行过混凝土补强。目前原补强混凝土局部有脱落，部分粗骨料露出。三门峡水利枢纽泄洪系统典型破坏方式见表 6-6。

表 6-6　三门峡水利枢纽泄洪系统典型破坏方式

破坏区域	破坏形式
底孔、隧洞的侧墙和底板	原高强混凝土保护层冲刷，底板局部粗骨料露出
底孔侧墙	混凝土脱落
消力池	局部混凝土脱落
挑流鼻坎	抗磨层脱落

典型破坏情况如图 6-5、图 6-6 所示。

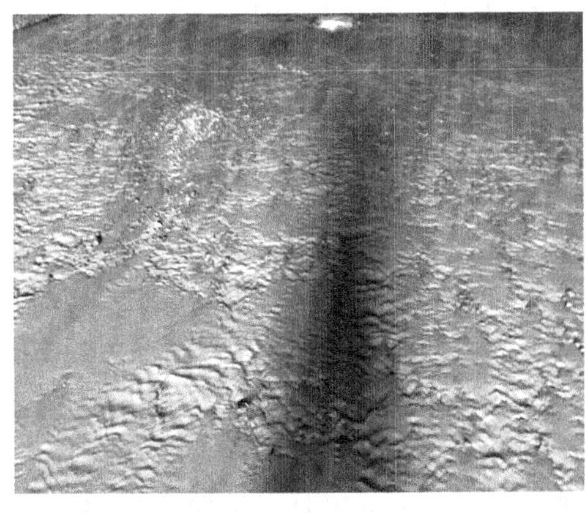

图 6-5　底孔、隧洞高强混凝土保护层冲刷，底板局部粗骨料露出

图 6-6　侧墙粗骨料裸露

三门峡水利枢纽运行维护人员每年汛后都会对泄洪流道开展缺陷检查，发现磨蚀破坏等缺陷，会及时拍照记录，并根据不同缺陷类型采取不同的修补方法。经过多年对流道磨蚀破坏情况的观察和维修，他们对三门峡水利枢纽泄洪流道磨蚀破坏规律及修补方法有了系统的认识。

6.2.3 抗磨蚀新材料试验与应用效果

6.2.3.1 改建期进行的抗磨蚀材料试验与应用效果

三门峡水利枢纽在改建期间运用了大量抗磨蚀材料做试验研究,包括辉绿岩铸石板、高强石英砂浆、高强混凝土、高强水泥砂浆、钢纤维混凝土、钢板等,下面对各种材料的应用情况进行简要介绍。

(1)辉绿岩铸石板。1973 年 12 月至 1974 年 11 月,在 1 号、3 号、4~8 号共 7 个底孔底板面铺砌辉绿岩铸石板,铺砌时用环氧树脂基液打底,用高标号水泥砂浆作黏结材料进行现场试验,汛期投入排沙运用。1981 年 4—6 月和 1982 年 5—6 月,对底孔进行了检查,1 号、3 号、6 号底孔底板的铸石板基本完好,破坏程度较轻;4 号、5 号、7 号、8 号底孔底板的铸石板剥落破坏较为严重,4 号和 7 号 2 个底孔底板铺砌的铸石板剥落面积在 56%以上,5 号和 8 号 2 个底孔铸石板剥落面积高达 87%以上,而这 4 个底孔铸石板剥落破坏部位的砂浆垫层平均磨损深度 5~7 cm。铸石板本身硬度很高,莫氏硬度超过三门峡过坝泥沙最硬的矿物莫氏硬度的 1~2 级,但板间接缝是一个薄弱环节,往往先从接缝处开始碎裂,再加上黏结工艺要求高,在有水、低温条件下,很难保证施工质量,容易从逐块掀掉发展为成片破坏。实践证明,辉绿岩铸石板的方案并不成功。

(2)高强石英砂浆。1970 年汛前曾对 1~3 号底孔侧墙局部做过 R300 砂浆抹面处理,在抹砂浆前涂抹环氧基液。1973 年 5 月在 3 号底孔涂抹 R500 水泥石英砂浆,28 d 砂浆强度在 62 MPa 以上。经过 8 个汛期运用,平均磨损 7. 5 cm,相当于一个汛期磨损 1 cm。1984 年检查发现 2 号底孔侧墙砂浆表面仅磨损一层,小骨料露出。

(3)高强混凝土。1990—1994 年,对 1~10 号底孔底板进行高强混凝土试验性修复。施工选用 R600 高强混凝土,掺加高效能 FDN 减水剂,厚度为 10 cm。为避免底板钢筋在开挖时裸露,同时减少开挖量,将底板高程在原设计 280. 0 m 基础上抬高 5 cm,确定为 280. 05 m,使大部分底板只需打毛处理,不必进行开挖。经过 15 年运用,在 2005 年对 5 号底孔进行检查,发现底板的高强混凝土抗磨层各部位平均磨损 7~8 mm。

(4)高强水泥砂浆。1990 年确定高强砂浆配合比和施工工艺,完成高强砂浆现场试验。1990—1995 年底孔侧墙采用 R500 高强水泥砂浆作为抗磨层,掺加高效能 FDN 减水剂及硅粉,采用水泥裹砂潮喷工艺,大面积、不分缝喷涂 50 mm 厚。底孔侧墙施工后,1993 年底检查其中 5 个底孔,累计过流 1 180~2 980 h,从外表看,经过含沙水流冲刷后表面灰浆仍保留较好,虽然采用大面积不分缝连续喷护,除个别部位有少量裂缝外,未发现有贯通性裂缝和剥落现象。据现场测量,一个汛期平均磨蚀 1~2 mm,室内试验 28 d 平均抗压强度达 85. 5 MPa,现场大板试验抗压强度为 61. 4 MPa,抗拉强度 3. 45 MPa。整体来说,采用喷射高强水泥砂浆的施工方法是成功的。

(5)钢纤维混凝土。1984 年对 2 号底孔进行二期改进过程中开始使用钢纤维混凝土,在混凝土中掺入高效能减水剂。28 d 抗压强度达 79. 6 MPa,达到承受闸门关闭时所产生的冲击力要求。针对底孔斜门前底坎和出口压缩段的底板采用钢纤维混凝土,由于枢纽运用处于不间断状态,底孔闸门槽等主体部分施工无法集中进行,贯穿于整个二期改建期间。多年实践证明,钢纤维混凝土比高强混凝土具有更好的抗磨性能,并能满足承受冲击的韧性和抗裂性要求,但由于造价较高,仅作为局部处理使用。

(6)钢板。钢板的抗泥沙磨损能力是比较低的,不论是钢板镶护还是门槽导轨或水轮机过流部件都说明了这一点。如 5~8 号钢管的 30 号钢板镶护层和水轮机组过水部件表面的铬五铜抗磨层,经过一个汛期过水,即受到严重冲蚀破坏。三门峡水利枢纽的运用效果表明,流速超过 10 m/s,就会造成钢板的磨蚀破坏。由于钢板硬度小,容易在施工中保证造型,可以在钢板镶护的部位表面采取保护措施,如涂抹环氧砂浆等。

据三门峡水利枢纽泄洪流道专业技术人员介绍,以上材料使用时间距今已较为久远,部分材料已不再生产,而且近年来修补用的材料和方式日新月异,以上材料多数已不再使用。

6.2.3.2　近期开展的抗磨蚀材料试验与应用效果

为了探索更加经济且更加适用于泄洪流道的修补材料和工艺,2022 年三门峡水利枢纽成立了课题攻关小组,开展了为期 3 年的泄洪孔洞抗磨防锈蚀材料试验,以期找出适用于现有运行工况且性价比高的抗冲磨材料。通过市场调研,选取了中国水利水电第十一工程局有限公司生产的 NE-Ⅱ型环氧砂浆,中国电建集团华东勘测设计研究院有限公司生产的 HK-E001 弹性环氧砂浆、HK-986 弹性环氧涂料,黄河水利委员会黄河水利科学研究院生产的聚氨酯复合树脂砂浆在枢纽底孔侧墙、挑流坎等部位进行了试验。

试验地点选定在 4 号、7 号、10 号、12 号底孔侧壁磨损区域;4 号、5 号底孔段挑流鼻坎区域;1 号、2 号、3 号、4 号、5 号、8 号、9 号、10 号底孔工作闸门后 1.3 m 段气蚀区域;2 号隧洞侧壁明流段区域进行抗冲磨科技攻关试验。

试验施工完成并经过一个汛期的考验后,在 2023 年 4 月,检测单位对底孔抗冲磨材料进行了初步检测,各个材料在一个汛期过后,未出现明显的冲磨蚀情况,具体哪种材料更适合于三门峡水利枢纽泄洪流道磨蚀修补,还需多经历几次汛期考验并结合材料造价综合考虑。

6.3　达克曲克水电站

6.3.1　工程概况

6.3.1.1　总体概况

达克曲克水电站为玉龙喀什河"两库五级"开发方案中的第四个梯级工程,坝址断面多年平均年径流量 21.67 亿 m^3,多年平均流量 68.67 m^3/s。电站总装机容量为 75 MW(生态电站 5 MW),水库总库容 1 130 万 m^3,确定工程等别为Ⅲ等,属中型工程。

电站主要建筑物包括大坝、泄水建筑物、发电引水建筑物、水电站厂房及尾水渠。单独运行多年平均年发电量为 2.38 亿 kW·h,装机年利用小时数 2 929 h;联合运行多年平均年发电量为 2.64 亿 kW·h,装机年利用小时数 3 371 h。

工程于 2013 年 6 月正式开工,2014 年 10 月截流,导流兼泄洪冲沙洞过水。2015 年 6 月通过蓄水安全鉴定,7 月上旬下闸蓄水,7 月底发电引水洞通水,8 月首台机组(2 号机组)并网发电。2016 年 5 月第 2 台机组(1 号机组)并网发电。

6.3.1.2 泄洪流道概况

达克曲克水电站泄洪流道为导流兼泄洪冲沙洞,其布置在左岸,由引渠段、进口闸井段、有压洞身段、工作闸井段、无压洞身段、出口消能段组成。引渠段:引渠长 14.808 m,底宽 12.0 m,底高程 1 733.0 m,采用 C20 素混凝土衬砌,衬砌厚 0.3 m。进口闸井段:底高程 1 733.0 m,顶高程 1 778.6 m,闸井采用 C25 钢筋混凝土衬砌,基础采用锚杆及固结灌浆进行加固处理。有压洞身段:纵坡 i=0.004 11,为圆形,直径 7.5 m。洞身全断面采用 C25 钢筋混凝土衬砌。工作闸井段:工作闸为竖井型式,镶嵌在山体内。底高程 1 731.0 m,顶高程 1 766.5 m,孔口尺寸为 5.8 m×7.0 m,内设一道弧形工作门,采用 C25 钢筋混凝土,沿井筒四周布设固结灌浆孔及砂浆锚杆。无压洞身段:纵坡 i=0.005,为城门洞形,洞身直墙高 6.879 m,拱顶中心角为 120°,半径 4.041 m。洞内最大流速 21.75 m/s。采用 C25 钢筋混凝土衬砌,衬砌厚度 0.7 m。出口消能段:挑坎段长 16 m,挑坎反弧半径为 42 m,挑角为 20.618°,鼻坎顶高程为 1 733.262 m。

6.3.2 泄洪流道运行维修养护情况

6.3.2.1 泄洪流道运行情况

每年汛期上游来水挟带的泥沙含量较多,导流洞是水库汛期泄洪排沙的重要方式之一,洞身稳定运行也关乎着电站能否安全防洪度汛。根据多年平均入库沙量分析,在仅溢洪道泄洪的情况下,6 月平均 10 d 左右即可淤积至泄洪排沙洞顶高程,7 月平均仅需 4 d 左右即可淤积至泄洪排沙洞顶高程,造成排沙洞淤堵,影响泄洪排沙通道畅通,将严重危及水库安全。

导流兼泄洪冲沙洞自运行以来,每年汛期主要承担泄洪冲沙的作用,是汛期水库排沙以及泄洪最重要的方式之一。2015 年 12 月对导流兼泄洪冲沙洞有压段洞身整体进行了查看,各洞段除局部外无明显渗水现象,洞身整体情况良好。2016 年 11 月检查,闸门底缘水封螺栓孔下缘面板均有严重冲磨蚀破坏,部分面板已冲磨贯穿,螺栓头脱落;工作闸井边墙距底板 2~4 m 范围磨蚀现象加剧,距底板 1 m 范围内磨损严重,主要表现在一期与二期混凝土结合部位,二期混凝土冲蚀、磨蚀较为严重,边墙整体由下至上磨蚀情况呈减缓趋势。弧门底板钢衬及下部二期混凝土已严重破坏。底板钢衬下游 3~5 m 范围一期、二期底板混凝土磨损严重,左侧靠近边墙部位冲磨蚀深度 20 cm 左右。在底板钢衬下游 0.5~2 m 范围发现有垂直水流向钢筋已冲蚀磨断。门后底槛 3 000 mm 二期混凝土由于表面钢板已脱落,该部位二期混凝土严重破坏,多处出现冲坑。

6.3.2.2 泄洪流道维修养护情况

2016 年,达克曲克水电站邀请黄河水利委员会黄河水利科学研究院抗磨团队进入,在经充分论证和调研基础上,于 2017 年 4—5 月,对导流兼泄洪冲沙洞进行了抗冲磨材料涂装改造工程。工程区域主要包括闸门底板,工作闸井边墙、无压洞和挑坎段(局部),工作闸门门面板迎水面抗磨工程三部分。闸门底板不仅受到高速含沙水流的冲蚀,还伴有推移质及石块的冲击磨损,对此提出了"耐磨型钢+浇筑抗撕裂改性聚氨酯涂层"技术方案(见图 6-7)。首先铺设型钢,安装定位后型钢之间空隙浇筑高强度混凝土,高强混凝土顶部浇筑抗撕裂改性聚氨酯,浇筑聚氨酯涂层高程与闸井底板高程、耐磨型钢高程一致。

该方案既利用了耐磨型钢能够承受推移质及石块冲击的优点，达到吸能减磨的目的，又利用了抗撕裂改性聚氨酯优异的抗磨蚀性能，抵御高速含沙水流的冲蚀破坏，从而起到保护闸门底板的作用。

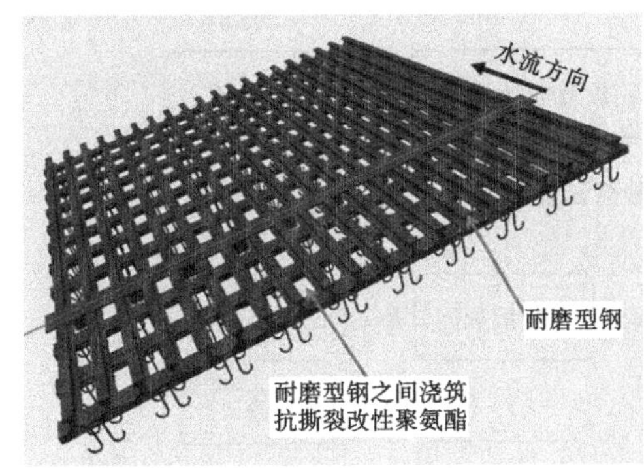

图 6-7　“耐磨型钢+浇筑抗撕裂改性聚氨酯涂层”技术方案

针对工作闸井边墙、无压洞和挑坎段混凝土冲磨严重问题，采用了复合树脂砂浆技术对导流洞无压洞身段进行磨蚀防护。参见图 6-8，利用聚氨酯优异的耐气蚀性能，对环氧树脂改性，制备出复合树脂砂浆，既具有优异的耐磨损性能，又具有良好的抗气蚀性能，能够发挥良好的磨蚀防护作用。

图 6-8　排沙洞底板及侧墙磨蚀修复效果

6.3.3　抗磨蚀新材料试验与应用效果

6.3.3.1　抗磨蚀新材料试验

达克曲克水电站主要针对复合树脂砂浆和抗撕裂聚氨酯两种新材料进行了抗磨蚀试验，两种新材料试验过程如图 6-9 和图 6-10 所示。

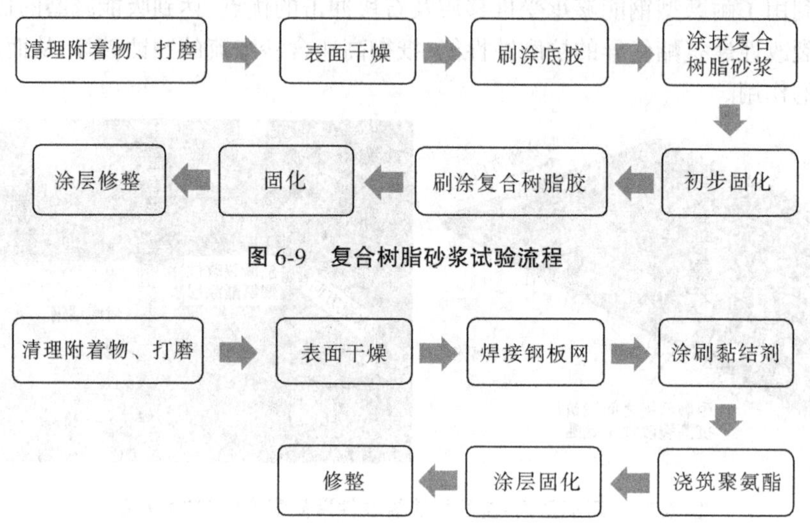

图 6-9 复合树脂砂浆试验流程

图 6-10 抗撕裂聚氨酯试验流程

1. 试验材料

试验所用复合树脂砂浆力学性能如表 6-7 所示。

表 6-7 复合树脂砂浆力学性能

序号	项目	单位	指标	说明
1	抗压强度	MPa	≥80	
2	抗拉强度	MPa	24~28	
3	抗折强度	MPa	≥10	四点弯曲
4	黏结强度	MPa	>4(混凝土);20~30(不锈钢)	
5	抗冲击强度	MPa	23~40	
6	抗冲磨强度	$h/(g/cm^2)$	10~15	

试验用抗撕裂聚氨酯材料特性为:由异氰酸酯(单体)与羟基化合物聚合而成,主链含-NHCOO-重复结构单元。由于含强极性的氨基甲酸酯,不溶于非极性基团,其主链结构中的硬段含量相对较高,因此该材料具有良好的抗撕裂性,同时也具有优良的耐磨性、耐老化性和韧性。

2. 试验工艺

复合树脂砂浆试验工艺如下:

(1)冲洗泥浆、污渍。利用水流将基面泥浆冲洗干净。

(2)烘干。利用热鼓风装置对有压洞进行鼓风干燥,同时也对基面起到加热作用,以方便接下来的涂抹砂浆施工。

(3)机械打毛。利用角磨机等设备,将清洗后的混凝土面进行打毛处理,以增加待处理面的粗糙度,提高复合树脂砂浆的黏结性能。

(4)涂抹复合树脂砂浆底胶。打磨过后,清理粉尘,然后刷涂配置好的底胶。刷涂时,要尽量均匀,避免漏刷;刷涂后要在一定时间内涂抹复合树脂砂浆,避免底胶固化。

(5)涂抹复合树脂砂浆。底胶刷涂均匀后,涂抹复合树脂砂浆。涂抹时要尽量压实,增加砂浆的密实度;砂浆表面尽量平整,减小由于涂层表面不平造成对水流流态的影响。

(6)复合树脂固化。根据现场温湿度情况,可采用常温或者加温固化。如加温固化,温度控制在 30~40 ℃,一般固化 8~12 h,常温情况下一般固化 48 h。

(7)刷涂复合树脂胶。复合树脂砂浆固化完成后,刷涂配制好的复合树脂胶。刷胶时,尽量均匀、不挂泪,复合树脂胶一次刷涂完成。刷涂完成后如有挂泪,需对挂泪进行涂抹,应避免复合树脂胶刷涂过厚。

(8)固化。在常温条件下固化,一般刷涂复合树脂胶后 5~7 d 即可通水。涂层间厚度 10~20 mm。

抗撕裂聚氨酯试验工艺如下:

(1)清理工作面及表面干燥。利用角磨机对混凝土、工字钢、耐磨钢板侧壁表面进行机械打毛、除锈,清理混凝土表面泥沙及打磨粉尘。表面处理后可停放一段时间,但应控制在金属表面再次出现氧化生锈之前进行施工。

利用热鼓风机对混凝土表面进行干燥处理,确保混凝土与聚氨酯弹性体涂层间具有较好的黏结性能。

(2)焊接钢板网。利用角磨机将预先制作好的 8 mm 厚钢板网进行打磨,除去表面锈迹,增加钢板网表面的粗糙度及活性,以产生良好的黏结性能,表面处理后 90 min 内刷涂黏结底胶。

利用交流焊机将钢板网焊接到型钢之间,焊接时应认真操作,避免虚焊及焊接不牢的现象,以保证聚氨酯涂层与型钢之间能够有强有力的结合。

焊接完成后,对焊接质量进行宏观检测,发现缺陷处及时记录并进行处理。

(3)刷涂聚氨酯涂层专用底胶。焊接钢板网并对混凝土及型钢进行加热干燥后,刷涂或者喷涂聚氨酯弹性体涂层专用底胶,刷涂胶面平滑、无流挂。

常温自然干燥 1 h 待溶剂挥发完全后,用手触摸不粘手,刷涂第二遍,以保证聚氨酯涂层与型钢之间具有较强的黏结性能。

(4)制作模具。根据现场情况,利用 2~4 mm 的金属板裁切制作成聚氨酯浇筑模具,利用固定夹具将金属板模具牢牢固定,模具与型钢之间采用特制的密封材料进行密封,以保证浇筑空间的密闭。浇筑过程中不出现漏胶现象,确保浇筑质量。型钢之间的聚氨酯浇筑采用分段浇筑的方式,模具长度 70 cm。

(5)浇筑聚氨酯。利用空压设备,将混合好的聚氨酯胶浇筑到密封后的模具中,控制浇筑温度,避免温度太高、固化速度太快而导致未浇筑完就产生凝胶的现象。浇筑时间一般控制在 3~5 min,浇筑时应注意密封完好,同时准备适量密封材料以备漏胶时进行密封修复。

分段浇筑长度 70 cm,浇筑完毕后,用角磨机在交界面处进行打磨处理,不同浇筑段平滑过渡。

(6)加热固化、脱模。将工业加热毯、电热管等加热设备覆盖到浇筑的聚氨酯模具上,利用控温设备控制温度在 100~120 ℃,对聚氨酯涂层进行加热固化,固化时间 6~9 h。

固化完成后进行拆模,拆模后测试涂层的硬度,邵氏硬度应在 80A 以上。如硬度达不到,则需对涂层进一步固化,控制温度 90 ℃,固化 12 h,然后再进行硬度测试。

(7)涂层修整。涂层固化完成后,对涂层表面及缺陷处进行及时修补,涂层边缘部位利用角磨机进行打磨,使涂层与型钢接触部位更为平整。

6.3.3.2　应用效果

经过 2017 年洪水季运行考验,涂层使用效果良好,达到了设计使用目的。但是通过闸门底槛横向钢轨放大图来看,横向钢轨上纵向钢轨上面的 NM400 耐磨钢板出现了一定程度的磨损,而同期聚氨酯弹性体并没有出现冲蚀破坏,聚氨酯弹性体的抗冲磨能力远大于耐磨钢板。

6.4　五一水库工程

6.4.1　工程概况

6.4.1.1　总体概况

迪那河流域位于新疆维吾尔自治区中西部,地跨新疆巴音郭楞蒙古自治州的轮台县与阿克苏地区的库车县,地理坐标介于东经 83°38′~84°18′、北纬 42°00′~42°32′。地处天山南脉的哈尔克山南麓东侧及霍拉山南麓西侧区域。迪那河流域在此区域呈坐北朝南状,背靠开都河流域大尤尔都斯盆地,脚蹬塔里木河,西与库车河相携,东依霍拉山,南望塔克拉玛干沙漠。

五一水库工程位于新疆巴音郭楞蒙古自治州轮台县群巴克乡境内,距轮台县以北 40 km,是迪那河干流上的控制性工程,具有供水、灌溉、防洪兼顾发电等综合效益,是一座以供水为主的中型水利枢纽工程。参见图 6-11,工程由大坝、溢洪洞、深孔泄洪冲沙兼导流洞、发电引水系统和供水管线等主要建筑物组成,水库正常蓄水位 1 370.0 m,最大坝高

图 6-11　五一水库库区面貌

102.5 m,总库容 0.995 亿 m^3,正常蓄水位对应库容 0.910 6 亿 m^3,调节库容 0.591 亿 m^3,死水位 1 340.00 m,死库容 0.320 亿 m^3,为不完全年调节水库。

五一水库工程初步设计概算总投资 10.97 亿元,建成后可实现向拉依苏工业园区年供工业用水 4 000 万 m^3;可有效解决迪那河沿线 6 个乡(镇)"春干旱、秋缺水"的农业用水难题,真正提高农业灌溉保证率;可将下游保护对象(含县城)防洪能力从不足三年一遇提升至五十年一遇,缓解下游防洪压力。同时,水库的建成将有效改善周边生态环境,有力推动拉依苏工业园区及农业农村高质量发展。

迪那河实测最大含沙量达 535 kg/m^3(1983 年 6 月 19 日),多年平均输沙量 298.5 万 t。经计算,五一水库年平均推移质输沙量为 14.93 万 t,年平均输沙量为 313.43 万 t。

6.4.1.2　泄洪流道概况

1. 导流兼泄洪冲沙洞

导流兼泄洪冲沙洞前期作为导流洞,后期作为永久泄洪洞,布置在左岸,由进口引渠段、事故门闸井段、压力隧洞段、工作门闸井段、无压隧洞段、出口扩散段、出口消能段及护坦段组成。进口引渠段底板高程 1 292.5 m,长 92.46 m,底宽 6.5 m;事故门闸井段长 24.0 m,底板高程 1 292.5 m,布设一道 6.5 m×11 m 平板事故门;压力隧洞段长 175.54 m,纵坡为 0.003,直径 D=6.5 m 的圆形断面;工作门闸井段长 21.0 m,底板高程 1 292.0 m,孔口尺寸 5.0 m×5.0 m;无压隧洞段长 272.077 m,纵坡为 0.029 4,断面净空尺寸 6.5 m×8.5 m;出口扩散段宽度由 6.5 m 渐变到 16 m,出口采用底流消能的方式;出口消能段消力池长 85.0 m,宽 16.0 m。

2. 溢洪洞

溢洪洞布置在左岸导流兼泄洪冲沙洞的外侧,轴线与坝轴线交角 110.61°,由进口引渠段、控制段、洞身段、陡坡段、消力池段及出口护坦段组成。进口引渠段为复式梯形断面,长 344.7 m,底板高程 1 353.5 m,宽度 15.0 m;控制段为开敞式进口,长 30.0 m,宽 17.0 m,顶部高程 1 375.5 m;洞身段水平长 572.907 m,纵坡 i=0.05。堰后斜井渐变段长 25.74 m,斜井纵坡 i=1.0,断面形式由 12.5 m×10.5 m 方形断面渐变到 9.0 m×10.5 m 城门洞形断面;消力池长 75 m,底宽 18 m,墙高 20 m;出口护坦段长 30.0 m、宽 18.0 m。

6.4.2　泄洪流道运行维修养护情况

6.4.2.1　泄洪流道运行情况

近年来,水库由于截流后一直未下闸蓄水,深孔泄洪冲沙洞长期处于导流状态,在上游来沙和推移质综合作用下使导流洞磨蚀破坏严重。已对建筑物过流面造成较重破坏,出现部分冲坑,甚至出现钢筋裸露磨断的情况。

6.4.2.2　泄洪流道维修养护情况

五一水库工程自 2012 年 9 月 5 日截流至今,由于一直未下闸蓄水,深孔泄洪冲沙洞长期处于导流状态,已经历 8 个汛期,混凝土长期受泥沙磨蚀,已对建筑物过流面造成破坏,若不及时修补,对工程安全极易造成不良影响。

2014 年以来,建设单位对深孔泄洪冲沙洞进行较大规模的修补共有 3 次,分别是 2014 年、2016 年和 2018 年,均在当年冬季进行。2020 年 9 月 6—8 日,轮台县水利局组织相关参建单位对深孔泄洪冲沙洞无压洞段进行了检查。

现场检查情况如下：

(1)导流洞出口陡坡段。导流洞出口陡坡段底板磨蚀破坏严重，冲坑较多且规模大，陡坡段受力钢筋以下冲坑深度达 20~30 cm 以上。冲坑内钢筋甚至被磨断。

(2)无压洞底板。洞身段底板 200 mm 耐磨层基本磨穿，钢筋裸露，受力钢筋以下冲坑深度一般为 5~10 cm，最深可达 20 cm 以上。洞身段底板右侧磨蚀破坏形成条状冲槽，受力钢筋以下冲坑深度一般为 10~20 cm。无压洞底板厚度为 1.0 m，该处混凝土厚度仅为设计厚度的一半，即 0.5 m，洞身段底板冲坑内钢筋普遍存在磨损、磨断情况。边墙底部弧形贴脚存在不同程度的磨蚀破坏，钢筋存在磨损、磨断现象。

(3)钢筋磨损、磨断情况。裸露的钢筋均存在不同程度的磨损，磨断的钢筋末端呈针状、片状。

(4)掺气槽。掺气槽混凝土破坏严重，受力钢筋被磨断，局部预埋通气孔钢管裸露，甚至被磨穿。

(5)工作闸门。工作闸门顶部水帘状漏水，工作闸井底板衬护钢板磨蚀破坏，部分磨穿、翻卷。

6.4.3 抗磨蚀新材料试验与应用效果

6.4.3.1 抗磨蚀新材料试验

1. 试验材料

测试水工混凝土抗冲磨试验方法主要有两种：一种是针对悬移质冲磨的圆环法，另一种是针对推移质冲磨的水下钢球法。五一水库工程技术人员组织利用水下钢球法对普通混凝土、环氧砂浆、复合树脂砂浆和聚氨酯涂层进行抗冲磨性能室内试验，从而选出合适的材料进行现场试验。选定的室内试验条件为：两种冲磨速度分别为 2 000 r/min 和 4 000 r/min，通过冲磨质量损失、冲磨深度以及表面磨损形态来反映不同材料在特定冲磨条件下的抗冲耐磨性能。

图 6-12 高速水下钢球法冲磨试验机

在实际工况下，由高速水流挟带推动大颗粒砂石以一定的倾角和初速度作用在过流建筑物表面时，会对其产生撞击和滚动切削的作用，进而致其磨损。该磨损过程的室内试验通常是利用空气或水挟带磨粒(一般为沙粒或钢球)以一定的速度和角度作用在试件表面，以此来检测材料的抗冲耐磨性能。水下钢球法其磨粒钢球尺寸较大、无棱角、速度较小且为垂直冲击的特点，适用于推移质磨损工况下材料的抗冲磨性能评价。模拟推移质冲磨工况的试验方法，采用不同直径的钢球代替实际工况中的大小卵石进行测试抗冲磨性能，试验设备如图 6-12 所示。利用此设备分别进行了抗冲耐磨混凝土对比试验、普通环氧砂浆与复合树脂砂浆对比试验,具体试验过程及结果如下。

1)抗冲耐磨混凝土对比试验

制作HF抗冲耐磨混凝土试件A、B、C、D共4个,按上述方法转速调至2 000 r/min分别对A、B试件进行48 h、72 h测试;按上述方法转速调至4 000 r/min分别对C、D试件进行72 h测试;测试效果如图6-13所示。经过称量得出,在转速相同情况下,磨蚀时间越长,损失量越大,但效果不太明显;当把转速调至4 000 r/min时,试件多处被磨穿,由此可见,高速水流对试件的破坏非常大;根据试件磨蚀损失量来看,HF抗冲耐磨混凝土在高水流下抗磨效果较差。

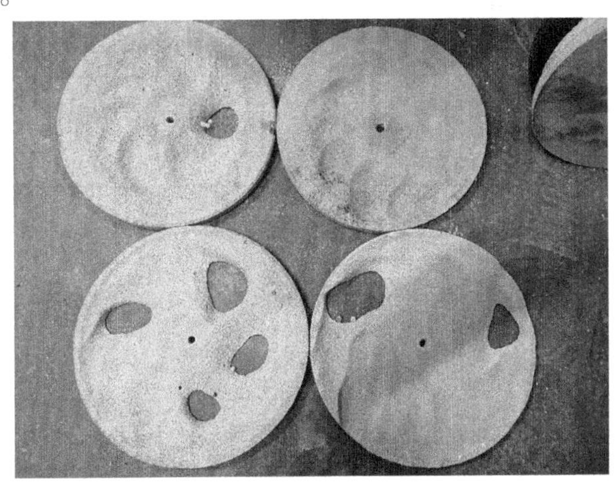

图6-13　不同转速及磨蚀时间对比

2)普通环氧砂浆与复合树脂砂浆对比试验

制作普通环氧砂浆试件A,复合树脂砂浆试件B,养护龄期达到后进行试验;由于这两种材料的抗冲磨效果比混凝土要好,直接把转速调至4 000 r/min,冲磨时间选用72 h进行试验。试验结果表明:普通环氧砂浆经过了72 h高速水流磨蚀,其损失量为11.2%,而复合树脂砂浆的损失量为0.8%。由此表明,复合树脂砂浆抗磨蚀性能远高于普通环氧砂浆。试验效果如图6-14所示。

图6-14　普通环氧砂浆与复合树脂砂浆对比

由此得出,复合树脂砂浆抗磨蚀性能更加优良,因此将复合树脂砂浆选为五一水库抗磨蚀新材料进行现场试验。复合树脂砂浆性能参数如表 6-8 所示。

表 6-8 复合树脂砂浆性能参数

序号	项目	单位	指标	说明
1	抗压强度	MPa	≥80	
2	抗拉强度	MPa	24~28	
3	抗折强度	MPa	≥10	四点弯曲
4	黏结强度	MPa	>4(混凝土);20~30(不锈钢)	
5	抗冲击强度	MPa	23~40	
6	抗冲磨强度	$h/(g/cm^2)$	10~15	

2. 试验工艺

复合树脂砂浆的施工工艺简单,操作方便,对施工环境要求不高,能适合导流洞大面积施工。具体工艺如图 6-15 所示。

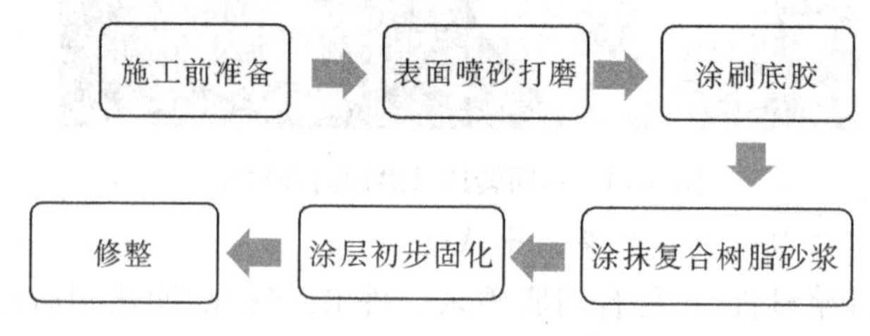

图 6-15 施工工艺流程

1) 施工准备

收集当地气象台(站)历年气象资料,及时掌握天气预报的气象变化趋势及动态,以利于安排施工,做好预防准备工作。

前期钢筋混凝土浇筑工作已经完成并验收合格,基面干燥无洼坑。

2) 基面处理

基面采用刨毛机或磨砂机将基面灰尘油渍进行打磨,高压吹风机吹扫干净。

3) 涂抹复合树脂砂浆底胶

待新填充的混凝土养护 3 d 后,检查待施工的工作表面,确认干燥和干净后,对新混凝土表面进行凿毛处理,然后刷涂配制好的底胶。刷涂时要尽量均匀,底板按照从上游向下游涂刷,侧墙按照从上向下涂刷,遇到表面不平整处应使用长毛刷进行涂刷,以保证工作面都刷上底胶。刷涂后要在 2 h 内涂抹复合树脂砂浆,避免底胶固化。完成最后施工时,应实现砂浆层和混凝土层黏结强度不小于 4 MPa。

4) 涂抹复合树脂砂浆

底胶刷涂均匀后,涂抹复合树脂砂浆。涂抹时使用较厚的抹刀压实,增加砂浆的密实度;砂浆表面尽量平整,减小由于涂层表面不平对水流流态造成的影响。根据现场温湿度情况,可采用常温或者加温固化。如加温固化,温度控制在 30~60 ℃,一般固化 8~18 h,常温情况下一般固化 40 h。

5)表面修形及养护

复合树脂砂浆固化完成后,应进行表面检查,发现局部有棱角或者不平,需在表面刷胶修形,如有挂泪,需对挂泪进行涂抹,同时避免复合树脂胶刷涂过厚。修形后,表面平滑可减小对水流流态的影响。如在常温条件下固化,一般刷涂复合树脂胶后 5~7 d 即可通水。涂层总厚度 20 mm 左右。

6.4.3.2　应用效果

防护层涂抹完成后,为了进一步检验抗磨蚀新材料防护效果,于 2021 年 6 月即五一水库春灌结束后进行检查,验证抗磨蚀涂层经过一段时间放水后的使用效果,除个别表面出现局部磨损外,其余涂层未出现脱落,防护效果良好,达到了试验的预期目的。

第7章 国内混凝土修补新材料及新技术情况

受自然条件及水土流失等因素影响,我国河流中泥沙含量普遍较高。高速水流挟带大量悬移质和推移质泥沙对泄水建筑物过流表面混凝土(如溢洪道、泄洪洞、水闸底板、泄流底孔等)产生严重的冲磨破坏和空蚀破坏,影响水工建筑物的安全运行。而大粒径的推移质泥沙顺水流在混凝土表面滑动、滚动、跳跃,对混凝土既有摩擦和切削破坏,又有冲击破坏与撞击破坏,冲磨破坏作用最为严重,比悬移质泥沙更具危害性。推移质破坏常常导致水工建筑物表面混凝土出现大面积脱落,进而使得钢筋外露,对溢流面、消力池及泄洪洞等水工泄水建筑物容易造成功能性损伤,出现严重的安全隐患和巨大的经济损失。

大量工程实例及理论研究表明,通过改善水工建筑物的结构体形,采取合理的消能设施、辅助以局部的水流掺气、使用抗冲磨混凝土或表面抗冲磨防护材料,加强工程建设质量管理,能够有效减弱混凝土的空蚀破坏和悬移质破坏。同时,混凝土遭受推移质破坏问题目前还没有十分有效并可普遍应用的工程技术措施。目前,推移质泥沙河流中已应用的各种抗冲磨混凝土大多数实际运用效果还不十分理想,一些工程甚至呈现出屡修屡坏的恶性循环现象。

7.1 修补新材料及新技术发展现状及问题

7.1.1 泄水建筑物冲磨破坏类型及推移质破坏机制研究进展

水工泄水建筑物如溢流坝、溢洪道、泄洪洞、排沙洞、导流洞、导流底孔、排沙孔等,这些水工建筑物过流表面混凝土易发生磨蚀破坏。这里的磨蚀破坏包括冲磨破坏与空蚀破坏两种,而冲磨破坏又分高速水流挟带悬移质泥沙引起的冲刷磨损破坏与高速水流推动推移质(如石块、卵石等)引起的冲击磨损破坏。根据我国《水工建筑物抗冲磨防空蚀混凝土技术规范》(DL/T 5207—2005)中的定义,悬移质是指悬浮在水流中并随水流运动,粒径小于或等于5 mm的泥沙;推移质是指河床表面附近以滑动、滚动、跳跃或层移方式运动,粒径大于或等于5 mm的块石泥沙。判断水流中的介质是属于推移质还是悬移质,主要是从颗粒大小、形状、密度、水流流速和紊动等方面来确定。在一般情况下,粒径较小的沙粒随着水流运动,在水流中多呈悬浮移动状态;粒径较大的石块在水流中滑动、滚动或者跳跃移动,多呈推移状态,但是在坡度较缓、流速较低的渠道中,较小的沙粒也有可能会变为推移质运动;在流速较高、水流紊动较大的情况下,粒径较大石块也有可能呈悬浮状态被水流挟带移动,变为悬移质运动。因此,不能简单地去按照规范来判别是属于悬移质运动还是推移质运动,而是应该根据实际情况进行实际分析。

推移质对水工建筑物的破坏机制与悬移质泥沙不同,它除了滑动摩擦、滚动摩擦之外,破坏能量最大的是跳跃式冲击。这种冲击能量与冲击介质的质量成正比,与其运动速度的平方成正比。滑动摩擦破坏也是一种很厉害的破坏形式,常在它经过的混凝土表面留下沟槽与擦痕。滚动摩擦既有摩擦破坏作用,更有冲击破坏作用,二者兼有。推移质在高速水流作用下,以滑动、滚动及跳动的方式运动,除了摩擦及切削作用外还有冲击作用。假设过流面 A 点处受质量为 m、速度为 V_1 的砂石冲击,忽略水的阻力,垂直向的冲击力按动能原理应为:

$$F_y = \frac{2mV_1\cos\alpha}{\Delta t} \tag{7-1}$$

参见式(7-1),石子在水流作用下,以速度 V_1 冲击建筑物的壁面,假设又以同样速度反弹,冲击建筑物壁面而时间 Δt 很短,则 F_y 值很大。石子在反作用力的作用下弹跳后,会再次下落冲击壁面,这样反复的结果(见图 7-1)使 A 点遭受反复多次摩擦、切削与冲击。在材料强度达极限值或疲劳极限值时则会发生破坏,其表现为表层剥落,同时可能继续向纵深扩展。

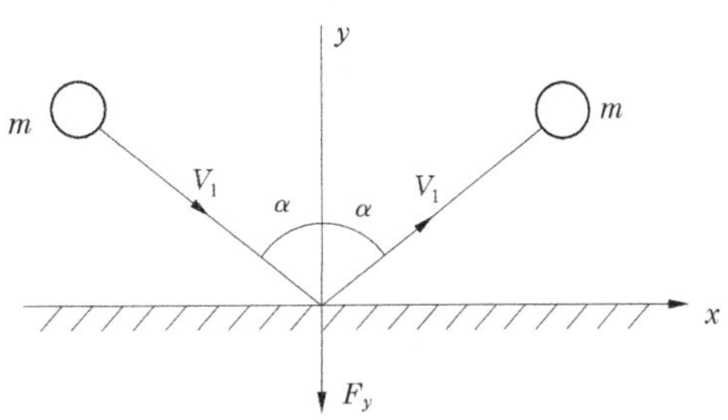

图 7-1　砂石冲击示意

决定推移质冲磨破坏能力的有水流速度、推移质矿物成分(主要是摩氏硬度)、颗粒形态、运动状态和数量,最主要的还取决于其运动速度(与状态相关)和粒径(质量)、过流时间等。

学者尹延国等对水工建筑物的磨损破坏机制进行了深入研究。研究表明,在高速含沙水流冲击作用下,水工混凝土壁面在不同冲击条件下,由于受力状态不同而产生不同的磨损机制,小角度冲击,表面切应力起主要作用,磨损类似于塑性材料的表面划伤机制,磨损相对较轻,可以用合适的数学模型描述。随着冲击角度的增大,接触表面的拉应力逐渐起主要作用,磨损最终呈现脆性材料的压印破坏机制, 磨损过程较为复杂,磨损也严重得多。

在推移质水流作用下的冲磨规律研究方面,南京水利科学研究院的高欣欣等研究了水流速度和磨损介质粒径对混凝土磨损率的影响。研究发现,不同粒径的推移质颗粒在不同的流速下,对抗冲磨混凝土的磨损程度具有较大的差异性。对于不同粒径的钢球,存在一个能够使之对混凝土产生最大磨损率的水流速度;同样,在不同流速下,对应某一特定粒径的磨粒可对混凝土产生最大的磨损率。水流速度的影响对直径较大的磨损介质作用更加明显,磨损率的增加量与磨损介质直径存在良好的线性关系;磨损介质粒径对混凝土磨损率影响显著,且它们之间呈类似抛物线关系。

国外有关学者将三维激光扫描技术应用于体积磨损和磨损深度的精确测量。研究评估了不同混凝土修补材料在水流冲击下的耐磨性,其结论与传统的磨蚀试验方法基本一致。相较于传统的质量损失测量方法,以往大多数研究只考虑质量损失或磨损深度的离散测量,忽略了冲磨体积损失对磨损的影响,而三维扫描技术可以精确测量体积损失和磨损深度,并且该技术的相关资料处理方法非常方便,适合处理大量的量测问题。

学者郝凤楠将层次分析法和模糊数学理论引入水工混凝土抗冲磨性能评价中来,论述了这两种理论的基本原理和评判程序。运用这种数学上的方法,建立了一个合理的基于层次分析法的多层次水工混凝土抗冲磨性能模糊综合评价模型。

7.1.2 抗冲磨混凝土材料研究进展

电力行业《水工建筑物抗冲磨防空蚀混凝土技术规范》(DL/T 5207—2005)6.3.4条规定:水流中冲磨介质以推移质为主的工程,应根据推移质粒径、流速等进行研究,选择抗磨蚀混凝土或其他抗磨蚀材料,如钢板、复合钢板、钢轨、条石、铸石板等。《混凝土重力坝设计规范》(NB/T 35026—2014)9.5.8条规定:高速水流区的混凝土应该采用具有抗冲耐磨性的低流态高强度混凝土或高强硅粉混凝土。当采用耐磨材料衬护时应与混凝土可靠结合。规范的推荐和多年来人们的习惯,使得许多新建工程包括一些大型工程均在采用高性能抗冲磨混凝土,其主要以硅粉系列混凝土、纤维增强抗冲磨混凝土、HF混凝土、特种骨料抗冲磨混凝土等为代表。

7.1.2.1 硅粉系列混凝土

从20世纪80年代至今,国内外科研单位对硅粉混凝土性能及抗磨机制进行了大量研究工作,并将硅粉混凝土应用于水工抗冲耐磨、防空蚀护面混凝土中。南京水利科学研究院的林宝玉等研究了普通混凝土与抗冲磨HPC水泥浆体,骨料界面的晶体类型、相对数量、取向指数及混凝土孔结构,指出抗冲磨HPC的改性机制为:活性细掺料的二次火山灰效应使水泥浆体和骨料界面区的粗大多孔的$Ca(OH)_2$晶体数量大大减少,所生成的高强度的C-S-H凝胶改善了界面区结构,使其亚微观结构更加致密。

中国水利水电科学研究院的陈改新在研究硅粉混凝土的抗冲磨性能时,提出了多元胶凝粉体的新概念,其思想是紧密堆积效应和复合胶凝效应。试验结果表明,与硅粉抗冲磨混凝土相比,多元胶凝粉体抗冲磨混凝土28 d干缩减小约40%、自生体积收缩由110 με降低到20 με左右,绝热温升明显降低,抗裂性明显提高。

南京水利科学研究院的陈国新、唐修生等曾对硅粉抗磨蚀剂的作用进行研究,试验结果表明,与普通粉煤灰混凝土相比,掺入硅粉抗磨蚀剂后,28 d抗压强度和轴心抗拉强度分别提高38.8%、37.1%;90 d干缩值降低24.3%;抗冲磨强度提高53.9%,磨损率降低36.0%。

学者王磊等对比研究了掺加硅粉后混凝土的抗冲磨性和强度改善情况,并利用FTIR和固体高分辨Si NMR技术揭示了硅粉水泥体系中硅粉的火山灰活性及其对C-S-H结构和类型的影响。研究结果表明,10%硅粉的掺加显著提高了高速水流模拟条件下混凝土抗冲磨性能,其本质是优化了C-S-H的组成和密度强化问题;硅粉具有较高的水化活性,在分子尺度上,硅粉优化了C-S-H结构,使得C-S-H结构有序性增强,在微米尺度上,硅粉的火山灰反应使得C-S-H堆积结构更加密实,密度增大,胶凝性更强,从而改善了混凝土中浆体的性质。

从20世纪80年代末90年代初至今,硅粉类混凝土在水电工程中得到了普遍采用,其使用的广度及使用量是其他任何抗磨蚀材料所未有的。使用硅粉类混凝土的工程包括龙羊峡水电站、李家峡水电站、二滩水电站、公伯峡水电站、刘家峡水电站、隔河岩水电站、漫湾水电站、龙头石水电站、小湾水电站水垫塘、溪洛渡水电站导流洞、石板水电站等诸多工程。黄河流域小浪底水利枢纽设计使用了70万m^3硅粉混凝土，其中C70混凝土30万m^3，其余为C50混凝土；二滩水电站在两个泄洪洞及水垫塘均使用硅粉混凝土作护面，设计强度为C50。大型工程规模大、投资高，泄水单宽流量大、流速高、泄水功率巨大，工程难度大、技术要求高，工程选择护面材料的性能和技术水平的要求也高，往往会受到国内各方面的广泛关注和重点研究，因此各个时期修建的大型水电工程所用材料，必然是当时公认的最好的材料。近期一些流速很大的巨型电站如小湾水电站、溪洛渡水电站，在设计和施工中都使用了硅粉类混凝土，这也能从一个侧面反映硅粉类混凝土代表了目前国内抗冲耐磨混凝土研究的技术水平与应用水平。

7.1.2.2　纤维增强抗冲磨混凝土

目前常用的纤维有钢纤维、聚丙烯纤维、碳纤维、耐碱玻璃纤维、玄武岩纤维等。它对混凝土性能的提高有很大的作用，一般来说掺入聚丙烯纤维后，混凝土的抗拉强度、抗折强度、抗冲击强度都会显著提高，这是因为：①纤维可以在混凝土中形成三维支撑体系，提高混凝土黏性，减少骨料沉降和表面浮浆的产生。②纤维通过在混凝土内的桥联搭接作用，能够抑制混凝土中砂浆的塑性收缩和混凝土内部裂缝的产生、扩展，阻碍混凝土碎块从基体中剥落，提高混凝土的整体性，进而提高混凝土韧性和抗冲击性。溪洛渡水电站和三峡水电站在进行抗冲磨混凝土配合比优选设计时，均发现聚丙烯纤维是常用纤维中对混凝土性能提高作用最大的纤维，掺加聚丙烯纤维的抗冲磨混凝土，其抗压强度、抗冲击韧性、抗冲磨性能均显著提高，表面砂浆耐磨硬度也得到了提高，并且在一定范围内，这些性能还会随着其掺量的增加而增大。虽然纤维增强混凝土比普通混凝土的裂缝少、抗冲磨性能好，但在拌和时纤维在混凝土中难以均匀分布，极易缠绕成团，使得混凝土的均质性变差，进而影响混凝土的质量。而效果较好的纤维价格往往较高，另外纤维混凝土水泥用量大，施工质量难以控制，混凝土表面难以抹平、易外露纤维，影响表面平整度，也会一定程度上降低混凝土的抗冲磨性能。

7.1.2.3　HF混凝土

学者支拴喜研制了一种HF外加剂，它的本质是一种粉煤灰活性激发剂，能够使胶凝材料水化反应后的生成产物更加致密，是为提高粉煤灰混凝土抗冲磨性能而研发的一种耐磨剂。在混凝土中掺加了HF外加剂、优质粉煤灰配制成的一种抗冲磨混凝土即HF抗冲磨混凝土。粉煤灰在混凝土中主要有3种效应：①强度效应。粉煤灰会发生二次水化反应，使混凝土的性能得到提高。②形态效应。优质的粉煤灰具有滚珠润滑作用，能够减小混凝土单位用水量，改善混凝土拌和物的和易性。③微集料效应。粉煤灰粒子粒径多在几微米到几十微米，小于水泥粒子，能够填充于水泥粒子之间，优化胶凝材料的颗粒级配，使混凝土更为密实。故在混凝土中掺加适量的粉煤灰，混凝土的后期强度和抗冲磨性能会有一定的提高，但其前期强度和抗冲磨性能反而下降，对于施工时间具有紧迫性要求的除险加固工程则具有一定的局限性。在粉煤灰混凝土中掺加HF外加剂配制的HF混凝土能够有效地解决悬移质泥沙冲磨破坏问题和高速水流的空蚀破坏问题，但在含推移质泥沙水流中的抗冲磨性能仍旧较差。

7.1.2.4 特种骨料抗冲磨混凝土

骨料在混凝土中所占的比例最大,因此骨料的耐磨性能对混凝土的抗冲磨性能有很大影响。武汉大学的廖碧娥等曾对影响混凝土抗冲磨性能的若干因素进行了系统的试验研究,他们得到的结论是:混凝土的抗冲磨性能主要取决于组成材料的抗冲磨性能及其在混凝土中所占的比例。骨料在混凝土中所占的比例越大,其抗冲磨性能对混凝土抗冲磨性能的影响也越大。材料的抗冲磨性能主要与其磨损度、冲击韧性、磨耗度、强度等性能有密切关系。在选用抗冲磨性能良好岩石为混凝土骨料时,骨料的抗冲磨性能比高强混凝土中的水泥石要好得多,故抗冲磨混凝土应尽可能提高水泥石的强度并尽可能减少其在混凝土中所占的比例。抗冲磨混凝土常用的特种骨料主要有铁矿石、铸石等,现在橡胶颗粒也是研究的热点,下面主要对这3种骨料混凝土进行介绍。

1. 铁矿石混凝土

铁矿石因为其硬度高、耐磨性能好而被作为抗冲磨混凝土的优质骨料。铁矿石人工骨料是由天然铁矿石经机械破碎而成的,其主要成分是石英晶体和赤铁矿晶体,主要化学成分为Fe_2O_3、SiO_2、Al_2O_3,还有其他含量很低的成分如TiO_2、CaO、MgO等。铁矿石混凝土就是利用铁矿砂石骨料代替混凝土中的普通砂石骨料配制而成的混凝土。由于铁矿砂石骨料的强度和耐磨性能比普通砂石骨料强得多,因此粗骨料在混凝土中所形成的"骨架"强度较高,从而提高了混凝土的强度和抗冲磨性能。我国利用铁矿石混凝土作为抗冲磨材料在工程中应用较早,在汾河二库枢纽泄水建筑物、冯家山水库泄洪洞、丹江口枢纽泄水闸下游溢流表面和护坦、新疆三屯河水库泄洪排沙洞、万家寨水利枢纽泄水建筑物等工程中得到大量应用,效果均较好。但铁矿砂石骨料密度较大,其混凝土拌和物容易产生泌水、离析、骨料沉降等现象,且水泥用量较大易产生收缩裂缝,因此在配制铁矿砂石骨料混凝土时,必须严格控制粗骨料最大粒径,以保证混凝土质量。而且由于铁矿石的热传导率较高,铁矿石混凝土的热传导率也就远高于普通混凝土的热传导率,因此铁矿石混凝土的抗冻性能相对较差。同时,铁矿石骨料棱角多、表面粗糙、吸水率较大,因此必须使用高效减水剂才能配制出性能优良的铁矿砂石混凝土。总之,虽然铁矿石混凝土具有优良的抗冲磨性能,但铁矿石骨料价格较高,加之近年来硅粉高性能混凝土等一系列抗冲磨材料的快速发展和应用,使得铁矿石混凝土的大范围推广和应用受到了极大地限制。

目前,常用的抗冲磨材料在解决推移质冲磨破坏时效果较差,这使得铁矿石混凝土再次被大量应用于解决推移质冲磨破坏问题成为了一种可能。以往工程用铁矿石混凝土大都只着眼于解决工程实际问题,缺乏系统全面的理论研究,其混凝土水胶比基本都在0.35以上,很少运用高性能混凝土有关理论指导实践。因此,接下来运用高性能混凝土理论进行铁矿石混凝土的抗冲磨试验研究具有很现实的意义。

2. 铸石混凝土

铸石骨料是以辉绿岩、玄武岩及各种工业废渣为主要原料,加入一定的附加料及结晶剂,经熔融浇筑成型,结晶、退火而制成的硅酸盐结晶材料的破裂产品,经破碎、筛分,具有一定粒径的人造骨料,它的耐磨性与冲击韧性及用之制成的混凝土抗冲磨强度与其他骨料及其混凝土对比,如表7-1所示。

表 7-1　几种粗骨料岩石力学性能与混凝土抗冲磨强度试验资料

试验项目	岩石品种			
	石灰岩	花岗岩	黑云母石英闪长岩	辉绿岩铸石
磨损硬度/(cm^3/cm^2)	0.925	0.381	0.245	0.066
磨耗度/%	9.50	2.43	2.40	0.76
冲击韧性/[(kg · cm)/cm^2]	4.34	10.38		12.02
喷砂枪冲磨失重/(g/h)	185.7	78.0	53.8	36.5
抗压强度/(N/mm^2)	143.3	190.2	118.2	
混凝土相对抗冲磨强度	1.00	1.73	2.33	3.04

我国的三门峡水利枢纽排沙底孔、石棉电站冲沙闸护坦及葛洲坝二江泄水闸等现场试验,均证明铸石砂浆及铸石混凝土是一种性能良好的抗冲磨材料。例如,铺筑在三门峡水利枢纽排沙底孔的铸石砂浆,经过 1984—1990 年年底共 1 万多小时的使用,过水量为 113 亿 m^3,过沙量近 7 亿 t,不但磨损甚微,而且表面平整,还可以继续使用,而同时浇筑的一级配高强混凝土、高强石英砂浆及不饱和聚酯树脂砂浆等材料,均已严重破损,必须进行修补。又如,1986 年,葛洲坝二江泄水闸维修中大量使用的铸石砂浆及铸石混凝土,到 1991 年,铸石砂浆累计磨损深度为 3~12 mm,年平均磨损仅 0.6~2.4 mm。同时还发现铸石砂浆与基层老混凝土黏结得很牢固,5 年间剥落面积小于 2 m^2,较同期铺筑的环氧砂浆少得多。再如,浇筑在石棉水电站冲沙闸护坦的铸石骨料混凝土,经一个汛期推移质和悬移质的冲磨,平均磨损深度为 10.7 mm,而同配合比的当地骨料混凝土,平均磨损深度为 48.3 mm,为铸石骨料混凝土的 4.5 倍。

3. 橡胶混凝土

橡胶混凝土是以混凝土为基材,将橡胶颗粒掺入其中配制而成的复合材料。橡胶颗粒主要通过物理作用改善混凝土的内部结构,并不会与混凝土中其他组分发生化学反应。国外对废旧轮胎橡胶水泥混凝土的研究始于 20 世纪 80 年代末期,最早发表的关于橡胶混凝土的论文见于 20 世纪 90 年代初期。国内对其研究相对国外稍晚,开始于 20 世纪 90 年代末,但研究进展比较迅速。国内河南省水利科学研究院、郑州大学、天津大学、西北农林科技大学等水利科研院所对橡胶混凝土的配合比、不同粒径的橡胶颗粒掺量对抗冲磨性能和抗冲击性能的影响、橡胶混凝土整体性能等进行了深入研究,研究结果表明:橡胶混凝土具有优异的抗冲磨性能和抗冲击性能。天津大学亢景付、范昆采用圆环法,按等量代砂的掺入方法将掺量分别为 5%、7.5%、10%、15%的 16 目橡胶粉掺入混凝土中,研究了橡胶混凝土的抗冲磨性能。学者李晓旭采用水下钢球法,设计了不同水灰比、橡胶颗粒粒径、掺量以及改性处理方式等影响因素,研究了橡胶颗粒对混凝土抗压强度、抗冲磨强度的影响规律。结果表明:水灰比和橡胶混凝土的抗冲磨性能具有良好关系。在一定范围内,水灰比越小,橡胶混凝土的抗冲磨性能越高;混凝土的强度随着橡胶颗粒掺量的增大而不断降低,且在相同条件下,掺入粒径较小橡胶颗粒的强度下降得多。2016 年,张迎雪等采用混合正交试验设计方法对橡胶混凝土的配合比进行了设计,研究了橡胶掺量、橡胶颗粒粒径、水灰比这 3 个试验因素对橡胶混凝土抗冲磨性能的影响规律。结果表明:橡胶掺量和水灰比是影响橡胶混凝土抗冲磨性能的显著因素,橡胶颗粒粒径为不显著因素;与基准混凝土相比,橡胶颗粒的掺入可提高混凝土的抗冲磨性能,将适量的橡胶粉掺入混凝土中,可以将混凝土的抗冲磨性能提高 1~2 倍以上,并且橡胶混凝土的抗冲磨性能随着橡胶粉掺量的增加而提高。Topcu 等选用颗粒粒径为 1.7 mm 和 2.2 mm 的橡胶颗粒,按等体积取代粗骨料掺入混凝土中,掺量分别为 15%、30%和 45%,配制成直径为 150 mm、高度为 300 mm 的试件,采用落锤试验法研究橡胶混凝土的抗冲击性能。试验结果表明:在混凝土中掺入橡胶颗粒可以有效提高混凝土的抗冲击性能,且掺入较大粒径的橡胶颗粒提高效果更为明显;橡胶颗粒对抗冲击能量的吸收作用是橡胶混凝土抗冲击性能提高的主要原因。郑州大学的汪武威等研究了橡胶混凝土的抗冲磨性能和抗冲击性能,橡胶混凝土材料中橡胶颗粒掺量对抗冲磨强度影响程度较大,橡胶颗粒粒径次之,基准混凝土强度等级和表面处理方法影响都较小,而基准混凝土强度等级对冲击强度的影响程度较大。河南省水利科学研究院对改性剂及改性方法进行了比较系统的研究,试验以 C20 混凝土为基础,选用 1~3 mm 的橡胶颗粒等体积取代细骨料,采用水洗、NaOH 溶液、KH560 以及 KH570 等改性剂对橡胶颗粒进行改性处理,通过测试改性后橡胶混凝土的抗压强度和劈拉强度筛选效果较好的改性剂。研究结果表明:NaOH 溶液及 KH570 溶液改性效果相对较好,其中 KH570 溶液的改性效果最好;从 NaOH 溶液筛选出来的最优浓度为 20%,筛选出来的 KH570 的最优质量分数为 1%。

当时,河南省河口村水库泄洪洞和河南前坪水库导流洞采用橡胶混凝土进行了现场抗冲磨试验性应用,应用效果有待检验。表 7-2 是前坪水库现场试验采用的橡胶混凝土与普通抗冲磨混凝土的对比指标,可以看出橡胶混凝土的抗冲磨强度可达普通混凝土的 3~4 倍。

表 7-2 高性能橡胶混凝土强度指标

橡胶种类	抗压强度/MPa	劈拉强度/MPa	冲磨质量损失/kg	抗冲磨强度/[(h · m^2)/kg]
普通混凝土	38.62	3.03	1.077	4.7
水洗处理橡胶混凝土	33.4	2.75	0.295	17.3
NaOH 改性橡胶混凝土	34.4	3.01	0.233	21.8
复合改性橡胶混凝土	36.8	2.83	0.217	24.4

7.1.3 表面防护材料研究进展

抗冲磨表面防护材料主要以钢板、条石、铸石板等为代表,虽然近些年也有采用聚脲、树脂涂层、树脂砂浆等作为防护材料的，但从工程应用的历史过程看，聚脲和树脂类砂浆等涂层及薄层抗冲磨材料主要是针对解决悬移质较多的含沙水流冲磨破坏的薄层修复问题，其大面积应用于解决推移质破坏较为严重的混凝土病害问题还具有很大的局限性。

在冲磨规范中引用的苏联学者高连宾所著的《水工建筑物护面的耐磨性》一书中，对不同镶面护层材料的许可不冲刷流速进行了统计(见表 7-3)。

表 7-3　不同镶面护层材料的许可不冲刷流速及厚度

镶面护层材料种类	许可的不冲刷流速/(m/s)	极限许可含沙量/%	泥沙的极限粒径/mm	护层厚度/cm
钢板或铸铁板	不受限制	不受限制	不受限制	1~2.5
铸石	不受限制	不受限制	不受限制	—
花岗岩或其他坚硬岩石	30~50	10~15	≤250	30~50
钢屑混凝土	15~20	≤5	50~100	10~15
C60 耐磨混凝土	12~15	≤3	50~100	40~60
C50 耐磨混凝土	10~12	≤3	50~100	40~60
C40 耐磨混凝土	6~10	≤3	50~100	40~60
C30 耐磨混凝土	4~6	≤3	50~100	20~25
坚硬木材	8~10	≤2	50	20~25
环氧树脂混凝土	10~15	≤2	50	5~10

由表 7-3 可见，C40 耐磨混凝土的不冲刷流速小于 10 m/s，而铸石或钢板的许可流速不受限制，表明它们都具有良好的抗推移质冲磨能力。

高强度不锈钢材不仅耐磨损能力强，而且具有极高的抗冲击韧性，相较于混凝土，在有大量推移质砂石的河流抗冲磨中有较好的应用效果。工程上一般应用钢板为混凝土的衬护材料，从国内外的应用实例中，钢板衬护混凝土的耐冲磨性能良好，但使用钢材不仅需要着重考虑与混凝土连接处的结合问题，也因不锈钢价格昂贵使其广泛应用受到限制。

学者罗惠远等在 20 世纪 70 年代曾进行过推移质对泄水建筑物磨损的调查，并结合国内外 31 个工程的实例，分成闸坝、洞管、渠道、消力池等 4 类，阐述和分析了推移质对泄水建筑物的磨损情况，调查的工程中采用了混凝土、条石、木材、钢轨、铸石板、铸石砖、环氧砂浆等防护材料，从使用效果来看仍以钢铁材料为好，在流速较低、颗粒较小的推移质情况下，采用当地石料尚属可行，其对工程的破坏情况的分析和总结对现在的工作仍有很强的指导意义。

在新疆的部分渠道和水闸工程中为了防护底板混凝土推移质破坏，采用橡胶轮胎进行防护，其防磨效果近似于橡胶瓦。采用鱼鳞状安装，顺水流方向上下游搭接，左右靠紧，用预埋螺栓安装在混凝土床底和侧墙上。每条轮胎设一个锚杆，锚杆采用钢筋加工而成，钢筋一头加工成螺口用于固定轮胎，一头加工成楔子形用于锚入渠底混凝土中，锚入深度

30 cm,轮胎片从上游至下游叠瓦状安装,搭接长度 20 cm,用于保护螺栓、螺母,取得了良好的效果。旧橡胶轮胎属柔性材料,对刚性推移质材料具有“以柔克刚”的作用,铺设橡胶瓦增加了渠底的糙率,增大了摩擦系数,从而降低了渠底的水流速度,使水流对推移质的作用力减小,推移质运动速度减慢,滚动和跳跃式推移质向滑动式推移质转化,这些都有效降低了泥沙对渠道底部的磨蚀破坏。采用橡胶轮胎作为抗磨防护层用于渠道的抗磨处理中,虽然取得了一定的研究成果,但是难以适用于高速水流状态下的推移质破坏防护,并且水工建筑物长期在室外环境下工作,橡胶容易老化的性能也决定了其难以广泛推广应用。

中国水利水电科学研究院孙志恒等研制了高弹性抗冲磨聚脲砂浆材料,采用“以柔克刚”的技术方案及“环氧砂浆+高弹性抗冲磨砂浆+抗冲磨型 SK 手刮聚脲”的复合结构,通过吸收跳跃式推移质砂石的冲击能量,达到解决推移质冲磨破损的目的,此技术在柳洪水电站 3 号孔闸室底板进行了冲磨破坏修复试验,试验效果良好。

学者庞明亮等在为四川省美姑河坪头水电站泄洪闸下游消力池斜坡段修复工程选择抗冲磨材料的过程中,接触到了一种新型的、尚未在水利水电工程中运用过的抗冲磨产品即压延微晶面板,随后结合该工程开展运用可行性研究。压延微晶板材是以金属尾矿为原料,以氮化硅、碳化硅、石英粉为主要成分,以特殊成本材料为结合剂,经融化、压延成型、核化、晶化、退火使结构微晶化而形成的一种高强度、高耐磨、耐腐蚀的新型高科技工业防护材料,具有优异的抗冲磨性能和抗冲击能力。其耐性是普通铸石的 2~3 倍,是锰钢的 7~8 倍,是铸铁的 15~20 倍;其抗冲击性能是普通铸石的 2 倍。其性能指标见表 7-4。

表 7-4　微晶板材性能指标

性能名称		指标
磨耗量/(g/cm²)		0.02
弯曲强度/MPa		≥62.3
压缩强度/MPa		≥800
冲击韧性/(kJ/m²)		≥2.01
使用温度/℃		≥700
耐急冷急热温差/℃		≥500
耐酸碱度/%	硫酸(1.84 g/cm³)	≥99.5
	盐酸(10%)	≥99.94
	硝酸(10%)	≥99.90
	硫酸溶液(20%)	≥98.1
	氢氧化钠溶液(20%)	≥98.5

美姑河坪头水电站泄洪闸消力池底板原采用 HF 混凝土作为抗冲磨层,经过 3 个汛期被完全破坏,下部结构层钢筋裸露,随后电站对该部位进行了等强同材质修复,1 个汛期后修补层再次被全部冲毁。2018 年采用微晶面板进行了修复,其具体方案为在混凝土

基层修复 7 d 后,首先用水性环氧乳液砂浆对基层找平至接近设计高程,然后铺设压延微晶面板。每块微晶面板按设计方案布置有 2 根锚拉筋与水性环氧乳液砂浆及混凝土基层形成强力牵制。微晶面板之间均匀预留缝隙,再用耐磨强力胶填塞缝隙。为保证过流表面平顺,在上下游边缘微晶面板与钢板结合处,采用预埋钢条做压缝处理。

根据材料厂家介绍,截至 2019 年 10 月 30 日,3 号泄洪闸经过 2 个汛期泄洪,压延微晶面板防护层整体完好,基本无肉眼可见磨损,试验结果超出预期。因此,压延微晶面板具有优异的抗推移质破坏能力,耐久性好,成本相对较低,在抗推移质冲磨防护中非常具有推广价值。

7.2　存在的问题及未来发展趋势

推移质破坏防护是泄水建筑物防护的疑难问题,到目前为止,尚未有合适的材料和技术能够完全解决工程的需要,总结目前在这方面的研究和应用的总体情况,主要存在以下几个方面的问题:

(1)缺少已建工程泄水建筑物的磨蚀破坏状况全面调查分析资料,虽然许多工程都存在冲磨破坏问题,但各个工程的磨蚀破坏现象和特征并不完全相同,因此对主要工程的破坏原因进行调查分析,掌握主导破坏影响因素,然后根据实际情况,对其进行科学合理的分析和总结,才能为以后类似工程的建设和评价提供重要依据。

(2)目前在混凝土抗冲磨破坏程度检测、鉴定及耐久性判别分类等方面尚未有相关规范标准。在很多情况下,对这些过流部位的冲磨破坏程度的鉴定、分类及修复,仅凭工程运行管理单位及有关工程技术人员的主观意识。

(3)推移质破坏对防护材料的要求要高于悬移质材料,综合文献调研结果来看,在抗磨材料科学没有新突破的情况下,现有材料主要遵循“以刚克刚”和“以柔克刚”两种思路,从现场应用效果来看,还是“以刚克刚”应用比较普遍,效果较好;“以柔克刚”的材料应用还需要更长时间的工程运行验证。

(4)从材料研发来说,在抗冲磨材料方面一直没有成熟的、具有市场竞争力的抗推移质防护材料产品和技术,在研发方向上也缺乏整体规划和建设。

同时,随着我国水利工程进入运行维护期,泄水建筑物的冲磨破坏问题将越来越突出,而推移质破坏又是冲磨破坏防护的难题和重点,因此抗推移质破坏防护新材料技术具有十分广阔的市场需求和前景,有必要针对存在的问题采取相应措施:

(1)建立混凝土抗冲磨评价标准。目前,在混凝土抗冲磨破坏程度检测、鉴定及耐久性判别分类等方面尚未有相关规范标准。有必要对在水沙作用条件下混凝土的冲磨问题进行系统研究,建立相关评判标准,为工程的鉴定维修提供依据,并针对不同破坏情况对修补防护材料提出明确的关键技术指标要求。

(2)应用好抗冲磨材料磨损三维扫描精确测量技术。通过采用 3D 激光扫描技术,精确测量不同冲磨材料的冲磨破坏情况,为建立制定相关评判标准提供方法依据。

(3)进一步开展新型压延微晶板抗推移质防护结构开发。从相关工程应用实践来看,铸石板材料作为一种传统的抗推移质防护材料,具有优异的防护能力,但早期由于加工技术及施工工艺的原因,影响了其使用的效果和推广,随着耐磨材料和技术的发展,目前采用新的加工技术和新型黏结材料及施工工艺,有望实现新的技术突破。

(4)加大研发高抗冲磨环氧砂浆产品。环氧砂浆作为薄层抗冲磨修补材料来讲,单纯的增韧对提高材料的抗冲磨能力影响很小甚至有负面作用,而强度还是影响抗冲磨性能最重要的指标,施工的简便性对保证材料现场性能和质量具有很大影响,因此有必要进一步研发高强高抗冲磨性能的环氧砂浆产品。

总之,推移质破坏防护是一个牵涉水工结构、水力学、材料科学等多学科交叉的复杂学科,是泄水建筑物冲磨破坏处理中的一个难题。冲磨防护技术突破重点还在于冲磨材料,有必要建立专门的抗冲磨技术研发团队,加强对相关新材料研究的关注与调研,注重新型抗磨材料在水利水电行业的引进和应用、泄水建筑物抗冲磨破坏检测鉴定,在抗冲磨修补新材料开发、材料的抗磨机制研究、抗冲磨试验方法和新型材料应用技术研发等方面开展深入研究。

第 8 章　主要结论与建议

小浪底水利枢纽和西霞院反调节水库泄洪流道每年承担着调水调沙和泄洪排沙的重要任务,随着水库运用方式的变化和流道使用年限的增加,泄洪流道出现了不同程度的磨蚀破坏,特别是 2018 年以来,随着小浪底水库超低水位运用,泄洪流道磨蚀情况进一步加剧,维修维护量逐年增加。为保障枢纽建筑物运用安全,通过对小浪底水利枢纽和西霞院反调节水库的系统调查,全面收集了泄洪流道近年来运用、破坏和修补相关情况,结合库水位、运用时长、含沙量等数据,进行相关性系统分析,探索流道破坏机制,提出了切实可行的流道组合运用方案;通过对类似工程调查研究,学习先进的流道修补材料、技术和工艺,提高了泄洪流道修补效果,延长了维修周期,最终达到了降低流道磨蚀破坏程度、提高泄洪流道运用可靠率的效果,切实保障了两个枢纽的本质安全。

小浪底水利枢纽泄洪流道主要包含 3 条排沙洞、3 条明流洞与 3 条孔板洞和正常溢洪道 4 类流道,明流洞和正常溢洪道内水流以清水为主,磨蚀问题不突出,孔板洞启用较晚,监测数据尚不能体现磨蚀破坏规律;西霞院反调节水库泄洪流道主要包含 6 条排沙洞、3 条排沙底孔和 21 孔泄洪闸,泄洪闸运用水头较低,且水流以清水为主,磨蚀问题不突出。因此,本书的分析、研究和总结主要以小浪底水利枢纽排沙洞和西霞院反调节水库的排沙洞、排沙底孔运行、破坏和维修情况为主进行。

8.1　过去存在的主要问题

8.1.1　磨蚀破坏机制尚未全面掌握

小浪底水利枢纽泄洪流道泥沙以悬移质为主,泥沙颗粒细,但水流流速高,泥沙含量大时,混凝土表面磨蚀破坏严重,当高水位、小开度泄洪时,掺气的高速水流还会对流道表面造成严重的气蚀破坏;西霞院反调节水库泄洪流道泥沙以推移质为主,大粒径卵石较多,流速低,推移质在流道底板形成冲、磨、砸等多种运动方式,洞身混凝土和已修复的环氧砂浆都出现了不同程度的破坏,这些破坏形式的物理机制复杂,影响因素众多,不同运行工况下的破坏机制还未完全掌握,还有待进一步研究总结,以便为泄洪流道的科学运用和高质量维修提供有力支撑。

8.1.2　对磨蚀破坏影响因素的分析深度不够

小浪底水利枢纽和西霞院反调节水库泄洪流道投运以来,取得了库水位、闸门启闭时间、闸门开度、过流流量、过流时长、含沙量等大量记录数据,但将其与流道磨蚀破坏情况进行全面系统地深入分析,找出其相关性还不够,在有效揭示这些参数对流道磨蚀破坏影响强弱规律方面还有待进一步的研究。

8.1.3 2018 年以来泄洪流道维修工程量明显增大

经统计分析 2013 年汛后至 2022 年汛前泄洪流道维修工程量发现,随着水库调度运用方式改变和使用年限的增加,特别是 2018 年以来,小浪底水库低水位运用后,泄洪流道混凝土磨蚀破坏明显加剧,维修工程量逐年明显增加(见表 8-1)。

表 8-1 小浪底工程泄洪流道磨蚀缺陷统计 单位:m²

流道名称	2013 年汛后至 2014 年汛前	2014 年汛后至 2015 年汛前	2015 年汛后至 2016 年汛前	2016 年汛后至 2017 年汛前	2017 年汛后至 2018 年汛前	2018 年汛后至 2019 年汛前	2019 年汛后至 2020 年汛前	2020 年汛后至 2021 年汛前	2021 年汛后至 2022 年汛前
1 号排沙洞	10	2 418.93	0	0	0	8.8	1 396.05	2 333.56	5 934.65
2 号排沙洞	4.49	49.92	0	0	0	524.76	2 348.72	2 085.51	8 180.97
3 号排沙洞	74.88	0	30.83	4.1	0	589.9	1 015.07	2 602.05	1 150.71
合计	79.37	2 468.85	30.83	4.1	0	1 123.46	4 759.84	7 021.12	15 266.33

同时,对西霞院反调节水库 2014 年汛后至 2023 年汛前的泄洪流道修补维修工程量进行了统计调查(见表 8-2)。发现 2018 年汛后维修工程量激增,9 条泄洪排沙流道底板存在不同程度的磨蚀破坏,6 号排沙洞、2 号和 3 号排沙底孔整个底板平均破坏深度分别达到了 9.76 cm、10.7 cm 和 9.97 cm;后经调查,因连续超低水位运用引起的推移质冲、砸、磨破坏,是导致流道磨蚀破坏的主要原因。为确保工程安全,采用环氧混凝土砂浆进行维修,并在 2021 年调水调沙期间优化了西霞院水库调度运用方式,随后维修量虽明显下降,但仍未彻底解决推移质磨蚀问题。

表 8-2 西霞院工程泄洪流道磨蚀缺陷统计 单位:m²

流道名称	2014 年汛后至 2015 年汛前	2015 年汛后至 2016 年汛前	2016 年汛后至 2017 年汛前	2017 年汛后至 2018 年汛前	2018 年汛后至 2019 年汛前	2019 年汛后至 2020 年汛前	2020 年汛后至 2021 年汛前	2021 年汛后至 2022 年汛前	2022 年汛后至 2023 年汛前
1 号排沙洞	0	0	0	0	673.20	65.05	0	0	634.22
2 号排沙洞	0	0	0	0	729.30	0	607.14	0	25.89
3 号排沙洞	0	0	0	383.77	59.47	237.38	0	622.91	8.36
4 号排沙洞	340.26	0	0	0	710.06	782.55	0	630.78	17.42
5 号排沙洞	322.40	0	0	0	233.45	0	639.56	0	324.31

续表 8-2

流道名称	2014 年汛后至 2015 年汛前	2015 年汛后至 2016 年汛前	2016 年汛后至 2017 年汛前	2017 年汛后至 2018 年汛前	2018 年汛后至 2019 年汛前	2019 年汛后至 2020 年汛前	2020 年汛后至 2021 年汛前	2021 年汛后至 2022 年汛前	2022 年汛后至 2023 年汛前
6 号排沙洞	0	0	0	0	708.13	934.35	0	0	420.83
1 号排沙底孔	0	0	387.13	0	1 216.56	395.50	296.72	12.72	90.42
2 号排沙底孔	0	0	0	0	1 218.79	589.55	96.91	6.35	8.47
3 号排沙底孔	0	362.69	0	0	998.40	592.91	266.12	6.70	39.12
合计	662.66	362.69	387.13	383.77	6 547.36	3 597.29	1 906.45	1 279.46	1 569.04

8.1.4　维修质量和维修效果还有待进一步提升

过去,小浪底水利枢纽和西霞院反调节水库泄洪流道修补材料大部分使用小浪底水利水电工程有限公司专利研制的环氧石英砂浆,但在小浪底水利枢纽流道内维修还不能抵抗严重的气蚀破坏,如 2021 年 10 月发现 1 号、3 号排沙洞工作门后采用环氧石英砂浆维修的侧墙遭受严重的气蚀破坏;在西霞院反调节水库流道内维修还不能有效抵抗推移质的破坏,2018 年以来采用专利研制的环氧石英砂浆或环氧混凝土的维修部位每年仍出现不同程度的破坏。该砂浆施工时需要创造干燥条件,且砂浆拌和后黏度较大,修补面的平整度不够理想,急需在修补材料和工艺上进一步探索优化。

针对以上问题,我们通过对历年的水库运用情况、流道破坏情况、维修养护情况和维修效果等进行分析研究,通过开展混凝土修补材料和工艺试验研究;通过建立数学模型开展磨蚀破坏机制分析;通过大量调研,为进一步优化混凝土流道维修养护材料和工艺提供了科学支撑。

8.2　主要成果及建议

8.2.1　基本理清了流道磨蚀破坏机制

通过模型分析,认为小浪底水利枢纽流道磨蚀破坏机制主要为微切削+气蚀机制,即悬移质以较小的角度冲击流道混凝土壁面,形成滚动摩擦,产生微小坑洞,一些细微材料碎片部分脱落,与母体黏结变弱,后续颗粒的冲击和切削使其完全脱落后导致磨损破坏,同时较高的水流流速容易产生真空吸力,发生气蚀,进一步导致破坏加剧;西霞院反调节水库的磨蚀破坏机制主要为冲击磨损+气蚀机制,即推移质对流道壁面产生滑动摩擦、滚动摩擦和跳跃式冲击磨损,推移质颗粒冲击脆性材料表面形成初始裂纹,后续其他颗粒冲击使裂纹不断扩展,最终导致细小颗粒从材料母体脱落,导致磨损破坏,同时在推移质破坏下,混凝土表面微凸起更加明显,促进了空泡形成,并发气蚀破坏。

$$I=\begin{cases}\dfrac{1}{2\varepsilon}(V_s\sin\alpha-K)^2+\dfrac{1}{2\varphi}V_s^2\cos^2\alpha\sin(n\alpha)\,(0°\leqslant\alpha<\alpha_0)\\ \dfrac{1}{2\varepsilon}(V_s\sin\alpha-K)^2+\dfrac{1}{2\varphi}V_s^2\cos^2\alpha\qquad(\alpha_0\leqslant\alpha<90°)\end{cases}\tag{8-1}$$

式中:I 为磨损率;V_s 为颗粒速度;α 为冲击角度;K 为临界颗粒速度;α_0 为临界冲击角度;ε 为冲击磨损耗能因子;φ 为微切削磨损耗能因子。

临界冲击角度计算表达式为:

$$\alpha_0=\frac{\pi}{2n}\tag{8-2}$$

从式(8-2)中可以看出,水流中悬移质和推移质颗粒冲击混凝土壁面速度和角度越大,挟沙水流对流道混凝土材料磨损破坏越严重。

8.2.2　量化了流道磨蚀破坏各影响因素的关系

通过模型计算,得出磨蚀破坏规律为:

(1)小浪底水利枢纽排沙洞过流时长越大,磨蚀面积越大;闸门开启时对应库水位越高,磨蚀速率越大;闸门开启时对应库水位较高、水流中泥沙颗粒粒径较大时,闸门开度越大,磨蚀破坏越轻微;闸门开启时对应库水位较低、水流中泥沙颗粒粒径较小时,闸门开度越大,磨蚀破坏越严重;水流中泥沙颗粒中值粒径越大,磨蚀速率越大;水流含沙量越大,磨蚀速率越大。

(2)西霞院反调节水库 1~6 号排沙洞、1~3 号排沙底孔闸门开度越大,磨蚀面积越小;闸门开启时对应库水位越高,磨蚀面积越小。当水流总作用持续时间、闸门开启时对应库水位、泥沙颗粒中值粒径、闸门开度、水流含沙量分别改变 10%时,排沙洞磨蚀破坏程度会分别增大 28.0%、71.4%、9.4%、548.2 倍、284.7 倍,即闸门开度和含沙量是造成流道磨蚀破坏的主要因素,库水位(流速)和过流时间是次要因素。

8.2.3　提出了优化枢纽调度运用的建议

通过对小浪底水利枢纽多年库水位和含沙量数据进行分析,发现库水位越低,水流含沙量越大,流道磨蚀破坏越强。这也印证了 2018 年以来,超低水位运用时泄洪流道磨蚀破坏进一步加剧的事实。为此,针对小浪底水利枢纽提出了尽量减小洞群低水位运行的时间和频率,以避免水流含沙量过大造成流道严重磨蚀破坏;减少库水位较高时排沙洞小开度开门运用,防止挟沙水流对排沙洞出口处闸门附近局部区域造成严重磨蚀;同时,3 条排沙洞运用的时间宜尽量均衡,避免出现单条流道长时间运用,出现较严重磨蚀的情况,导致影响枢纽泄洪安全。

结合近几年小浪底水库最低运用水位影响调查,建议联合黄河水利委员会开展调水调沙方案优化研究,论证每年调水调沙最低水位降至 215 m 高程的必要性。具体地说,可建议每 3 年一个周期,开展一次低水位 215 m 附近的拉沙运用,而非拉沙运用年份,调水调沙最低水位按不低于 230 m 进行控制。这样以来,既可减少排沙洞磨蚀破坏,又可给流道维修养护提供更加充足的时间。

对于西霞院反调节水库,考虑到推移质是磨蚀破坏的主要影响因素,建议应尽早实施西霞院反调节水库坝前抗冲桩防冲刷工程,以消除西霞院反调节水库流道破坏的根源;在坝前抗冲桩防冲刷工程投运之前,建议小浪底水库泄洪排沙期间,西霞院反调节水库运用水位控制在 130~131 m,以减少坝前河床冲刷,进而减少推移质的形成。当上游来水含沙量较小时,可适当提高库水位运行。

8.2.4　优化出了当前适用于小浪底水利枢纽和西霞院反调节水库泄洪流道混凝土磨蚀破坏的修补材料和工艺

通过调研、试验和 2023 年度调水调沙期考验,西霞院反调节水库 5 号排沙洞抗推移质试验中,中国水利水电科学研究院 SK 特种抗冲磨树脂砂浆+表面涂刷 3 mm 厚 SK 抗冲磨刮涂聚脲、中国水利水电第十一工程局 NE-Ⅱ型环氧砂浆+NE 型弹性涂层、杭州国电大坝安全工程有限公司 HK-E003-60 高强型弹性环氧砂浆、黄河水利委员会黄河水利科学研究院复合树脂砂浆的抗推移质效果均不甚理想,根据以往在西霞院反调节水库 5 号排沙洞维修实际情况看,采用小浪底水利水电工程有限公司研制的级配 SiC(俗称金刚砂)替代原配方中的石英砂材料改良的环氧金刚砂浆外加一层环氧基液(简称金刚砂环氧砂浆),能够有效抵抗推移质磨蚀破坏。同时,考虑到西霞院反调节水库流道破坏以推移质为主,以及水流进入流道时主流偏斜等情况,建议在金刚砂环氧砂浆加表面涂刷一层环氧基液施工时,应自左向右逐渐加厚,以最大限度提高右侧底板的抗推移质破坏能力。

同时,金刚砂环氧砂浆加表面涂刷一层环氧基液也适用于小浪底水利枢纽。2021 年 10 月在 1 号、3 号排沙洞首次采用金刚砂环氧砂浆修补的混凝土,至今未发现维修部位出现新的磨蚀破坏。因此,金刚砂环氧砂浆加表面涂刷一层环氧基液能够明显增强泄洪流道抗磨蚀以及抗推移质冲击能力,可以有效延长流道磨蚀破坏的维修周期,是目前小浪底水利枢纽和西霞院反调节水库抗磨蚀破坏较好的维修养护材料。

8.2.5　抗推移质破坏维修养护材料的研发意义重大

通过对国内新安江水库、三门峡等水利枢纽混凝土维修养护情况调研,并结合对国内混凝土修补新材料、新技术有关资料的广泛查阅,虽然各工程结合自身实际都开展了抗磨材料或工艺试验,各科研院所等专家学者也都在积极研发、试验抗磨蚀破坏新材料、新技术、新工艺,但从目前看,抗推移质破坏防护仍是泄水建筑物缺陷维修养护的疑难问题,尚未找到合适的材料和技术能够完全解决工程磨蚀破坏维修养护所需。同时,随着我国大量水利工程进入运行维护期,泄水建筑物的冲磨破坏维修养护问题将越来越突出,而推移质破坏又是冲磨破坏防护的难题和重点,因此开展抗推移质破坏维修养护新材料、新技术研究仍迫在眉睫,有着非常重要的现实意义。

参考文献

[1] 林秀山.黄河小浪底水利枢纽文集[M].郑州:黄河水利出版社,2001.

[2] 殷保合.黄河小浪底水利枢纽工程[M].北京:中国水利水电出版社,2004.